大学计算机基础上机指导
——Windows 7+Office 2010

The Practice of Computer Fundamental

谢招犇 卓明敏 杨新斌 主编

童玲 潘卫林 周胜 副主编

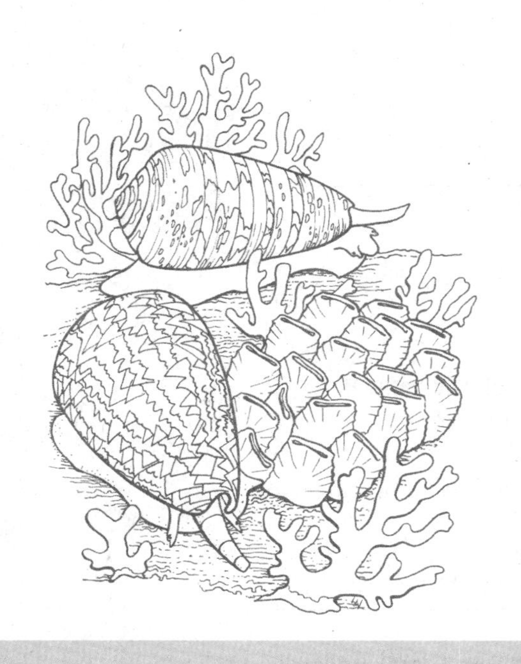

高校系列

人 民 邮 电 出 版 社

北 京

图书在版编目（CIP）数据

大学计算机基础上机指导 : Windows 7+Office 2010 / 谢招犇，卓明敏，杨新斌主编. -- 北京 : 人民邮电出版社，2013.9（2020.8 重印）
21世纪高等学校计算机规划教材
ISBN 978-7-115-32028-5

Ⅰ. ①大… Ⅱ. ①谢… ②卓… ③杨… Ⅲ. ①Windows操作系统－高等学校－教材②办公自动化－应用软件－高等学校－教材 Ⅳ. ①TP316.7②TP317.1

中国版本图书馆CIP数据核字(2013)第190820号

内容提要

本书是根据教育部非计算机专业计算机基础课程教学指导分委员会提出的《关于进一步加强高校计算机基础教学的意见》要求，同时根据普通高校的实际情况编写的。本书是《大学计算机基础——Windows 7+Office 2010》教材配套的上机指导教程。全书共分 4 部分，第一部分是与主教材对应的各章实验指导，第二部分为主教材各章习题参考答案，第三部分为全国计算机等级考试大纲（2013 年版），第四部分为二级公共基础知识概述。

本书可作为高校各专业 “计算机基础教育” 课程的实践指导教材或教学参考书，也适用于参加全国计算机等级考试、全国高校非计算机专业计算机基础考试，以及各类工程技术人员和管理人员掌握计算机基本操作的自学教材。

◆ 主　　编　谢招犇　卓明敏　杨新斌
副 主 编　童　玲　潘卫林　周　胜
责任编辑　马小霞
执行编辑　喻智文
责任印制　张佳莹　焦志炜

◆ 人民邮电出版社出版发行　　北京市丰台区成寿寺路 11 号
邮编　100164　　电子邮件　315@ptpress.com.cn
网址　http://www.ptpress.com.cn
大厂回族自治县聚鑫印刷有限责任公司印刷

◆ 开本：787×1092　1/16
印张：12.25　　2013 年 9 月第 1 版
字数：321 千字　　2020 年 8 月河北第10次印刷

定价：26.00 元

读者服务热线：(010)81055256　印装质量热线：(010)81055316
反盗版热线：(010)81055315

前言

随着计算机技术的飞速发展，计算机在经济与社会发展中的地位日益重要。同时，根据计算机科学发展迅速的学科特点，计算机教育应面向社会、面向应用，与社会接轨、与时代同行。

为了适应21世纪经济建设对人才知识结构、计算机文化素质与应用技能的要求，适应计算机科学技术和应用技术的迅猛发展，适应高等学校新生知识结构的变化，我们总结了多年来的教学实践和组织计算机等级考试的经验，同时，根据教育部非计算机专业计算机基础课程教学指导分委员会提出的《关于进一步加强高校计算机基础教学的意见》中有关"大学计算机基础"课程教学的要求，组织编写了本课程教学用书。取材既照顾到了计算机基础教育的基础性、广泛性和一定的理论性，又照顾到了计算机教育的实践性、实用性和更新发展性；既照顾到了高校新生中从未接触过计算机的部分同学，又照顾到了具有一定计算机基础的同学的学习要求。

本书是《大学计算机基础——Windows 7+Office 2010》的配套教材，强调实验操作的内容、方法和步骤。目的在于让学生掌握基本理论的同时，掌握每个章节的知识要点，提高动手操作能力，对知识进行全面的了解和掌握，并学会如何准备全国计算机等级考试。

全书共分为4部分，第一部分是与主教材对应的各章实验指导，第二部分为主教材各章习题参考答案，第三部分为全国计算机等级考试大纲（2013年版），第四部分为二级公共基础知识概述。本书内容密切结合了中华人民共和国教育部关于该课程的基本教学要求，兼顾计算机软件和硬件的最新发展，结构严谨，层次分明。在教学内容上，各高校可根据教学学时、学生的实际情况进行选取。

由于编者水平有限，书中难免有不足和疏漏之处，敬请广大读者批评指正，来信请寄：kevin_xzb@163.com。

编者
2013年6月

目录

第二部分 习题解答

第三部分 全国计算机等级考试大纲（2013 年版）

第四部分 二级公共基础知识概述

第一部分

实验指导

第 1 章

计算机与信息技术

实验一　键盘及指法练习

一、实验学时：2 学时

二、实验目的

- 熟悉键盘的构成以及各键的功能和作用
- 了解键盘的键位分布并掌握正确的键盘指法
- 掌握指法练习软件“金山打字通”的使用

三、相关知识

1．键盘

键盘是用户向计算机输入数据和命令的工具。随着计算机技术的发展，输入设备越来越丰富，但键盘的主导地位却是替换不了的。正确地掌握键盘的使用，是学好计算机操作的第一步。PC 键盘通常分 5 个区域，它们是主键盘区、功能键区、编辑键区、小键盘区（辅助键区）和状态指示区，如图 1.1 所示。

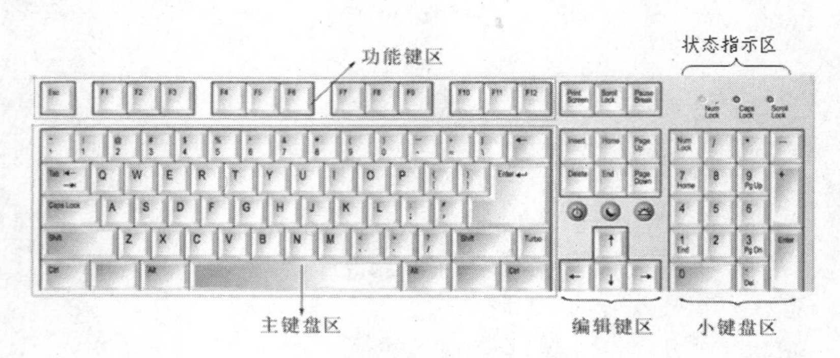

图 1.1　键盘示意图

（1）主键盘区。

① 字母键：主键盘区的中心区域，按下字母键，屏幕上就会出现对应的字母。

② 数字键：主键盘区上面第二排，直接按下数字键，可输入数字，按住<Shift>键不放，再按数字键，可输入数字键中数字上方的符号。

③ Tab（制表键）：按此键一次，光标后移一固定的字符位置（通常为 8 个字符）。

④ Caps Lock（大小写转换键）：输入字母为小写状态时，按一次此键，键盘右上方 Caps Lock 指示灯亮，输入字母切换为大写状态；若再按一次此键，指示灯灭，输入字母切换为小写状态。

⑤ Shift（上挡键）：有的键面有上下两个字符，称双字符键。当单独按这些键时，则输入下挡字符。若先按住<Shift>键不放，再按双字符键，则输入上挡字符。

⑥ Ctrl、Alt（控制键）：与其他键配合实现特殊功能的控制键。

⑦ Space（空格键）：按此键一次产生一个空格。

⑧ Backspace（退格键）：按此键一次删除光标左侧一个字符，同时光标左移一个字符位置。

⑨ Enter（回车换行键）：按此键一次可使光标移到下一行。

（2）功能键区。

① F1～F12（功能键）：键盘上方区域，通常将常用的操作命令定义在功能键上，不同的软件中功能键有不同的定义。例如，<F1>键通常定义为帮助功能。

② Esc（退出键）：按下此键可放弃操作，如汉字输入时可取消没有输完的汉字。

③ Print Screen（打印键/拷屏键）：按此键可将整个屏幕复制到剪贴板；按<Alt>＋<Print Screen>组合键可将当前活动窗口复制到剪贴板。

④ Scroll Lock（滚动锁定键）：该键在 DOS 时期用处很大，在阅读文档时，使用该键能非常方便地翻滚页面。随着技术的发展，在进入 Windows 时代后，Scroll Lock 键的作用越来越小，不过在 Excel 软件中，利用该键可以在翻页键（如<PgUp>和<PgDn>）使用时只滚动页面而单元格选定区域不随之发生变化。

⑤ Pause Break（暂停键）：用于暂停执行程序或命令，按任意字符键后，再继续执行。

（3）编辑键区。

① Ins/Insert（插入/改写转换键）：按下此键，进行插入/改写状态转换，在光标左侧插入字符或覆盖光标右侧字符。

② Del/Delete（删除键）：按下此键，删除光标右侧字符。

③ Home（行首键）：按下此键，光标移到行首。

④ End（行尾键）：按下此键，光标移到行尾。

⑤ PgUp/PageUp（向上翻页键）：按下此键，光标定位到上一页。

⑥ PgDn/PageDown（向下翻页键）：按下此键，光标定位到下一页。

⑦ ←，→，↑，↓（光标移动键）：分别按下各键使光标向左、向右、向上、向下移动。

（4）小键盘区（辅助键区）。

小键盘区各键既可作为数字键，又可作为编辑键。两种状态的转换由该区域左上角的数字锁定转换键<Num Lock>控制，当 Num Lock 指示灯亮时，该区处于数字键状态，可输入数字和运算符号；当 Num Lock 指示灯灭时，该区处于编辑状态，利用小键盘的按键可进行光标移动、翻页和插入、删除等编辑操作。

（5）状态指示区。

状态指示区包括 Num Lock 指示灯、Caps Lock 指示灯和 Scroll Lock 指示灯。根据相应指示灯的亮灭，可判断出数字小键盘状态、字母大小写状态和滚动锁定状态。

2．键盘指法

（1）基准键与手指的对应关系。

基准键与手指的对应关系如图 1.2 所示。

基准键位：字母键第二排<A>、<S>、<D>、<F>、<J>、<K>、<L>、<；>8 个键为基准键位。

（2）键位的指法分区。

在基准键的基础上，其他字母、数字和符号与 8 个基准键相对应，指法分区如图 1.3 所示。虚线范围内的键位由规定的手指管理和击键，左右外侧的剩余键位分别由左右手的小拇指来管理和击键，空格键由大拇指负责。

图 1.2　基准键与手指的对应关系

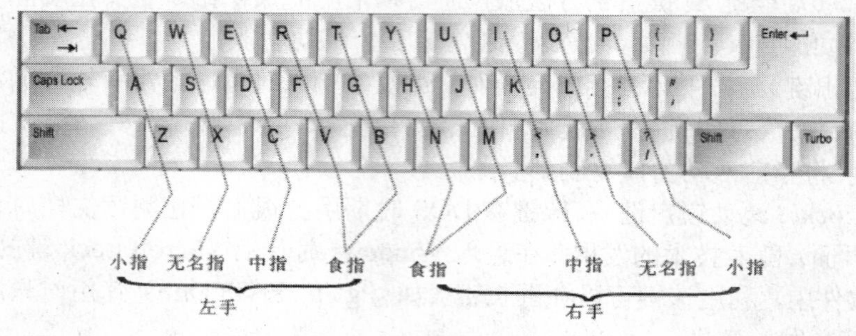

图 1.3　键位指法分区图

（3）击键方法。

① 手腕平直，保持手臂静止，击键动作仅限于手指。

② 手指略微弯曲，微微拱起，以<F>与<J>键上的凸出横条为识别记号，左右手食指、中指、无名指、小指依次置于基准键位上，大拇指则轻放于空格键上，在输入其他键后手指重新放回基准键位。

③ 输入时，伸出手指敲击按键，之后手指迅速回归基准键位，做好下次击键准备。如需按空格键，则用大拇指向下轻击；如需按<Enter>键，则用右手小指侧向右轻击。

④ 输入时，目光应集中在稿件上，凭手指的触摸确定键位，初学时尤其不要养成用眼确定指位的习惯。

3．指法练习软件“金山打字通”

打字练习软件的作用是通过在软件中设置的多种打字练习方式，使练习者由键位记忆到文章练习并掌握标准键位指法，提高打字速度。目前可用的打字软件较多，下面仅以“金山打字通”为例作简要介绍，说明打字软件的使用方法，如使用其他打字软件，可根据指导老师介绍使用。

四、实验范例

打开“金山打字通”软件，显示如图 1.4 所示的主界面，可以看到在该软件中，提供了英文打字、拼音打字、五笔打字 3 种主流输入法的针对性学习，并可以进行打字速度测试、运行打字游戏等。每种输入法均从最简单的字母或字根开始，逐渐过渡到词组和文章练习，为初学者提供了一个从易到难的学习过程。

单击“英文打字”按钮，打开“键位练习（初级）”的练习界面，如图 1.5 所示。根据程序要求，运用键盘进行键位指法内容练习，熟练完成练习内容后，可单击“课程选择”按钮选择软件预先设置的课程内容进行练习。

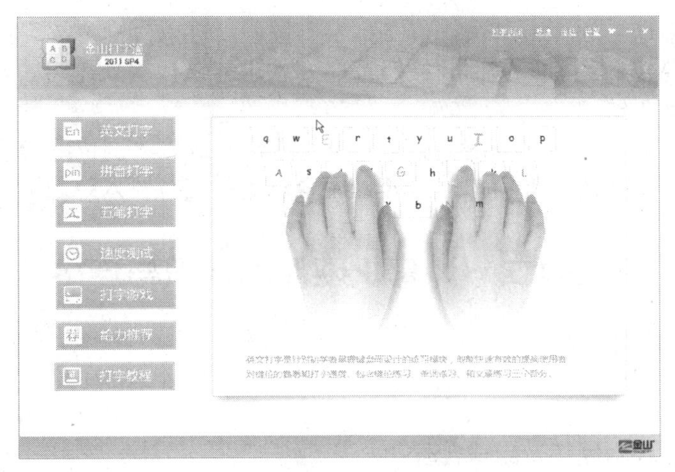

图 1.4　金山打字通主界面

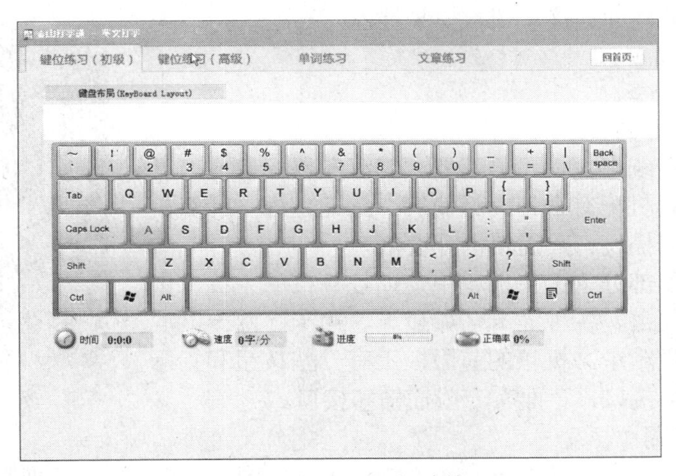

图 1.5　“金山打字通”指法练习界面

五、实验要求

使用“金山打字通”指法练习软件进行打字练习，要求从基键开始，注意输入正确率的同时兼顾速度，循序渐进，直至熟练掌握盲打快速输入。

任务一　熟悉基本键的位置

打开“金山打字通”软件，单击“英文打字”按钮，进入“键位练习（初级）”窗口，单击“课程选择”按钮，选择“键位课程一：asdfjkl;”课程，进行基本键位“A、S、D、F、J、K、L、;”的初级练习，熟练掌握后，进入“键位练习（高级）”窗口，单击“课程选择”按钮，选择“键位课程一：asdfjkl;”课程，进行基本键位“A、S、D、F、J、K、L、;”的高级练习。

任务二　熟悉键位的手指分工

打开“金山打字通”软件，单击“英文打字”按钮，进入“键位练习（初级）”窗口，单击“课程选择”按钮，选择“手指分区练习”课程，进行手指分区键位的初级练习，熟练掌握后，进入“键位练习（高级）”窗口，单击“课程选择”按钮，选择“手指分区练习”课程，进行手指分区键位的高级练习。

任务三　单词输入练习

打开“金山打字通”软件，单击“英文打字”按钮，进入“键位练习（初级）”窗口，单击“单词练习”，打开“单词练习”窗口，按照程序要求进行单词输入练习。

任务四　文章输入练习

打开“金山打字通”软件，单击“英文打字”按钮，进入“键位练习（初级）”窗口，单击“文章练习”，打开“文章练习”窗口，按照程序要求进行文章输入练习。

实验二　计算机硬件的认识与连接

一、实验学时：2 学时

二、实验目的

- 认识计算机的基本硬件及组成部件
- 了解计算机系统各个硬件部件的基本功能
- 掌握计算机的硬件连接步骤及安装过程

三、相关知识

1. 硬件的基本配置

计算机的硬件系统由主机、显示器、键盘和鼠标组成。具有多媒体功能的计算机配有音箱、话筒等。除此之外，计算机还可外接打印机、扫描仪、数码相机等设备。

计算机最主要的部分位于主机箱中，如计算机的主板、电源、CPU、内存、硬盘、各种插卡（如显卡、声卡、网卡）等主要部件都安装在机箱中。机箱的前面板上有一些按钮和指示灯，有的还有一些插接口，背面有一些插槽和接口。

图 1.6　计算机主板

2. 硬件连接步骤

首先在主板的对应插槽里安装 CPU、内存条，如图 1.6 所示；然后把主板安装在主机箱内，再安装硬盘、光驱，接着安装显卡、声卡、网卡等，连接机箱内的接线，如图 1.7 所示；最后连接外部设备，如显示器、鼠标、键盘等。

（1）安装电源。

把电源（见图 1.8）放在机箱的电源固定架上，使电源上的螺丝孔和机箱上的螺丝孔一一对应，然后拧上螺丝。

图 1.7　计算机主机箱内部

图 1.8　电源

（2）安装 CPU。

将主板平置于桌面，CPU（见图 1.9、图 1.10）插槽是一个布满均匀圆形小孔的方形插槽，根据 CPU 的针脚和 CPU 插槽上插孔的位置的对应关系确定 CPU 的安装方向。拉起 CPU 插槽边上的拉杆，将 CPU 的引脚缺针位置对准 CPU 插槽相应位置，待 CPU 针脚完全放入后，按下拉杆至水平方向，锁紧 CPU。之后涂抹散热硅胶并安装散热器，然后将风扇电源线插头插到主板上的 CPU 风扇插座上。

图 1.9　CPU 正面

图 1.10　CPU 背面

（3）安装内存。

内存（见图 1.11）插槽是长条形的插槽，内存插槽中间有一个用于定位的凸起部分，按照内存插脚上的缺口位置将内存条压入内存插槽，使插槽两端的卡子可完全卡住内存条。

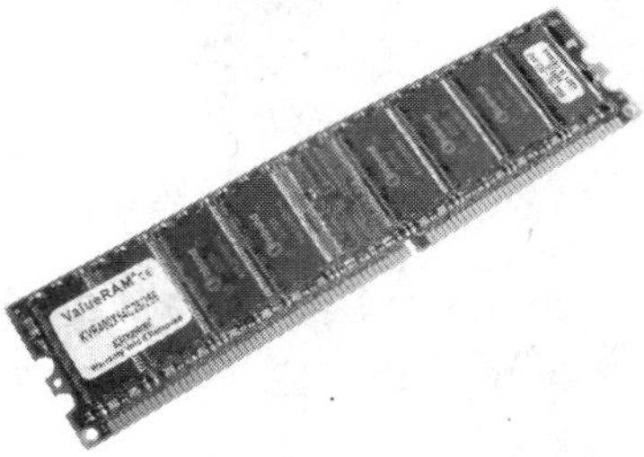

（4）安装主板。

首先将机箱自带的金属螺柱拧入主板支撑板的螺丝孔中，将主板放入机箱，注意主板上的固定孔对准拧入的螺柱，主板的接口区对准机箱背板的对应接口孔，边调整位置边依次拧紧螺丝固定主板。

图 1.11　内存

（5）安装光驱、硬盘。

拆下机箱前部与要安装光驱位置对应的挡板，将光驱（见图 1.12）从前面板平行推入机箱内部，边调整位置边拧紧螺丝，把光驱固定在托架上。使用同样方法从机箱内部将硬盘（见图 1.13）推入并固定于托架上。

图 1.12　光驱

图 1.13　硬盘

（6）安装显卡、声卡、网卡等各种板卡。

根据显卡（见图 1.14）、声卡（见图 1.15）、网卡（见图 1.16）等板卡的接口（PCI 接口、AGP 接口、PCI-E 接口等）确定不同板卡对应的插槽（PCI 插槽、AGP 插槽、PCI-E 插槽等），取下机箱内部与插槽对应的金属挡片，将相应板卡插脚对准对应插槽，板卡挡板对准机箱内挡片孔，用力将板卡压入插槽中并拧紧螺丝，将板卡固定在机箱上。

（7）连接机箱内部连线。

① 连接主板电源线：把电源上的供电插头（20 芯或 24 芯）插入主板对应的电源插槽中。电源插头设计有一个防止插反和固定作用的卡扣，连接时，注意保持卡扣和卡座在同一方向上。为了对CPU 提供更强更稳定的电压，目前的主板会提供一个给 CPU 单独供电的接口（4 针、6 针或 8 针），连接时，把电源上的插头插入主板 CPU 附近对应的电源插座上。

图 1.14 显卡

图 1.15 声卡

图 1.16 网卡

② 连接主板上的数据线和电源线：包括硬盘、光驱等的数据线和电源线。

- 硬盘数据线（见图 1.17）。根据硬盘接口类型不同，硬盘数据线也分为 PATA 硬盘采用的 80 芯扁平 IDE 数据排线和 SATA 硬盘采用的七芯数据线。由于 80 芯数据线的接头中间设计了一个凸起部分，七芯数据线接头是 L 型防呆盲插接头设计，因此通过这些可识别接头的插入方向，将数据线上的一个插头插入主板上的 IDE1 插座或 SATA1 插座，将数据线另一端插头插入硬盘的数据接口中，插入方向由插头上的凸起部分或 L 型定位。
- 光驱的数据线连接方法与硬盘数据线连接方法相同，把数据排线插到主板上的另一个 IDE 插座或 SATA 插座上。
- 硬盘、光驱的电源线（见图 1.18）。把电源上提供的电源线插头分别插到硬盘和光驱上。电源插头都是防呆设计的，只有正确的方向才能插入，因此不用担心插反。

图 1.17 数据线

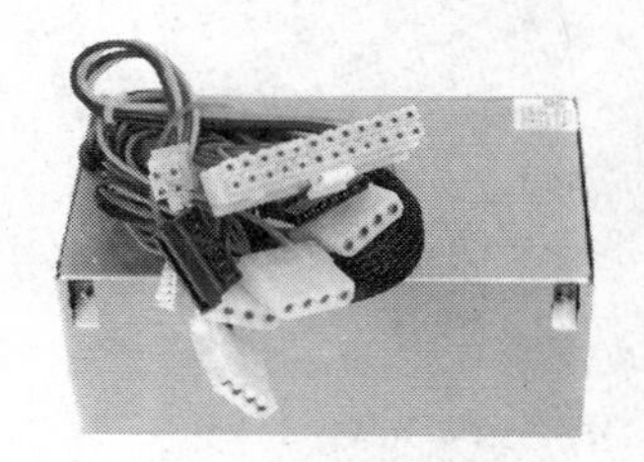

图 1.18 电源线

③ 连接主板信号线和控制线，包括 POWER SW（开机信号线）、POWER LED（电源指示灯线）、H.D.D LED（硬盘指示灯线）、RESET SW（复位信号线）、SPEAKER（前置报警喇叭线）

等（见图 1.19）。把信号线插头分别插到主板上对应的插针上（一般在主板边沿处，并有相应标示），其中，电源开关线和复位按钮线没有正负极之分；前置报警喇叭线是四针结构，红线为+5V 供电线，与主板上的+5V 接口对应；硬盘指示灯和电源指示灯区分正负极，一般情况下，红色代表正极。

（8）连接外部设备。

① 连接显示器：如果是 CRT 显示器，把旋转底座固定到显示器底部，然后把视频信号线连接到主机背部面板（见图 1.20）的 15 针 D 型视频信号插座上（如果是集成显卡主板，该插座在 I/O 接口区；如果采用独立显卡，该插座在显卡挡板上），最后连接显示器电源线。

图 1.19　主板信号线和控制线

图 1.20　主机背部面板

② 连接键盘和鼠标：鼠标、键盘 PS/2 接口位于机箱背部 I/O 接口区。连接时可根据插头、插槽颜色和图形标示来区分，紫色为键盘接口，绿色为鼠标接口。对于 USB 接口的鼠标插到任意一个 USB 接口上即可。

③ 连接音箱/耳机：独立声卡或集成声卡通常有 LINE IN（线路输入）、MIC IN（麦克风输入）、SPEAKER OUT（扬声器输出）、LINE OUT（线路输出）等插孔。若外接有源音箱，可将其接到 LINE OUT 插孔，否则接到 SPEAKER OUT 插孔。耳机可接到 SPEAKER OUT 插孔或 LINE OUT 插孔。

以上步骤完成后，计算机系统的硬件部分就基本安装完毕了。

四、实验要求

观察 PC 的组成；掌握主板各部件的名称、功能等，了解主板上常用接口的功能、外观形状、颜色、插针数和防插反措施；熟悉常用外部设备的连接方法，注意区分不同设备的接口颜色和形状。

第 2 章

操作系统基础

实验一　Windows 7 的基本操作

一、实验学时：2 学时

二、实验目的

- 认识 Windows 7 桌面环境及其组成
- 掌握鼠标的操作及使用方法
- 熟练掌握任务栏和“开始”菜单的基本操作、Windows 7 窗口操作、管理文件和文件夹的方法
- 掌握 Windows 7 中新一代文件管理系统——库的使用
- 掌握启动应用程序的常用方法
- 掌握中文输入法以及系统日期/时间的设置方法
- 掌握 Windows 7 中附件的使用

三、相关知识

1．Windows 7 桌面

“桌面”就是用户启动计算机登录到系统后看到的整个屏幕界面，如图 2.1 所示，它是用户和计算机进行交流的窗口，可以放置用户经常用到的应用程序和文件夹图标，用户可以根据自己的需要在桌面上添加各种快捷图标，在使用时双击图标就能够快速启动相应的程序或文件。以 Windows 7 桌面为起点，用户可以有效地管理自己的计算机。

图 2.1　Window 7 桌面

第一次启动 Windows 7 时，桌面上只有“回收站”图标，大家在 Windows XP 中熟悉的“我的电脑”、“Internet Explorer”、“我的文档”、“网上邻居”等图标被整理到了“开始”菜单中。桌面最下方的小长条是 Windows 7 系统的任务栏，它显示系统正在运行的程序和当前时间等内容，用户也可以对它进行一系列的设置。“任务栏”的左端是“开始”按钮，右边是语言栏、工具栏、通知区域、时钟区等，最右端为显示桌面按钮，中间是应用程序按钮分布区，如图 2.2 所示。

单击任务栏中的“开始”按钮可以打开“开始”菜单，“开始”菜单左边是常用程序的快捷列表，右边为系统工具和文件管理工具列表。在 Windows 7 中取消了 Windows XP 中的快速启动栏，用户可以直接通过鼠标拖动把程序附加在任务栏上快速启动。应用程序按钮分布区表

明当前运行的应用程序和打开的窗口；语言栏便于用户快速选择各种语言输入法，语言栏可以最小化在任务栏显示，也可以使其还原，独立于任务栏之外；工具栏显示用户添加到任务栏上的工具，如地址、链接等。

图 2.2　Window 7 任务栏

2．驱动器、文件和文件夹

驱动器是通过某种文件系统格式化并带有一个标识名的存储区域。存储区域可以是可移动磁盘、光盘、硬盘等，驱动器的名字是用单个英文字母表示的，当有多个硬盘或将一个硬盘划分成多个分区时，通常按字母顺序依次标识为 C、D、E 等。

文件是有名称的一组相关信息的集合，程序和数据都是以文件的形式存放在计算机的硬盘中。每个文件都有一个文件名，文件名由主文件名和扩展名两部分组成，操作系统通过文件名对文件进行存取。文件夹是文件分类存储的“抽屉”，它可以分门别类地管理文件。文件夹在显示时，也用图标显示，包含不同内容的文件夹，在显示时的图标是不太一样的。Windows 7 中的文件、文件夹的组织结构是树形结构，即一个文件夹中可以包含多个文件和文件夹，但一个文件或文件夹只能属于一个文件夹。

3．资源管理器

资源管理器是 Windows 系统提供的资源管理工具，可以用它查看本台计算机的所有资源，特别是它提供的树形文件系统结构，能更清楚、更直观地查看和使用文件和文件夹。资源管理器主要由地址栏、搜索栏、工具栏、导航窗格、资源管理窗格、预览窗格以及细节窗格 7 部分组成，如图 2.3 所示。导航窗格能够辅助用户在磁盘、库中切换，预览窗格是 Windows 7 中的一项改进，它在默认情况下不显示，可以通过单击工具栏右端的“显示/隐藏预览窗格”按钮来显示或隐藏预览窗格；资源管理窗格是用户进行操作的主要地方，用户可进行选择、打开、复制、移动、创建、删除、重命名等操作。同时，根据显示的内容，在资源管理窗格的上部会显示不同的相关操作。

图 2.3　资源管理器

四、实验范例

1．Windows 7 环境下的鼠标基本操作

（1）指向：移动鼠标，将鼠标指针移到操作对象上，通常会激活对象或显示该对象的有关提示信息。

操作：将鼠标指针移向桌面上的“计算机”图标，如图 2.4 所示。

（2）单击左键：快速按下并释放鼠标左键，用于选定操作对象。

操作：在“计算机”图标上单击鼠标左键，选中“计算机”，如图 2.5 所示。

（3）单击右键：快速按下并释放鼠标右键，用于打开相关的快捷菜单。

操作：在“计算机”图标上单击鼠标右键，弹出快捷菜单，如图 2.6 所示。

（4）双击：连续两次快速单击鼠标左键，用于打开窗口或启动应用程序。

操作：在“计算机”图标上双击鼠标，观察操作系统的响应。

（5）拖动：鼠标指针指向操作对象单击左键并按住不放，移动鼠标指针到指定位置再释放按键，用于复制或移动操作对象等。

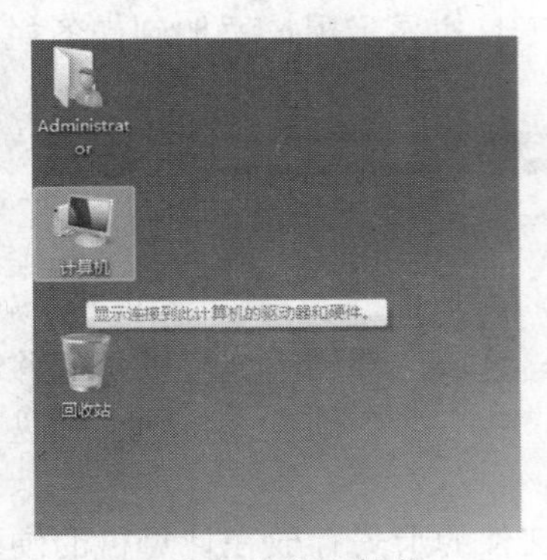

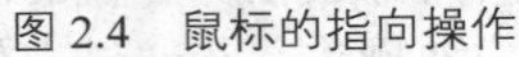

图 2.4　鼠标的指向操作

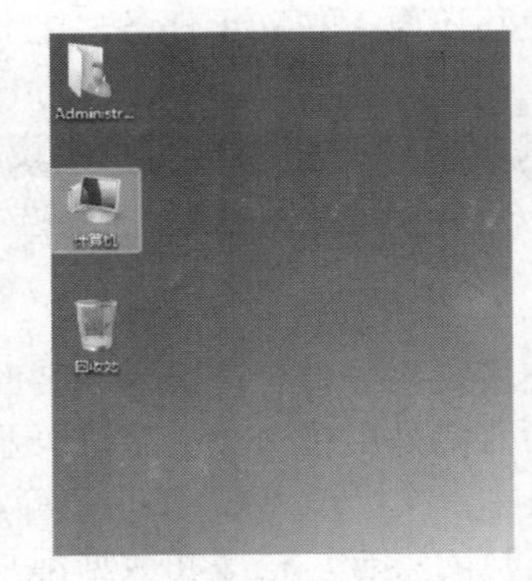

图 2.5　单击鼠标左键操作

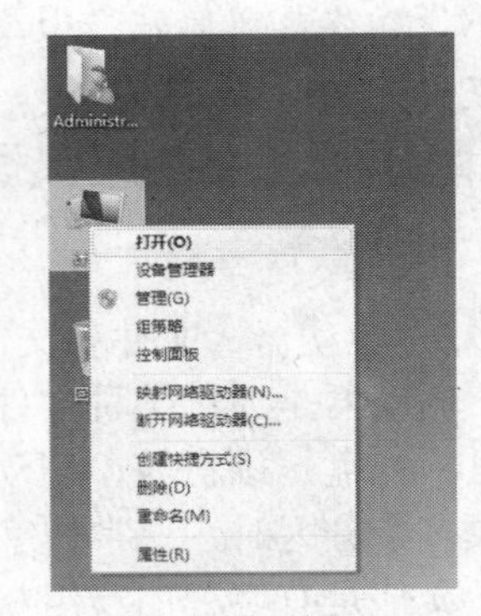

图 2.6　单击鼠标右键操作

操作：把“计算机”图标拖动到桌面其他位置，操作过程中图标的变化如图 2.7 所示。

2．执行应用程序的方法

方法一：对 Windows 自带的应用程序，可通过“开始”|“所有程序”，再选择相应的菜单项来执行。

方法二：在“计算机”中找到要执行的应用程序文件，用鼠标双击（也可以选中之后按回车键；也可右键单击程序文件，然后选择“打开”）。

方法三：双击应用程序对应的快捷方式图标。

方法四：单击“开始”|“运行”，在命令行输入相应的命令后单击“确定”按钮。

图 2.7　鼠标的拖动操作

3．启动“资源管理器”的方法

方法一：双击桌面上的“计算机”图标。

方法二：按<Windows>（键盘上有视窗图标的键）+<E>组合键。

方法三：右击“开始”按钮，选择“打开 Windows 资源管理器”。

方法四：双击桌面上的“网络”图标。如果在桌面上没有“网络”图标，可以在桌面空白处单击鼠标右键，选择弹出菜单中的“个性化”菜单项，在之后显示的窗口中选择“更改桌面图标”项，此时会显示出“桌面图标设置”对话框，选中该对话框中的“网络”复选框后单击“确定”按钮，即可将“网络”图标添加到桌面上。

4．多个文件或文件夹的选取

（1）选择单个文件或文件夹：鼠标单击相应的文件或文件夹图标。

（2）选择连续多个文件或文件夹：鼠标单击第 1 个要选定的文件或文件夹，然后按住<Shift>键的同时单击最后 1 个，则它们之间的文件或文件夹就被选中了。

（3）选择不连续的多个文件或文件夹：按住<Ctrl>键不放，同时鼠标单击其他待选定的文件或文件夹。

5．Windows 窗口的基本操作

（1）窗口的最小化、最大化、关闭。

打开“资源管理器”窗口，单击窗口右上角的“最小化”按钮，则“资源管理器”窗口最小化为任务栏上的一个图标。

打开“资源管理器”窗口，单击窗口右上角的“最大化”按钮，则“资源管理器”窗口最大化占满整个桌面，此时“最大化”按钮变为“还原”按钮。

打开“资源管理器”窗口，单击窗口右上角的“关闭”按钮，则“资源管理器”窗口被关闭。

（2）排列与切换窗口。

① 双击桌面上“计算机”和“回收站”图标，在桌面上同时打开这 2 个窗口。

② 右击任务栏空白区域，打开任务栏快捷菜单。

③ 选择任务栏快捷菜单中的“层叠窗口”命令，可将所有打开的窗口层叠在一起，如图 2.8 所示，单击某个窗口的任意位置，可将该窗口显示在其他窗口之上。

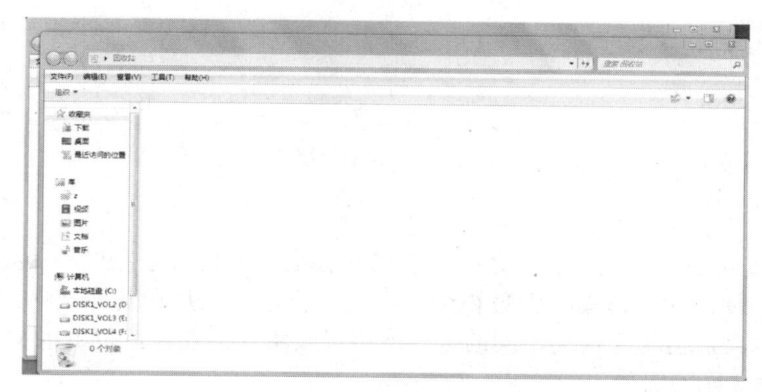

图 2.8　层叠窗口

④ 单击任务栏快捷菜单上的“堆叠显示窗口”命令，可在屏幕上横向平铺所有打开的窗口，可以同时看到所有窗口中的内容，如图 2.9 所示，用户可以很方便地在两个窗口之间进行复制和移动文件的操作。

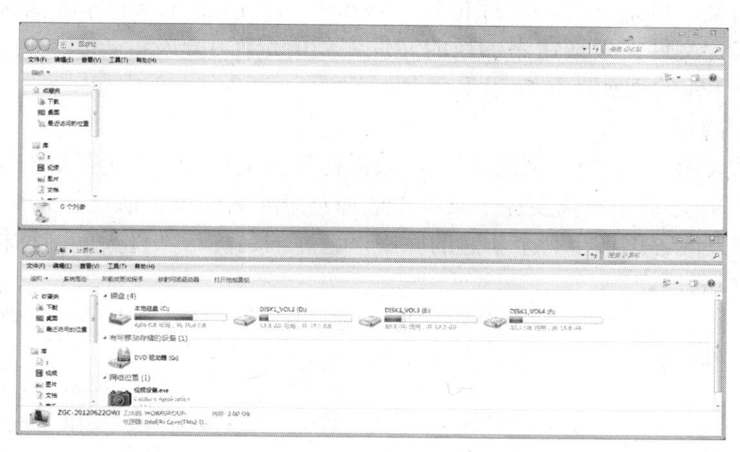

图 2.9　堆叠显示窗口

⑤ 单击任务栏快捷菜单上的“并排显示窗口”命令，可在屏幕上并排显示所有打开的窗口，如果打开的窗口多于两个，将以多排显示，如图 2.10 所示。

⑥ 切换窗口。按住<Alt>键然后再按下<Tab>键，屏幕会弹出一个任务框，框中排列着当前打开的各窗口的图标，按住<Alt>键的同时每按一次<Tab>键，就会顺序选中一个窗口图标。选中所需窗口图标后，释放<Alt>键，相应窗口即被激活为当前窗口。

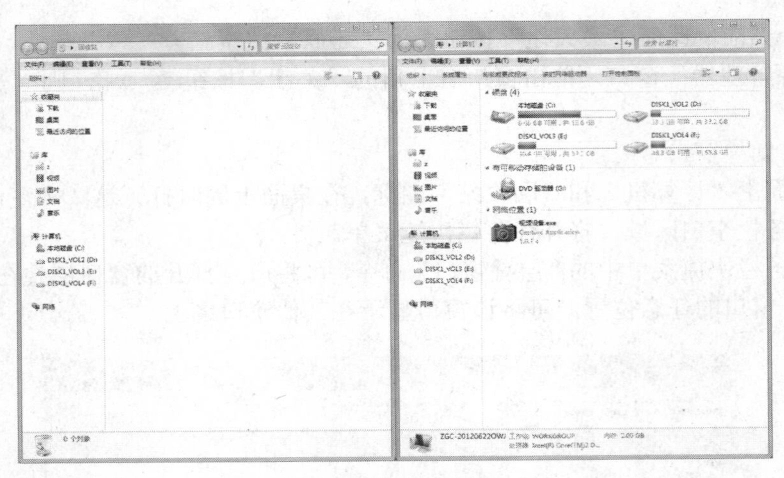

图 2.10　并排显示窗口

6．库的使用

库是 Windows 7 系统最大的亮点之一，它彻底改变了文件管理方式，从死板的文件夹方式变得更为灵活和方便。库可以集中管理视频、文档、音乐、图片和其他文件。在某些方面，库类似于传统的文件夹，但与文件夹不同的是，库可以收集存储在任意位置的文件。

（1）Windows 7 库的组成。

Windows 7 系统默认包含视频、图片、文档和音乐 4 个库，当然，用户也可以创建新库。要创建新库，先要打开“资源管理器”窗口，然后单击导航窗格中的“库”，选择工具栏中的“新建库”按钮后直接输入库名称即可。

在“资源管理器”窗口中，选中一个库后单击鼠标右键，在弹出的快捷菜单中选择“属性”命令，即可在之后显示的对话框的“库位置”区域看到当前所选择的库的默认路径。可以通过该对话框中的“包含文件夹”按钮添加新的文件夹到所选库中。

（2）Windows 7 库的添加、删除和重命名。

① 添加指定内容到库中。

要将某个文件夹的内容添加到指定库中，只需在目标文件夹上单击鼠标右键，在弹出菜单中选择“包含到库中”，之后根据需要在子菜单中选择一个库名即可。通过子菜单中的“创建新库”项可以将所选文件夹内容添加至一个新建的库中，新库的名称与文件夹的名称相同。

② 删除与重命名库。

要删除或重命名库只需在该库上单击鼠标右键，选择弹出菜单中的“删除”或“重命名”命令即可。删除库不会删除原始文件，只是删除库链接而已。

五、实验要求

按照实验步骤完成实验，观察设置效果后，将各项设置恢复到原来的设置。

任务一　认识 Windows 7

1．启动 Windows 7

（1）打开外设电源开关，如显示器。

（2）打开主机电源开关。

（3）计算机开始进行自检，然后引导 Windows 7 操作系统，若设置登录密码，则引导 Windows 7 后，会出现登录验证界面，单击用户账号出现密码输入框，输入正确的密码后按回车键可正常启动进入 Windows 7 系统；若没有设置登录密码，系统会自动进入 Windows 7。

2．重新启动或关闭计算机

单击“开始”按钮，选择“关机”菜单项，就可以直接将计算机关闭。单击该菜单项右侧的箭头按钮图标，则会出现相应的子菜单，其中默认包含 5 个选项。

（1）切换用户。当存在两个或以上用户的时候可通过此按钮进行多用户的切换操作。

（2）注销。用来注销当前用户，以备下一个人使用或防止数据被其他人操作。

（3）锁定。锁定当前用户。锁定后需要重新输入密码认证才能正常使用。

（4）重新启动。当用户需要重新启动计算机时，应选择“重新启动”。系统将结束当前的所有会话，关闭 Windows，然后自动重新启动系统。

（5）睡眠。当用户短时间不用计算机又不希望别人以自己的身份使用计算机时，应选择此命令。系统将保持当前的状态并进入低耗电状态。

任务二　自定义 Windows 7

1．自定义“开始”菜单

请按以下步骤对“开始”菜单进行设置。

（1）右键单击“开始”按钮，在弹出的快捷菜单中单击“属性”命令，打开“任务栏和「开始」菜单属性”对话框，如图 2.11 所示。

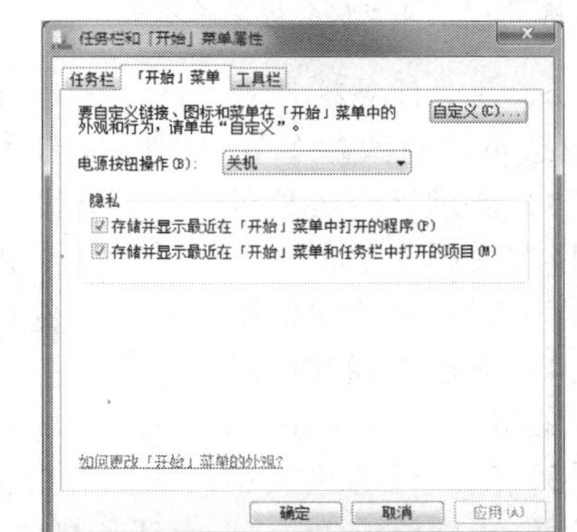

图 2.11　“任务栏和「开始」菜单属性”对话框

（2）单击“自定义”按钮，打开“自定义「开始」菜单”对话框。

（3）选中“控制面板”中的“显示为菜单”单选钮，如图 2.12 所示，依次单击“确定”按钮。返回桌面，打开“开始”菜单并观察其变化，特别是“开始”菜单中“控制面板”菜单项的变化。

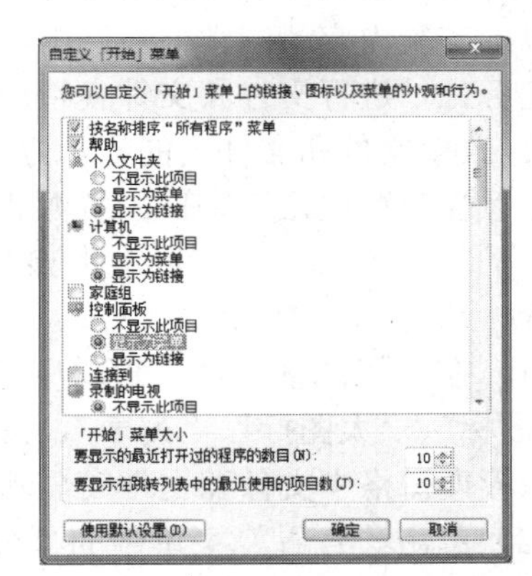

图 2.12　“自定义「开始」菜单”对话框

（4）再次打开如图 2.12 所示对话框，选中该对话框中滚动条区域底部的“最近使用的项目”复选框。

（5）依次单击“确定”按钮。返回桌面，打开“开始”菜单，会发现在“开始”菜单中新增了一个“最近使用的项目”菜单项。

2．自定义任务栏中的工具栏

请按以下步骤对工具栏进行设置。

（1）在任务栏空白处单击鼠标右键，弹出快捷菜单。

（2）把鼠标移到快捷菜单中的“工具栏”菜单项，此时显示出“工具栏”子菜单，如图 2.13 所示。

（3）选中“工具栏”子菜单中的“地址”项后，观察任务栏的变化。

3．自定义任务栏外观

请按以下步骤对任务栏进行设置。

（1）在任务栏空白处单击鼠标右键，在弹出的快捷菜单中单击“属性”命令，打开“任务栏和「开始」菜单属性”对话框，如图 2.14 所示。

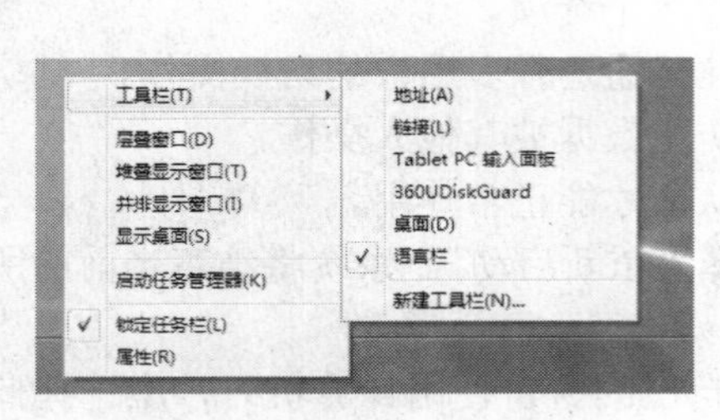

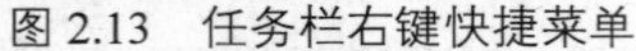
图 2.13　任务栏右键快捷菜单

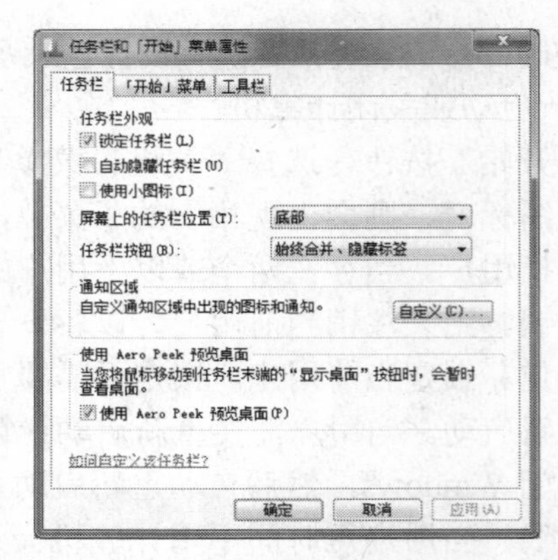

图 2.14　“任务栏和「开始」菜单属性”对话框“任务栏”选项卡

（2）在“任务栏外观”区域中，分别有“锁定任务栏”、“自动隐藏任务栏”、“使用小图标”3 个复选框，更改各个复选框的状态后，单击“确定”按钮返回到桌面，观察任务栏的变化。

（3）通过“任务栏外观”区域下方的“屏幕上的任务栏位置”下拉列表中的选项可以更改任务栏在桌面上的位置，如上、下、左或右；通过“任务栏按钮”下拉列表中的选项可以设置任务栏上所显示的窗口图标是否合并以及何时合并等。

（4）通过“通知区域”中的“自定义”按钮可以显示或隐藏任务栏中通知区域中的图标和通知。通过“使用 Aero Peek 预览桌面”区域中的复选框可以选择是否使用 Aero Peek 预览桌面。

（5）更改任务栏大小：在任务栏空白处单击鼠标右键，在弹出的快捷菜单中去选掉“锁定任务栏”选项前的“√”。当任务栏位于窗口底部时，将鼠标指针指向任务栏的上边缘，当鼠标指针变为双向箭头“↕”时，向上拖动任务栏的上边缘即可改变任务栏的大小。

以上实验内容请同学们自己上机逐步操作、观察结果并加以体会。

任务三　进行文件和文件夹管理

1．改变文件和文件夹的显示方式

在“资源管理器”窗口的资源管理窗格中显示当前选定项目的文件和文件夹的列表，可改变它们的显示方式。请按以下步骤对文件和文件夹的显示方式进行设置。

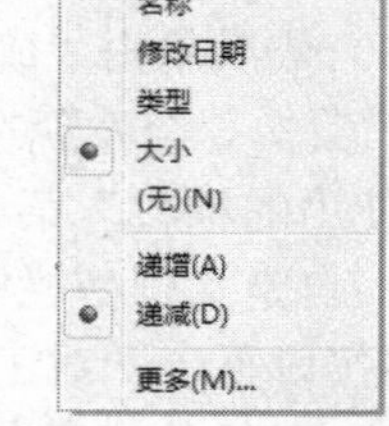

图 2.15　“分组依据”子菜单

（1）在“资源管理器”窗口中单击“查看”菜单，依次选择“超大图标”、“大图标”、“列表”、“详细信息”、“平铺”等项，观察资源管理窗格中文件和文件夹显示方式的变化。

（2）单击“查看”菜单中的“分组依据”菜单项，通过之后显示的子菜单项可以将资源管理窗格中的文件和文件夹进行分组，如图 2.15 所示。依次选择该子菜单中的项，观察资源管理窗格中文件和文件夹显示方式的变化。

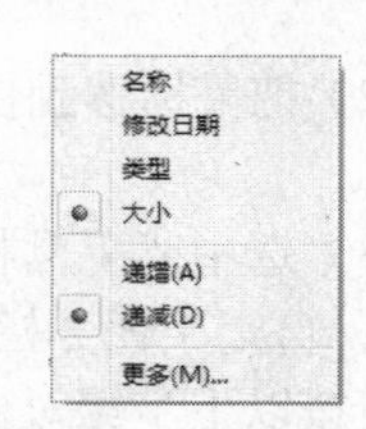

图 2.16　“排序方式”子菜单

（3）单击“查看”菜单中的“排序方式”菜单项，通过之后显示的子菜单项可以将资源管理窗格中的文件和文件夹进行排序显示，如图 2.16 所示。依次选择该子菜单中的项，观察资源管理窗格中文件和文件夹显示方式的变化。

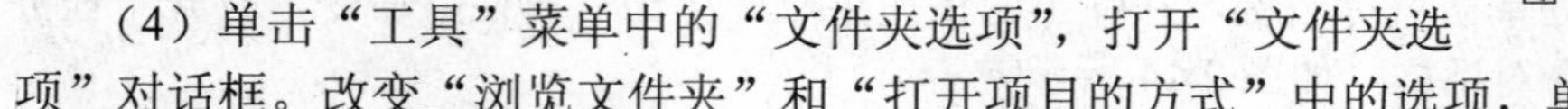
（4）单击“工具”菜单中的“文件夹选项”，打开“文件夹选项”对话框。改变“浏览文件夹”和“打开项目的方式”中的选项，单击“确定”按钮，之后

试着打开不同的文件夹和文件，观察显示方式及打开方式的变化。

（5）仍然打开“文件夹选项”对话框，选择“查看”选项卡，选中“隐藏已知文件类型的扩展名”复选框，如图 2.17 所示，单击“确定”按钮，观察文件显示方式的变化。

2．创建文件夹和文件

在 E 盘创建新文件夹以及为文件夹创建新文件的步骤如下。

（1）打开“资源管理器”窗口。

（2）选择创建新文件夹的位置。在导航窗格中单击 E 盘图标，资源管理窗格中显示 E 盘根目录下的所有文件和文件夹。

（3）创建新文件夹有以下多种方法。

方法一：在资源管理窗格空白处单击鼠标右键，弹出快捷菜单，在快捷菜单中选择“新建”|“文件夹”命令，然后输入文件夹名称“My Folder1”，按回车键完成。

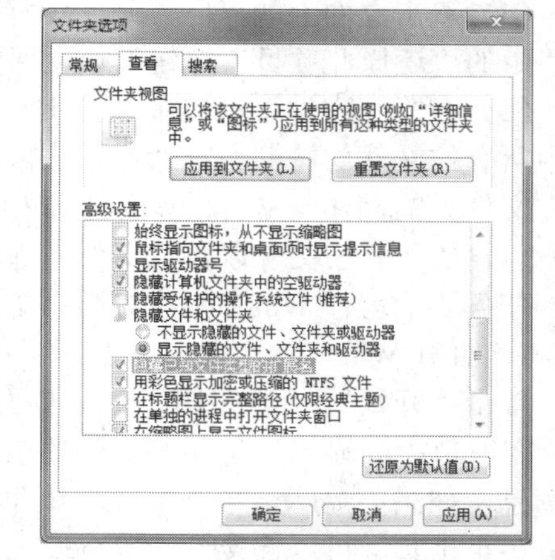

图 2.17 “文件夹选项”对话框“查看”选项卡

方法二：选择菜单“文件”|“新建”|“文件夹”命令，然后输入文件夹名称“My Folder1”，按回车键完成。

（4）双击新建好的“My Folder1”文件夹，打开该文件夹窗口，在资源管理窗格空白处单击鼠标右键，弹出快捷菜单，在快捷菜单中选择“新建”|“文本文档”命令，然后输入文件名称“My File1”，按回车键完成。

（5）使用同样方法在 E 盘根目录下创建“My Folder2”文件夹，并在“My Folder2”文件夹下创建文本文件“My File2”。

3．复制、移动文件和文件夹

请按以下步骤操作练习文件的复制、粘贴等。

（1）打开“资源管理器”窗口。

（2）找到并进入“My Folder2”文件夹，选中“My File2”文件。

（3）选择菜单“编辑”|“复制”命令，或按<Ctrl>+<C>组合键，或单击鼠标右键后在快捷菜单中选择“复制”命令，此时，“My File2”文件被复制到剪贴板。

（4）进入“My Folder1”文件夹。

（5）选择菜单“编辑”|“粘贴”命令，或按<Ctrl>+<V>组合键，或单击鼠标右键后在快捷菜单中选择“粘贴”命令，此时，“My File2”文件被复制到目的文件夹“My Folder1”。

移动文件的步骤与复制基本相同，只需将第（3）步中的“复制”命令改为“剪切”或将<Ctrl>+<C>组合键改为<Ctrl>+<X>组合键。

4．重命名、删除文件和文件夹

请按以下步骤操作练习文件的删除和重命名。

（1）打开“资源管理器”，找到并进入“My Folder1”文件夹，选中“My File2”文件。

（2）选择菜单“文件”|“重命名”命令，或单击鼠标右键后在快捷菜单中选择“重命名”命令，输入“My File3”后按回车键结束。

（3）选择“My File3”文件，单击菜单“文件”|“删除”命令，或直接在键盘上按<Del>/<Delete>键，在弹出的“删除文件”对话框中单击“是”按钮即可删除所选文件。

这种文件删除方法只是把要删除的文件转移到了“回收站”，如果需要彻底地删除该文件，可在执行删除操作的同时按下<Shift>键。

（4）双击桌面上的“回收站”图标，在“回收站”窗口中选中刚才被删除的文件，单击工具栏中的“还原此项目”按钮，该文件即可被还原到原来的位置。

（5）在“回收站”窗口中选择工具栏中的“清空回收站”按钮，对话框确认删除后，回收站中所有的文件均被彻底删除，无法再还原。

文件夹的操作与文件的操作基本相同，只是文件夹在复制、移动、删除的过程中，文件夹中所包含的所有子文件以及子文件夹都将进行相同的操作。

任务四　运行 Windows 7 桌面小工具

1．打开 Windows 7 桌面小工具

单击“开始”|“所有程序”|“桌面小工具库”，即可打开桌面小工具，如图 2.18 所示。

在窗口中间显示的是系统提供的小工具，每选中一个小工具，窗口下部会显示该工具的相关信息，如果不显示，单击窗口左下角的“显示详细信息”即可。通过窗口右下角的“联机获取更多小工具”可以连接到 Internet 上下载更多的小工具。

2．添加小工具到桌面

如果要将小工具“百度 搜索”添加到桌面，只需在图 2.18 中选中“百度 搜索”后单击鼠标右键，选择弹出菜单中的“添加”即可。添加成功后该小工具显示在桌面右上角，并且通过其右侧的工具条可以对其进行“关闭”、“较大尺寸/较小尺寸”和“拖动”操作。

图 2.18　Windows 7 桌面小工具

任务五　运行 Windows 7“画图”应用程序

单击“开始”|“所有程序”|“附件”|“画图”，即运行画图程序，如图 2.19 所示。

在“主页”选项卡中显示出的是主要的绘图工具，包含剪贴板、图像、工具、形状、粗细和颜色功能模块，提供给用户对图片进行编辑和绘制的功能。请同学们依次练习绘图工具的使用，注意在画形状时形状轮廓以及形状填充的使用。

图 2.19　“画图”窗口

任务六　添加和删除输入法

请按以下步骤操作，为系统添加“简体中文全拼”输入法并删除“简体中文郑码”输入法（如果已安装）。

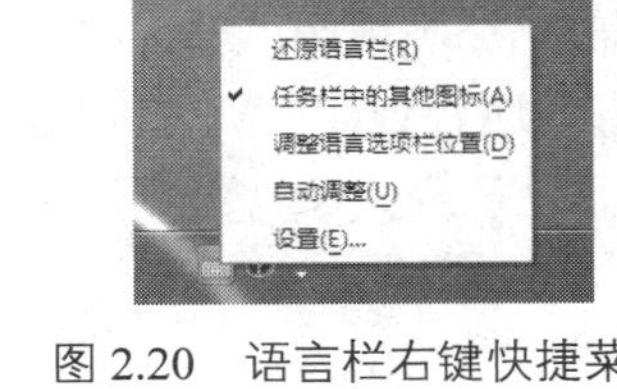

图 2.20　语言栏右键快捷菜单

（1）右键单击任务栏上的语言栏，弹出语言栏快捷菜单，如图 2.20 所示。

（2）选择“设置”命令，出现“文字服务和输入语言”对话框，如图 2.21 所示。

（3）单击“添加”按钮，弹出“添加输入语言”对话框，选中列表框中的“简体中文全拼”复选框，依次单击“确定”按钮使设置生效。

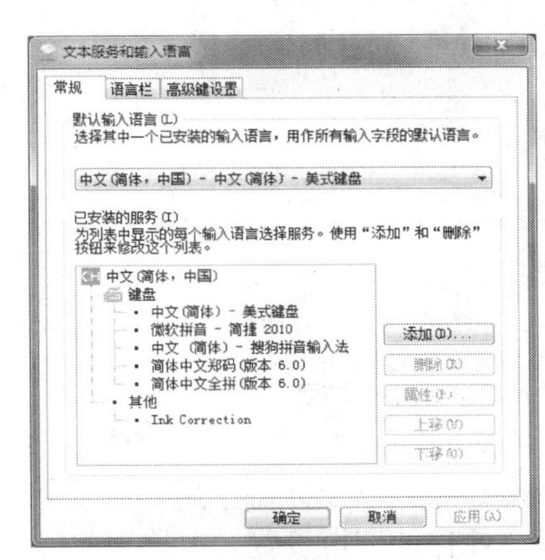

图 2.21　“文字服务和输入语言”对话框

（4）单击任务栏中的语言栏图标，可看到新添加的“简体中文全拼”输入法。

（5）再次打开图 2.21 所示“文字服务和输入语言”对话框，选择“已安装的服务”中的“简体中文郑码”，单击“删除”按钮即可将该输入法删除。

任务七　更改系统日期、时间及时区

请按以下步骤操作，将系统日期设为“2010 年 6 月 30 日”，系统时间设为“10:20:30”，时区设为“吉隆坡，新加坡”。

（1）右键单击任务栏最右侧的时间，选择弹出菜单中的“调整日期/时间”项，弹出“日期和时间”对话框。

（2）单击“更改日期和时间”按钮，弹出“日期和时间设置”对话框，依次更改年份为“2010”，月份为“六月”，日期为“30”，时间为“10:20:30”，依次单击“确定”按钮关闭对话框。

（3）观察任务栏右侧的显示时间，已经发生改变。

（4）再次打开“日期和时间”对话框，单击“更改时区”按钮，弹出“时区设置”对话框，在“时区”下拉列表中选择“(UTC+08:00)吉隆坡，新加坡”，依次单击“确定”按钮使设置生效。

实验二　Windows 7 的高级操作

一、实验学时：2 学时

二、实验目的

- 掌握控制面板的使用方法
- 掌握 Windows 7 中外观和个性化设置的基本方法
- 掌握用户账户管理的基本方法
- 掌握打印机的安装及设置方法
- 掌握 Windows 7 系统对磁盘进行清理和碎片整理来优化和维护系统的方法

三、相关知识

1．控制面板

控制面板（Control Panel）集中了用来配置系统的全部应用程序，它允许用户查看并进行计算机系统软硬件的设置和控制，因此，对系统环境进行调整和设置的时候，一般都要通过“控制面板”进行。例如，添加硬件、添加/删除软件、控制用户账户、外观和个性化设置等。Windows 7 提供了“分类视图”和“图标视图”两种控制面板界面，其中，“图标视图”有两种显示方式：大图标和小图标。“分类视图”允许打开父项并对各个子项进行设置，如图 2.22 所示。在“图标视图”中能够更直观地看到计算机可以采用的各种设置，如图 2.23 所示。

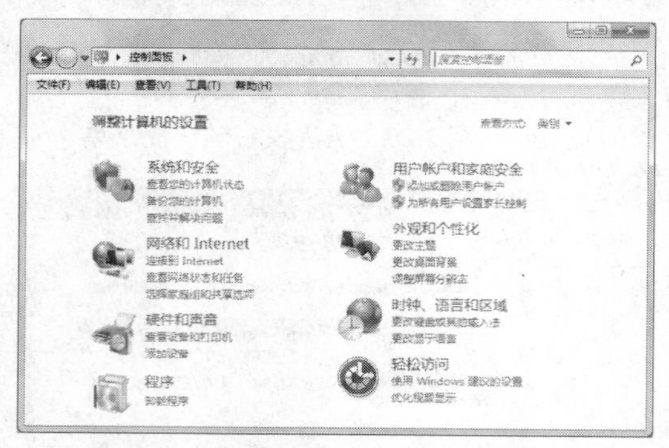

图 2.22　控制面板“分类视图”界面

图 2.23　控制面板“图标视图”界面

2．账户管理

Windows 7 支持多用户管理，多个用户可以共享一台计算机，并且可以为每一个用户创建一个用户账户以及为每个用户配置独立的用户文件，从而使得每个用户登录计算机时，都可以进行个性化的环境设置。在控制面板中，单击“用户账户和家庭安全”，打开相应的窗口，可以实现用户账户、家长控制等管理功能。在“用户账户”中，可以更改当前账户的密码和图片、管理其他账户，也可以添加或删除用户账户。在“家长控制”中，可以为指定标准类型账户实施家长控制，主要包括时间控制、游戏控制和程序控制。在使用该功能时，必须为计算机管理员账户设置密码保护，否则一切设置将形同虚设。

3．磁盘管理

磁盘管理是一项计算机使用时的常规任务，它以一组磁盘管理应用程序的形式提供给用户，包括查错程序、磁盘碎片整理程序、磁盘清理程序等。在 Windows 7 中没有提供一个单独的应用程序来管理磁盘，而是将磁盘管理集成到“计算机管理”中。通过单击桌面的“计算机”图标，在弹出的快捷菜单中单击“管理”即可打开“计算机管理”窗口，选择“存储”中的“磁盘管理”，将打开“磁盘管理”功能。利用磁盘管理工具可以一目了然地列出所有磁盘情况，并对各个磁盘分区进行管理操作。

四、实验范例

1．设置控制面板视图方式

在 Windows 7 中控制面板的图标可以以分类视图或图标视图两种方式查看。单击“开始”按钮，在“开始”菜单中选择“控制面板”，打开“控制面板”窗口。通过窗口“查看方式”旁边的下拉列表选项可以在类别视图、大图标视图和小图标视图之间进行切换。

2．外观和个性化设置（以分类视图为例）

请按以下步骤对 Windows 系统进行外观及个性化设置。

（1）在“控制面板”窗口中单击“外观和个性化”，显示“外观和个性化”设置窗口。

（2）单击“个性化”中的“更改主题”，在之后显示的主题列表中选择不同的主题后观察桌面以及窗口等的变化。

（3）单击“个性化”中的“更改桌面背景”，在之后显示的图片列表中选择一张图片，并在“图片位置”下拉列表中选择“居中”后单击“保存修改”按钮，观察桌面的变化。

（4）单击“个性化”中的“更改屏幕保护程序”，弹出“屏幕保护程序设置”对话框，如图 2.24 所示。选择“屏幕保护程序”区域下拉列表中的“三维文字”后，单击“设置”按钮，弹出“三维文字设置”对话框，如图 2.25 所示。在“自定义文字”栏输入“欢迎使用 Windows 7”，设置旋转类型为“摇摆式”，单击“确定”按钮返回到“屏幕保护程序设置”对话框时即可在预览区看到屏保效果，若要全屏预览，单击“预览”按钮即可。若要保存此设置，单击“确定”按钮。

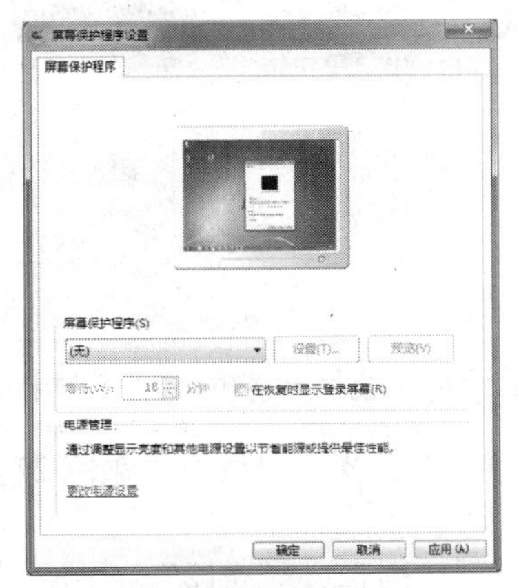

图 2.24　“屏幕保护程序设置”对话框

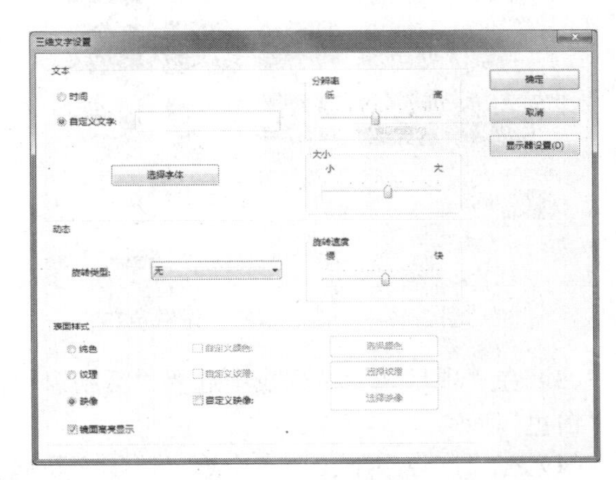

图 2.25　“三维文字设置”对话框

五、实验要求

按照实验步骤完成实验，观察设置效果后，将设置恢复到原来的设置。

任务一　设置个性化的 Windows 7 外观

1．更改桌面背景（图片任意），并以拉伸方式显示

在桌面空白处单击鼠标右键，在弹出的快捷菜单中选择“个性化”命令，打开“个性化”设置窗口，选择窗口下方的“桌面背景”图标，显示如图 2.26 所示的“桌面背景”设置窗口。直接在图片下拉框中选取一张图片并在“图片位置”下拉列表中选择“拉伸”后，单击“保存修改”按钮即可。

如果要将多张图片设为桌面背景，在图 2.26 所示窗口中按下<Ctrl>键，再依次选取多个图片文件，在“图片位置”下拉列表中选择“拉伸”，并在“更改图片时间间隔”下拉列表中选择更改间隔，如果希望多张图片无序播放，选中“无序播放”复选框，单击“保存修改”按钮使设置生效，返回到桌面观察效果。

2．更改窗口边框、“开始”菜单和任务栏的颜色为深红色，并启用透明效果

（1）在“控制面板”中单击“外观和个性化”，显示“外观和个性化”设置窗口。

（2）单击“个性化”中的“更改半透明窗口颜色”，在之后显示的颜色图标中单击“深红色”并选中“启用透明效果”复选框。

（3）单击“保存修改”按钮后观察窗口边框、“开始”菜单以及任务栏的变化。

3．设置活动窗口标题栏的颜色为黑、白双色，字体为华文新魏，字号为 12，颜色为红色

（1）在“控制面板”中单击“外观和个性化”，显示“外观和个性化”设置窗口。

（2）单击“个性化”中的“更改半透明窗口颜色”，在之后显示的窗口中单击“高级外观设置”，弹出“窗口颜色和外观”对话框，如图 2.27 所示。

图 2.26 “桌面背景”设置窗口

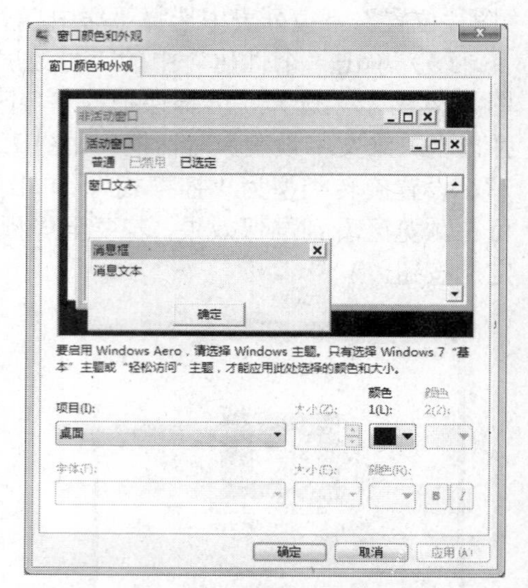

图 2.27 “窗口颜色和外观”对话框

（3）在“项目”下拉列表中选择“活动窗口标题栏”，“颜色 1”选择“黑色”，“颜色 2”选择“白色”。

（4）在“字体”下拉列表中选择“华文新魏”，在“大小”下拉列表选择“12”。

（5）单击“确定”按钮后观察活动窗口的变化。

任务二 设置显示鼠标指针的轨迹并设为最长

（1）在“控制面板”中单击“硬件和声音”，显示“硬件和声音”设置窗口。

（2）单击“设备和打印机”中的“鼠标”，打开“鼠标 属性”对话框，单击“指针选项”选项卡，在“可见性”区域中，选中“显示指针轨迹”复选框并拖动滑块至最右边，如图 2.28 所示。

（3）单击“确定”按钮。

任务三 添加新用户“user1”，密码设置为“123456789”（只有系统管理员才有用户账户管理的权限）

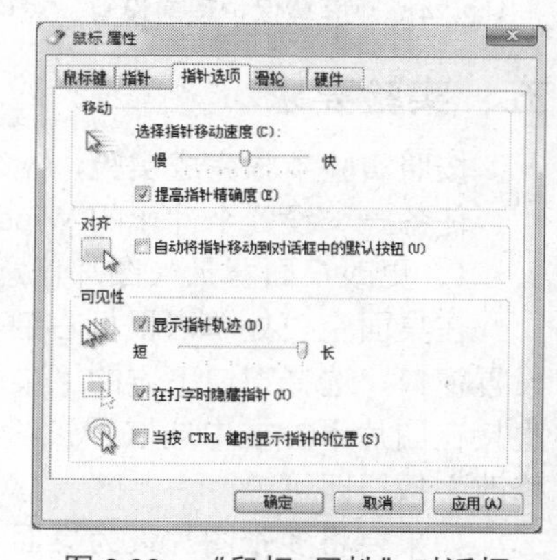

图 2.28 “鼠标 属性”对话框

（1）在“控制面板”中单击“用户账户和家庭安全”中的“添加或删除用户账户”，显示“管理账户”窗口。

（2）单击“创建一个新账户”，在之后显示的窗口中输入新账户的名称“user1”，使用系统推荐的账户类型，即标准账户，如图 2.29 所示。

（3）单击“创建账户”按钮后返回到“管理账户”窗口。

（4）单击账户列表中的新建账户“user1”，在之后显示的窗口中单击“创建密码”，显示“创建密码”窗口，如图 2.30 所示。

（5）分别在“新密码”和“确认新密码”框中输入“123456789”后，单击“创建密码”按钮。

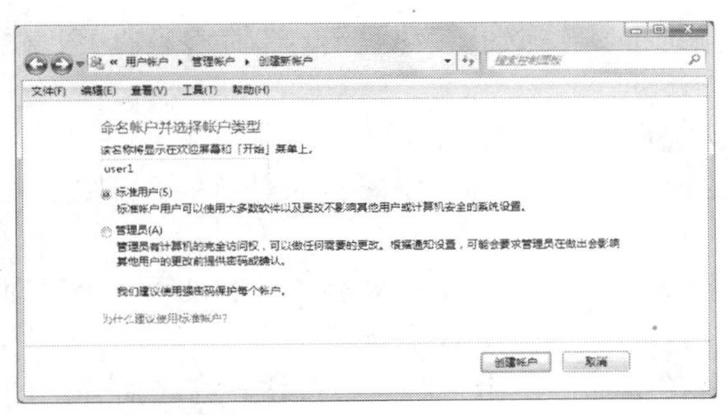

图 2.29　“创建新账户”窗口

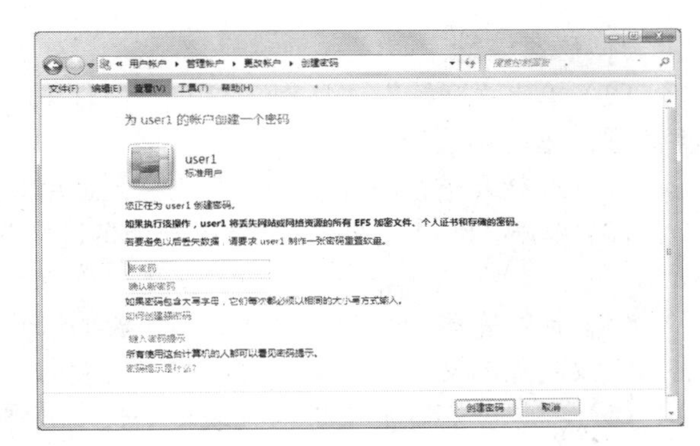

图 2.30　“创建密码”窗口

设置完成后，打开“开始”菜单，将鼠标移动到“关机”菜单项旁的箭头按钮上，单击选择弹出菜单中的“切换用户”，则显示系统登录界面，此时已可以看到新增加的账户“user1”，单击选择该账户后输入密码就可以以新的用户身份登录系统。

在“管理账户”窗口选择一个账户后，还可以使用“更改账户名称”、“更改密码”、“更改图片”、“更改账户类型”及“删除账户”等功能对所选账户进行管理。

任务四　打印机的安装及设置

1．安装打印机

安装打印机，首先将打印机的数据线连接到计算机的相应端口上，接通电源打开打印机，然后打开“开始”菜单，选择“设备和打印机”，打开“设备和打印机”窗口。也可以通过“控制面板”中“硬件和声音”中的“查看设备和打印机”进入。在“设备和打印机”窗口中单击工具栏中的“添加打印机”按钮，显示如图 2.31 所示的“添加打印机”对话框。选择要安装的打印机类型（本地打印机或网络打印机），在此选择“添加本地打印机”，之后要依次选择打印机使用的端口、打印机厂商和打印机类型，确定打印机名称并安装打印机驱动程序，最后根据需要选择是否共享打印机即可完成打印机的安装。安装完毕后，“设备和打印机”窗口中会出现相应的打印机图标。

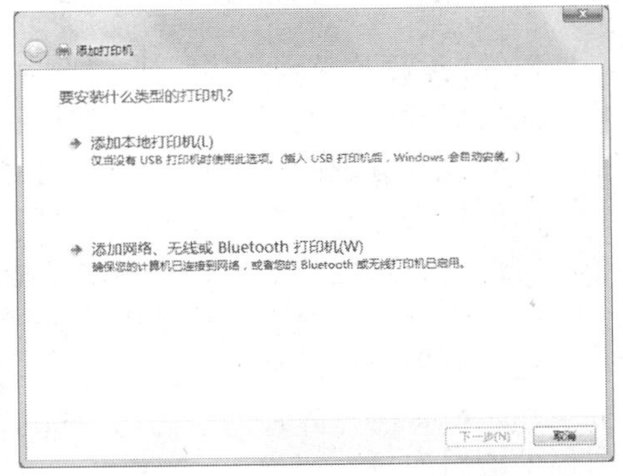

图 2.31　“添加打印机”对话框

2．设置默认打印机

如果安装了多台打印机，在执行具体打印任务时可以选择打印机或将某台打印机设置为默认打印机。要设置默认打印机，先打开“设备和打印机”窗口，在某个打印机图标上单击鼠标右键，在弹出的快捷菜单中单击“设置为默认打印机”即可。默认打印机的图标左下角有一个“√”标识。

3．取消文档打印

在打印过程中，用户可以取消正在打印或打印队列中的打印作业。鼠标双击任务栏中的打印机图标，打开打印队列，右键单击要停止打印的文档，在弹出菜单中选择“取消”。若要取消所有文档的打印，选择“打印机”菜单中的“取消所有文档”。

任务五　使用系统工具维护系统

由于在计算机的日常使用中，逐渐会在磁盘上产生文件碎片和临时文件，致使运行程序、打开文件变慢，因此可以定期使用“磁盘清理”删除临时文件，释放硬盘空间。使用“磁盘碎片整理程序”整理文件存储位置，合并可用空间，提高系统性能。

1．磁盘清理

（1）单击“开始”|“所有程序”|“附件”|“系统工具”，选择“磁盘清理”命令，打开“磁盘清理：驱动器选择”对话框。

（2）选择要进行清理的驱动器，在此使用默认选择“（C:）”。

（3）单击“确定”按钮，会显示一个带进度条的计算C盘上释放空间数的对话框，如图2.32所示。

（4）计算完毕则会弹出“（C:）的磁盘清理”对话框，如图2.33所示，其中显示系统清理出的建议删除的文件及其所占磁盘空间的大小。

（5）在“要删除的文件”列表框中选中要删除的文件，单击“确定”按钮，在之后弹出的“磁盘清理”确认删除对话框中单击“删除文件”按钮，弹出“磁盘清理”对话框，清理完毕后该对话框自动消失。

依次对C、D、E各磁盘进行清理，注意观察并记录清理磁盘时获得的空间总数。

图2.32 “磁盘清理”计算释放空间进度显示对话框

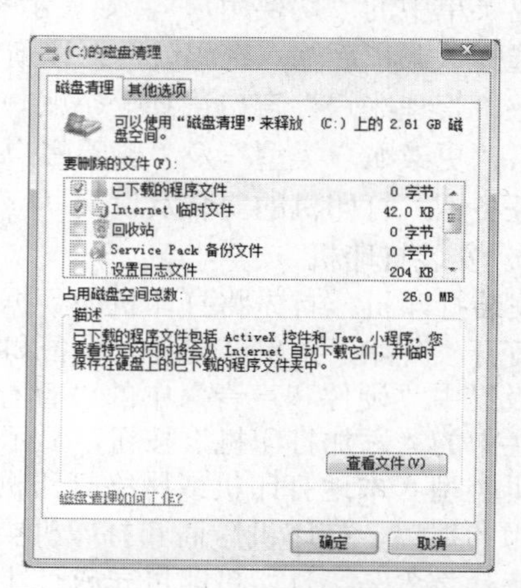

图2.33 “（C:）的磁盘清理”对话框

2．磁盘碎片整理程序

进行磁盘碎片整理之前，应先把所有打开的应用程序都关闭，因为一些程序在运行的过程中可能要反复读取磁盘数据，会影响磁盘整理程序的正常工作。

（1）单击“开始”|“所有程序”|“附件”|“系统工具”，选择“磁盘碎片整理程序”命令，打开“磁盘碎片整理程序”对话框。

（2）选择磁盘驱动器后单击“分析磁盘”按钮，进行磁盘分析。

（3）分析完后，可以根据分析结果选择是否进行磁盘碎片整理。如果在“上一次运行时间”列中显示检查磁盘碎片的百分比超过了10%，则应该进行磁盘碎片整理，只需单击“磁盘碎片整理”按钮即可。

任务六 打开和关闭Windows功能

Windows 7附带的某些程序和功能（如Internet信息服务），必须在使用之前将其打开，不再使用时则可以将其关闭。在Windows的早期版本中，若要关闭某个功能，必须从计算机上将其完全卸载。在Windows 7中，关闭某个功能不会将其卸载，仍会保留存储在硬盘上，以便需要时可以直接将其打开。

（1）单击“开始”|“控制面板”，打开“控制面板”窗口。

（2）选择“程序”，在之后显示的窗口中单击“程序和功能”中的“打开或关闭 Windows 功能”，显示如图 2.34 所示的“Windows 功能”对话框。

图 2.34 “Windows 功能”对话框

（3）若要打开某个 Windows 功能，选中该功能对应的复选框；若要关闭某个 Windows 功能，则清除其所对应的复选框。

（4）单击“确定”按钮。

第 3 章
文字处理 Word 2010

实验一　文档的创建与排版

一、实验学时：2 学时

二、实验目的

- 熟练掌握 Word 2010 的启动与退出方法，认识 Word 2010 主窗口的屏幕对象
- 熟练掌握操作 Word 2010 功能区、选项卡、组和对话框的方法
- 熟练掌握利用 Word 2010 建立、保存、关闭和打开文档的方法
- 熟练掌握输入文本的方法
- 熟练掌握文本的基本编辑方法以及设定文档格式的方法，包括插入点的定位、文本的输入、选择、插入、删除、移动、复制、查找和替换、撤销与恢复等操作
- 掌握文档的不同视图显示方式
- 熟练掌握设置字符格式的方法，包括选择字体、字形与字号，以及字体颜色、下画线、删除线等
- 熟练掌握设置段落格式的方法，包括对文本的字间距、段落对齐、段落缩进、段落间距等进行设置
- 熟练掌握首字下沉、边框和底纹等特殊格式的设置方法
- 掌握格式刷和样式的使用方法
- 掌握项目符号和编号的使用方法
- 掌握利用模板建立文档的方法

三、相关知识

1．基本知识

Word 2010 是 Microsoft Office 办公系列软件之一，是目前办公自动化中最流行的、全面支持简繁体中文的、功能更加强大的新一代综合排版工具软件。

Word 2010 的用户界面仍然采用 Ribbon 界面风格，包括可智能显示相关命令的 Ribbon 面板，但是在 Word 2010 中采用“文件”按钮取代了 Word 2007 中的“Office”按钮。

Microsoft Office Word 2010 集编辑、排版、打印等功能为一体，并同时能够处理文本、图形和表格，满足各种公文、书信、报告、图表、报表以及其他文档打印的需要。

2．基本操作

Word 文档是由 Word 编辑的文本。文档编辑是 Word 2010 的基本功能，主要完成文档的建立、文本的录入、保存文档、选择文本、插入文本、删除文本以及移动、复制文本等基本操作，并提供了查找和替换功能、撤销和重复功能。文档被保存时，会生成以“.docx”为默认扩展名

的文件。

3．基本设置

文档编辑完成之后，就要对整篇文档进行排版以使文档具有美观的视觉效果，包括字符格式设置、段落格式设置、边框与底纹设置、项目符号与编号设置以及分栏设置等。还有一些特殊格式设置，包括首字下沉、给中文加拼音、加删除线等。

4．高级操作

（1）格式刷。

使用格式刷可以快速地将某文本的格式设置应用到其他文本上，操作步骤如下。

① 选中要复制样式的文本。

② 单击功能区中的“开始”选项卡，单击“剪贴板”组中的“格式刷”按钮，之后将鼠标移动到文本编辑区，会看到鼠标旁出现一个小刷子的图标。

③ 用格式刷扫过（即按下鼠标左键拖动）需要应用样式的文本即可。

单击“格式刷”按钮，使用一次后格式刷功能就自动关闭了。如果需要将某文本的格式连续应用多次，则需双击“格式刷”按钮，之后直接用格式刷扫过不同的文本就可以了。要结束使用格式刷功能，再次单击“格式刷”按钮或按<Esc>键均可。

（2）样式与模板。

样式与模板是 Word 中非常重要的内容，熟练使用这两个工具可以简化格式设置的操作，提高排版的质量和速度。

样式是应用于文档中文本、表格等的一组格式特征，利用其能迅速改变文档的外观。应用样式时，只需执行简单的操作就可以应用一组格式。选择功能区中“开始”选项卡下“样式”组中的样式显示区域右下角的“其他”按钮，在出现的下拉框中显示出了可供选择的样式。要对文档中的文本应用样式，先选中这段文本，然后单击下拉框中需要使用的样式名称就可以了。要删除某文本中已经应用的样式，可先将其选中，再选择下拉框中的“清除格式”选项即可。

如果要快速改变具有某种样式的所有文本的格式，可通过重新定义样式来完成。选择功能区中“开始”选项卡下“样式”组中的样式显示区域右下角的“其他”按钮，在出现的下拉框中选择“应用样式”选项，在弹出的“应用样式”任务窗格中的“样式名”框键入要修改的样式名称后单击“修改”按钮，即可在弹出的对话框中看到该样式的所有格式，通过对话框中“格式”区域中的格式设置按钮可以完成对该样式的修改。

Word 2010 提供了内容涵盖广泛的模板，有博客文章、书法字帖以及信函、传真、简历和报告等，利用其可以快速地创建专业而且美观的文档。模板就是一种预先设定好的特殊文档，已经包含了文档的基本结构和文档设置，如页面设置、字体格式、段落格式等，方便以后重复使用，省去每次都要排版和设置的烦恼。对于某些格式相同或相近文档的排版工作，模板是不可缺少的工具。Word 2010 模板文件的扩展名为“.dotx”，利用模板创建新文档的方法请参考其他书籍，在此不再赘述。

四、实验范例

1．启动 Word 2010 窗口

启动 Word 2010 有多种方法，请思考并实际操作一下。

2．认识 Word 2010 的窗口构成

Word 2010 的窗口主要包括标题栏、快速访问工具栏、“文件”按钮、功能区、标尺栏、文

档编辑区和状态栏。

3．熟悉 Word 2010 各个选项卡的组成

4．文件的建立与文本的编辑

（1）建立新文档。

单击“文件”按钮，在打开的“文件”面板中选择“新建”命令，在右侧的面板中列出了可用的模板选项以及 Office.com 网站所提供的模板选项，根据需要选择合适的选项即可建立新文档。本范例选择“空白文档”。

（2）文档的输入。

在新建的文档中输入实验范例文字，暂且不管字体及格式。输入完毕将其保存为“D:\AA.docx”。

注意

操作 1、操作 2 的目的是练习输入，如果已经掌握，可直接打开某个已经存在的文件。

实例范例文字如下。

Windows 操作系统

从 1983 年到 1998 年，美国 Microsoft 公司陆续推出了 Windows 1.0、Windows 2.0、Windows 3.0、Windows 3.1、Windows NT、Windows 95、Windows 98 等系列操作系统。Windows 98 以前版本的操作系统都由于存在某些缺点而很快被淘汰。而 Windows 98 提供了更强大的多媒体和网络通信功能，以及更加安全可靠的系统保护措施和控制机制，从而使 Windows 98 系统的功能趋于完善。1998 年 8 月，Microsoft 公司推出了 Windows 98 中文版，这个版本当时应用非常广泛。

2000 年，Microsoft 公司推出了 Windows 2000 的英文版。Windows 2000 也就是改名后的 Windows NT5，Windows 2000 具有许多意义深远的新特性。同年，又发行了 Windows Me 操作系统。

2001 年，Microsoft 公司推出了 Windows XP。Windows XP 整合了 Windows 2000 的强大功能特性，并植入了新的网络单元和安全技术，具有界面时尚、使用便捷、集成度高、安全性好等优点。

2005 年，Microsoft 公司又在 Windows XP 的基础上推出了 Windows Vista。Windows Vista 仍然保留了 Windows XP 整体优良的特性，通过进一步完善，在安全性、可靠性及互动体验等方面更为突出和完善。

Windows 7 第一次在操作系统中引入 Life Immersion 概念，即在系统中集成许多人性因素，一切以人为本，同时沿用了 Vista 的 Aero（Authentic 真实，Energetic 动感，Reflective 反射性，Open 开阔）界面，提供了高质量的视觉感受，使得桌面更加流畅、稳定。为了满足不同定位用户群体的需要，Windows 7 提供了 5 个不同版本：家庭普通版（Home Basic 版）、家庭高级版（Home Premium 版）、商用版（Business 版）、企业版（Enterprise 版）和旗舰版（Ultimate 版）。2009 年 10 月 22 日 Microsoft 公司于美国正式发布 Windows 7 作为微软新的操作系统。

5．撤销与恢复

在“快速访问工具栏”上有“撤销”与“恢复”按钮，可以把编者对文件的操作进行按步倒退及前进，请同学们上机实际操作加以体会。

6．字体及段落设置

将刚建立的文件“D:\AA.docx”打开并进行以下设置。

（1）第一段设置成隶书、二号，居中。

（2）第二段设置成宋体、小四、斜体，左对齐，段前和段后各1行间距。

（3）第三段设置成宋体、小四，行距设为最小值20磅。

（4）第四段设置成楷体、小四、加波浪线；左右各缩进2个字符，首行缩进2个字符，1.5倍行距，段前、段后各0.5行间距。

（5）第五段的设置同第三段。

（6）第六段设置成楷体，小四，加粗。

7．文字的查找和替换（以刚建立的“D:\AA.docx”为例）

（1）查找指定文字“操作系统”的操作步骤如下。

① 打开“D:\AA.docx”文档，并将光标定位到文档首部。

② 单击“开始”选项卡“编辑”组中“查找”按钮下拉框中的“高级查找”选项，出现“查找和替换”对话框。

③ 在对话框的“查找内容”栏内输入“操作系统”。

④ 单击“查找下一处”按钮，将定位到文档中匹配该查找关键字的位置，并且匹配文字以蓝底黑字显示，表明在文档中找到一个“操作系统”。

⑤ 连续单击“查找下一处”按钮，则相继定位到文档中的其余匹配项，直至出现一个提示已完成文档搜索的对话框，就表明所有的“操作系统”都找出来了。

⑥ 单击“取消”按钮则关闭“查找和替换”对话框，返回到Word窗口。

（2）将文档中的“Windows”替换为“WINDOWS”的操作步骤如下。

① 打开“D:\AA.Docx”文档，并将光标定位到文档首部。

② 单击“开始”选项卡“编辑”组中的“替换”按钮，出现“查找和替换”对话框。

③ 在“查找内容”栏内输入“Windows”，在“替换为”栏内输入“WINDOWS”。

④ 单击“全部替换”按钮，屏幕上出现一个对话框，报告已完成所有替换。

⑤ 单击对话框的“确定”按钮关闭该对话框并返回到“查找和替换”对话框。

⑥ 单击“关闭”按钮关闭“查找和替换”对话框，返回到Word窗口，这时所有的“Windows”都替换成了“WINDOWS”。

8．视图显示方式的切换

通过单击“视图”选项卡中“文档视图”组里的各种视图按钮，进行各种视图显示方式的切换，并认真观察显示效果。

9．关闭Word 2010

退出Word 2010有多种方法，请实际操作并体会。

实验完成后，请正常关闭系统，并认真总结实验过程和所取得的收获。

五、实验要求

任务一

【原文】

同实验范例中原文。

【操作要求】

（1）将标题字体格式设置成宋体、三号，加粗，居中，将标题的段前、段后间距设置为一行。

（2）将正文中的中文设置为宋体、五号，西文设置为 Times New Roman、五号，将正文设为行距 1.5 倍。

（3）为正文添加项目符号，样式如图 3.1 所示。

（4）将正文中添加项目符号的内容字体格式设为斜体，并为其添加蓝色波浪线型下画线。

（5）给正文第 1 行中的“WINDOWS 1.0、WINDOWS 2.0、WINDOWS 3.0、WINDOWS3.1、WINDOWS NT、WINDOWS 95、WINDOWS 98”添加红色下画线。

（6）将最后一段中的文字设为黑体、加粗。

【样本】

如图 3.1 所示。

WINDOWS 操作系统

从 1983 年到 1998 年，美国 Microsoft 公司陆续推出了 WINDOWS 1.0、WINDOWS 2.0、WINDOWS 3.0、WINDOWS3.1、WINDOWS NT、WINDOWS 95、WINDOWS 98 等系列操作系统。WINDOWS 98 以前版本的操作系统都由于存在某些缺点而很快被淘汰。而 WINDOWS 98 提供了更强大的多媒体和网络通信功能，以及更加安全可靠的系统保护措施和控制机制，从而使 WINDOWS 98 系统的功能趋于完善。1998 年 8 月，Microsoft 公司推出了 WINDOWS 98 中文版，这个版本当时应用非常广泛。

- *2000 年，Microsoft 公司推出了 WINDOWS 2000 的英文版。WINDOWS 2000 也就是改名后的 WINDOWS NT5，WINDOWS 2000 具有许多意义深远的新特性，同年，又发行了 WINDOWS Me 操作系统。*
- *2001 年，Microsoft 公司推出了 WINDOWS XP，WINDOWS XP 整合了 WINDOWS 2000 的强大功能特性，并植入了新的网络单元和安全技术，具有界面时尚、使用便捷、集成度高、安全性好等优点。*
- *2005 年，Microsoft 公司又在 WINDOWS XP 的基础上推出了 WINDOWS Vista，WINDOWS Vista 仍然保留了 WINDOWS XP 整体优良的特性，通过进一步完善，在安全性、可靠性及互动体验等方面更为突出和完善。*

WINDOWS 7 第一次在操作系统中引入 Life Immersion 概念，即在系统中集成许多人性因素，一切以人为本，同时沿用了 Vista 的 Aero（Authentic 真实，Energetic 动感，Reflective 反射性，Open 开阔）界面，提供了高质量的视觉感受，使得桌面更加流畅、稳定。为了满足不同定位用户群体的需要，WINDOWS 7 提供了 5 个不同版本：家庭普通版（Home Basic 版）、家庭高级版（Home Premium 版）、商用版（Business 版）、企业版（Enterprise 版）和旗舰版（Ultimate 版）。2009 年 10 月 22 日微软于美国正式发布 WINDOWS 7 作为微软新的操作系统。

图 3.1　任务一样本

任务二

【原文】

被同伴驱逐的蝙蝠

很久以前，鸟类和走兽，因为发生一点争执，就爆发了战争。并且，双方僵持，各不相让。

有一次，双方交战，鸟类战胜了。蝙蝠突然出现在鸟类的堡垒。“各位，恭喜啊！能将那些粗暴的走兽打败，真是英雄啊！我有翅膀又能飞，所以是鸟的伙伴！请大家多多指教！”

这时，鸟类非常需要新伙伴的加入，以增强实力。所以很欢迎蝙蝠的加入。可是蝙蝠是个胆小鬼，等到战争开始，便秘不露面，躲在一旁观战。

后来，当走兽战胜鸟类时，走兽们高声地唱着胜利的歌。蝙蝠却又突然出现在走兽的营区。“各位恭喜！把鸟类打败！实在太棒了！我是老鼠的同类，也是走兽！敬请大家多多指教！”走兽们也很乐意的将蝙蝠纳入自己的同伴群中。

于是，每当走兽们胜利，蝙蝠就加入走兽。每当鸟类们打赢，却又成为鸟类们的伙伴。最后战争结束了，走兽和鸟类言归和好，双方都知道了蝙蝠的行为。当蝙蝠再度出现在鸟类的世界时，鸟类很不客气的对他说："你不是鸟类！"被鸟类赶出来的蝙蝠只好来到走兽的世界，走兽们则说："你不是走兽！"并赶走了蝙蝠。

最后，蝙蝠只能在黑夜，偷偷的飞着。

【操作要求】

（1）标题：居中，设为华文新魏、二号字，加着重号并加粗。

（2）所有正文段落首行缩进 2 个字符，左右缩进各一个字符，1.5 倍行间距。

（3）第一段：设为宋体、四号字、加粗。

（4）第二段：设为华文新魏、四号字、倾斜，分散对齐。

（5）第三段：设为黑体、四号字、加粗。

（6）第四段：用格式刷将该段设为与第三段同样的格式，并将字体颜色设为红色。

（7）第五段：设为宋体、四号字、倾斜，并将字体颜色设为蓝色。

（8）第六段：设为黑体、小三、红色并加粗，加下画线。

（9）整篇文档加页面边框，如样本图 3.2 所示。

（10）在所给文字的最后输入不少于 3 个你最喜欢的课程的名称，设为宋体、四号，行间距为固定值 22 磅，并加项目符号，如样本图 3.2 所示。

（11）在 D 盘建立一个以自己名字命名的文件夹，存放自己的 Word 文档作业，该作业以"自己的名字+1"命名。

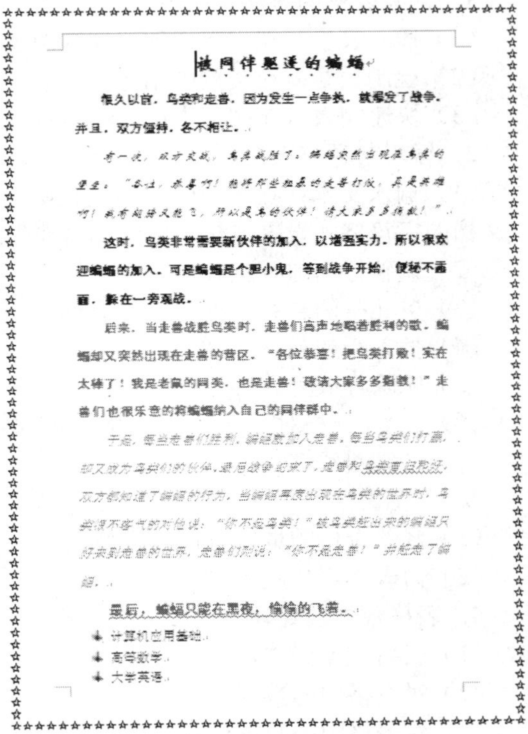

【样本】

如图 3.2 所示。

图 3.2　任务二样本

实验二　表格制作

一、实验学时：2 学时

二、实验目的

- 掌握 Word 2010 创建表格和编辑表格的基本方法
- 掌握 Word 2010 设计表格格式的常用方法
- 掌握 Word 2010 表格美化的方法

三、相关知识

表格具有信息量大、结构严谨、效果直观等优点，而表格的使用可以简洁有效地将一组相关数据放在同一个正文中，因此，掌握表格制作的操作是十分必要的。

表格是用于组织数据的最有用的工具之一，以行和列的形式简明扼要地表达信息，便于读者阅读。在 Word 2010 中，不仅可以非常方便、快捷地创建一个新表格，还可以对表格进行编辑、修饰，如增加或删除一行（列）或多行（列）、拆分或合并单元格、调整行（列）高、设置表格边框、底纹等，以增加其视觉上的美观程度，而且还能对表格中的数据进行排序以及简单计算等。

Word 2010 表格制作功能，包括以下几方面。

1．创建表格的方法

（1）插入表格：在文档中创建规则的表格。

（2）绘制表格：在文档中创建复杂的不规则表格。

（3）快速制表：在文档中快速创建具有一定样式的表格。

2．编辑与调整表格

（1）输入文本：在内容输入的过程中，可以同时修改录入内容的字体、字号、颜色等，这与文档的字符格式设置方法相同，都需要先选中内容再设置。

（2）调整行高与列宽。

（3）单元格的合并、拆分与删除等。

（4）插入行或列。

（5）删除行或列。

（6）更改单元格对齐方式：单元格中文字的对齐方式一共有 9 种，默认的对齐方式是靠上左对齐。

（7）绘制斜线表头。

3．美化表格

（1）修改表格的框线颜色及线型。

（2）为表格添加底纹。

4．表格数据的处理

（1）表格转换为文本。

（2）对表格中的数据进行计算。

（3）对表格中的数据进行排序。

5．自动套用表格样式

四、实验范例

1．建立表格

建立一个 6 行 3 列的表格，按表 3.1 所示输入文字，并将单元格中文字设置为黑体、加粗、小五号、居中，完成后存为“D:\biao.docx”。

表 3.1　　分公司销售额表

	香港分公司	北京分公司
一季度销售额	435	543
二季度销售额	567	654
三季度销售额	675	789
四季度销售额	765	765
合　　计		

表格创建完成后，按以下步骤对表格操作。

（1）删除表格最后一行。将光标定位到最后一行上，再单击“布局”选项卡“行和列”组中的“删除”按钮，在弹出的下拉框中选择“删除行”即可。

（2）在最后一行之前插入一行。将光标定位到最后一行上，再单击“布局”选项卡“行和列”组中的“在上方插入”按钮即可。

（3）在第三列的左边插入一列。将光标定位到第三列上，再单击“布局”选项卡“行和列”组中的“在左侧插入”按钮即可。

（4）调整表中行或列的宽度，以列为例。将鼠标指针移到表格中的某一单元格，把鼠标指针停留到表格的列分界线上，使之变为“←‖→”形状，这样就可按下鼠标左键不放，左右拖动，使之达到适当位置。行的操作类似，请试着操作并观察结果。

（5）画表格中的斜线。将光标定位在表格首行的第一个单元格当中，单击功能区的“设计”选项卡，在“表格样式”组的“边框”按钮下拉框中选择“斜下框线”选项即可在单元格中出现一条斜线，输入内容后调整对齐方式即可。

（6）调整表格在页面中的位置，使之居中显示。将光标移动到表格的任一单元格中，单击“布局”选项卡中“表”组中的“属性”命令，打开“表格属性”对话框，在“对齐方式”中选择“居中”，单击“确定”按钮即可。

请同学们自己设计并绘制复杂的不规则表格，尝试绘制不同的表格，并练习表格工具“设计”选项卡中“绘图边框”组中相关命令选项。

2．拆分表格

如果要将“D:\biao.docx”中的表格最后一行拆分为另一个表，先要选中表格的最后一行，单击“布局”选项卡“合并”组中的“拆分表格”按钮，可见选中行的内容脱离原表，成为一个新表。试操作，并观察结果。

3．表格的修饰美化（以“D:\biao.docx”为例）

（1）修改单元格中文字的对齐方式。

如果要将表格第一列文字设置为居中左对齐（不包括表头），先要选中表格第一列中除表头以外的所有单元格，单击功能区的“布局”选项卡，选择“对齐方式”组中的“中部两端对齐”按钮即可。请同学们自己将表格后两列文字设置为右对齐。

（2）修改表格边框。

分析：在 Word 文档中，可为表格、段落的四周或任意一边添加边框，也可为文档页面四周或任意一边添加各种边框，包括图片边框，还可为图形对象（包括文本框、自选图形、图片或导入图形）添加边框或框线。在默认情况下，所有的表格边框都为 1/2 磅的黑色单实线。

如要修改表格中的所有边框，单击表格中任意位置，如要修改指定单元格的边框，则需选中这些单元格。之后切换到“设计”选项卡，单击“表格样式”组中的“边框”按钮下拉框中的“边框和底纹”项。在弹出的“边框和底纹”对话框中，选择所需的适当选项，并确认“应用于”下的范围选择为“表格”选项后，单击“确定”按钮，就修改了表格的边框。

（3）对表格第一列加底纹。

选中表格的第一列并切换到“设计”选项卡，单击“表格样式”组中的“底纹”按钮，在弹出的下拉框中选择所需颜色即可。

（4）自动套用表格样式。

分析：在已经设计了一个表格之后，可方便地套用 Word 中已有的样式，而不必像操作（2）、操作（3）那样修改表格的边框和底纹。

鼠标单击表格中的任一单元格后，将鼠标移至“设计”选项卡中“表格样式”组内，鼠标停留在哪个样式上，其效果就自动应用在表中，如果效果满意，单击鼠标就完成了自动套用格式，十分方便。

4．表格转换

将表格“D:\biao.docx”中的第二行至第四行转换成文字的步骤如下。

（1）选中表格的第二行至第四行，单击“布局”选项卡“数据”组中的“转换为文本”按钮，弹出“表格转换成文本”对话框。

（2）在对话框内选择文本的分隔符为“逗号”，单击“确定”按钮。

实现转换后，请注意观察结果。

用类似的操作可将转换出来的文本再恢复成表格形式。选中需要转换成表格的对象后，单击“插入”选项卡“表格”组中的“表格”按钮，在弹出的下拉框中单击“文本转换成表格”选项，在之后弹出的对话框里选择合适的选项即可完成操作。请同学们试一试。

5．表格中数据的计算与排序

在 Word 中，可以对表格中的数据进行计算与排序。计算较为简便的方法是在单元格中插入公式，排序要根据需要选择对话框中相应的选项，具体操作请参看配套教材，在此不再详述。请同学们按照教材中的例子操作，体会其中的要领。

一个实验做完了，请正常关闭系统，并认真总结实验过程和所取得的收获。

五、实验要求

任务一　制作课程表

【操作要求】

设计如表 3.2 所示的课程表。

表 3.2　课程表

	星期一	星期二	星期三	星期四	星期五
第一大节					
第二大节					
午休					
第三大节					
第四大节					

表格内的内容依照实际情况进行填充，然后进行如下设置。

表格套用“中等深浅网格 1—强调文字颜色 1”样式，表中文字设为小五号楷体字，对齐方式设为“水平居中”。表格四周边框线的宽度调整为 1.5 磅，其余表格线的宽度为默认值。

任务二　制作求职简历

【操作要求】

制作一个求职简历，如表 3.3 所示。

表 3.3　　　　　　　　　　　　　　求职简历

基本信息：				个 人 相 片
姓　　名：		性　　别：		(贴照片处)
民　　族：		出生年月：		
身　　高：		体　　重：		
户　　籍：		现所在地：		
毕业学校：		学　　历：		
专业名称：		毕业年份：		
工作年限：		职　　称：		
求职意向：				
职位性质：				
职位类别：				
职位名称：				
工作地区：				
待遇要求：				
到职时间：				
技能专长：				
	语言能力：			
教育培训：				
教育经历：	时间	所在学校		学历
工作经历：				
	所在公司：			
	时间范围：			
	公司性质：			
	所属行业：			
	担任职位：			
	工作描述：			
其他信息：				
	自我评价：			
	发展方向：			
	其他要求：			
联系方式：				
	电话：		地址：	

任务三　制作个人简历

【操作要求】

制作一个个人简历，如表 3.4 所示。

表 3.4　　　　个人简历

个人概况：	姓名：张三	性别：男	出生年月：1987 年 11 月
	身体状况：健康	民族：汉	身高：176
	专业：机械设计与制造专业		
	学历：本科	政治面貌：党员	
	毕业院校：西北工业大学	通信地址：西北工业大学 333#信箱	
	联系电话：13623109999	邮编：360002	
个人品质：	诚实守信，乐于助人		
座右铭：	活到老，学到老		
受教育情况：	教育背景： 2005—2009 年　西北工业大学　机械设计与制造专业		
	主修课程： 工程制图、材料力学、理论力学、机械原理、机械设计、电路理论、模拟电子技术、数字电路、微机原理、机电传动控制、工程材料学、机械制造技术基础		
个人能力：	语言能力： ◆ 具有较强的语言表达能力 ◆ 有一定的英语读、写、听能力，获全国大学生英语四级证书		
	计算机水平： ◆ 具有良好的计算机应用能力，获全国计算机三级证书		
社会实践：	◆ 2005 年任校学生会主席 ◆ 曾参加西北工业大学社会实践“三下乡”活动 ◆ 在校办工厂实习两个月		
性格特点：	诚实，自信，有恒心，易于相处。有一定协调组织能力，适应能力强。有较强的责任心和吃苦耐劳精神		

实验三　图 文 混 排

一、实验学时：2 学时

二、实验目的

- 熟练掌握分页符、分节符的插入与删除的方法
- 熟练掌握设置页眉和页脚的方法
- 熟练掌握分栏排版的设置方法
- 熟练掌握页面格式的设置方法
- 掌握插入脚注、尾注、批注的方法
- 熟练掌握图片、剪贴画插入、编辑及格式设置的方法
- 熟练掌握 SmartArt 图形插入、编辑及格式设置的方法
- 掌握绘制和设置自选图形的基本方法
- 熟练掌握插入和设置文本框、艺术字的方法
- 掌握文档打印的相关设置方法

三、相关知识

在 Word 2010 中，要想使文档具有很好的美观效果，仅仅通过编辑和排版是不够的，还需要

对其进行页面设置，包括页眉和页脚、纸张大小和方向、页边距、页码，是否为文档添加封面以及是否将文档设置成稿纸的形式。此外有时还需要在文档中适当的位置放置一些图片以增加文档的美观程度。一篇图文并茂的文档显然比单纯文字的文档更具有吸引力。

设置完成之后，还可以根据需要选择是否将文档打印输出。

1. 版面设计

版面设计是文档格式化的一种不可缺少的工具，使用它可以对文档进行整体修饰。版面设计的效果要在页面视图方式下才能看见。

在对长文档进行版面设计时，可以根据需要，在文档中插入分页符或分节符。如果要为该文档不同的部分设置不同的版面格式（如不同的页眉和页脚、不同的页码设置等）时，就要通过插入分节符，将各部分内容分为不同的节，然后再设置各部分内容的版面格式。

2. 页眉和页脚

页眉和页脚是指位于正文每一页的页面顶部或底部一些描述性的文字。页眉和页脚的内容可以是书名、文档标题、日期、文件名、图片、页码等。顶部的叫页眉，底部的叫页脚。

通过插入脚注、尾注或者批注，为文档的某些文本内容添加注释以说明该文本的含义和来源。

3. 插入图形、艺术字等

在 Word 2010 文档中插入图片、自选图形、SmartArt 图形、艺术字等能够起到丰富版面、增强阅读效果的作用，还可以用功能区的相关工具对它们进行更改和编辑。

图片是由其他文件创建的图形，它包括位图、扫描的图片和照片以及剪贴画。可以通过图片工具“格式”选项卡中的命令按钮等对其进行编辑和更改。如果要使插入的图片的效果更加符合我们的需要，这就需要对图片进行编辑。对图片的编辑主要包括图片的缩放、剪裁、移动、更改亮度和对比度、添加艺术效果、应用图片样式等。Word 2010 的“剪辑库”包含大量的剪贴画，插入这些剪贴画能够增强 Word 文档的效果。

艺术字是指具有特殊艺术效果的装饰性文字，可以使用多种颜色和多种字体，还可以为其设置阴影、发光、三维旋转等，并能对显示艺术字的形状进行边框、填充、阴影、发光、三维效果等设置。

自选图形与艺术字类似，也可以对其更改边框、填充色、阴影、发光、三维旋转以及文字环绕等设置，还可以通过多个自选图形组合形成更复杂的形状。

文本框可以用来存放文本，是一种特殊的图形对象，可以在页面上进行位置和大小的调整，并能对其及其上文字设置边框、填充色、阴影、发光、三维旋转等。使用文本框可以很方便地将文档内容放置到页面的指定位置，不必受到段落格式、页面设置等因素的影响。

4. “SmartArt”工具

Word 2010 中的“SmartArt”工具增加了大量新模板，能够帮助用户制作出精美的文档图表对象。使用“SmartArt”工具，可以非常方便地在文档中插入用于演示流程、层次结构、循环或者关系的 SmartArt 图形。

在文档中插入 SmartArt 图形的操作步骤如下。

（1）将光标定位到文档中要显示图形的位置。

（2）单击功能区中“插入”选项卡“插图”组中的“SmartArt”按钮，打开“选择 SmartArt 图形”对话框，如图 3.3 所示。

（3）图中左侧列表中显示的是 Word 2010 提供的 SmartArt 图形分类列表，有列表、流程、循环、层次结构、关系等，单击某一种类别，会在对话框中间显示出该类别下的所有 SmartArt 图形的图例，单击某一图例，在右侧可以预览到该种 SmartArt 图形并在预览图的下方显示该图的文字介绍，在此选择“层次结构”分类下的组织结构图。

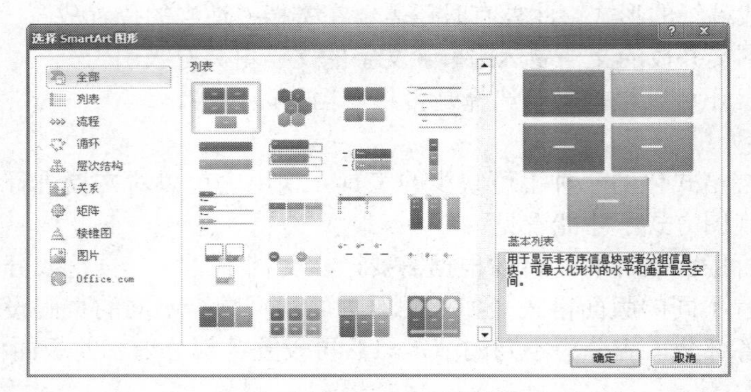

图 3.3 “选择 SmartArt 图形”对话框

（4）单击“确定”按钮，即可在文档中插入如图 3.4 所示的显示文本窗格的组织结构图。

插入组织结构图后，可以通过两种方法在其中添加文字。一种是在图右侧显示“文本”的位置单击鼠标后直接输入；另一种是在图左侧的“在此处输入文字”的文本窗格中输入。输入文字的格式按照预先设计的格式显示，当然用户也可以根据自己的需要进行更改。

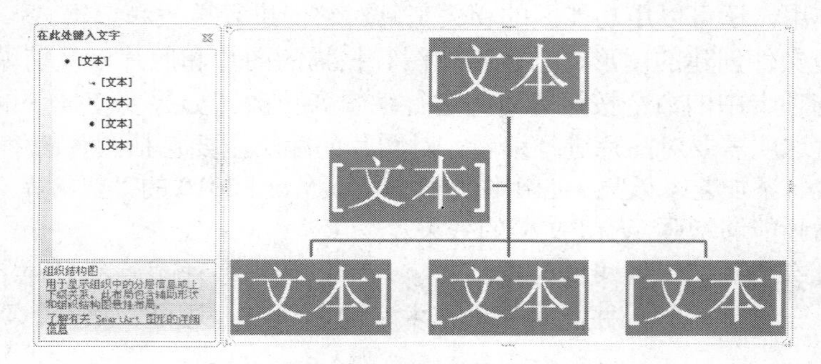

图 3.4 组织结构图

当文档中插入组织结构图后，在功能区会显示用于编辑 SmartArt 图形的“设计”和“格式”选项卡，如图 3.5 所示，通过 SmartArt 工具可以为 SmartArt 图形进行添加新形状、更改大小、布局以及形状样式等的调整。

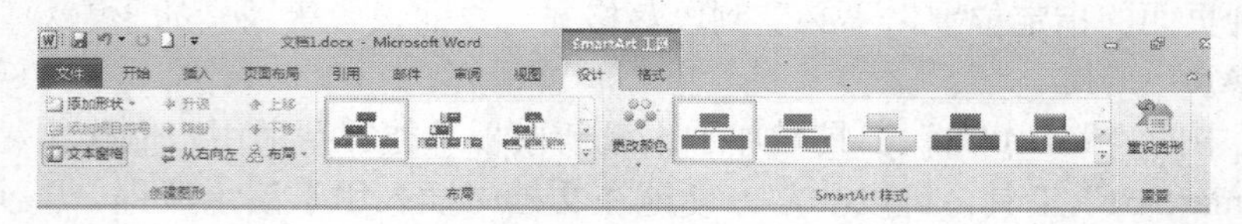

图 3.5 SmartArt 工具

四、实验范例

1．添加页眉和页脚及进行设置

请按以下步骤操作练习页眉和页脚的使用。

（1）创建一个新文档，保存为“D:\ 页眉和页脚.docx”。

（2）单击“插入”选项卡“页眉和页脚”组中的“页眉”按钮，在弹出的下拉框中选择内置的页眉样式“空白（三栏）”，之后分别在页眉处的 3 个“键入文字”区域输入自己的班级、学号和姓名。

（3）插入页眉时，在功能区会出现用于编辑页眉和页脚的“设计”选项卡，单击其中“导航”组中的“转至页脚”按钮切换到页脚。

（4）单击“插入”组的“日期和时间”按钮，在之后弹出的“日期和时间”对话框中选择一种日期时间格式，并选中对话框右下角的“自动更新”复选框，单击“确定”按钮。

（5）完成设置后单击“关闭”组中的“关闭页眉和页脚”按钮关闭页眉和页脚工具。

在进行页眉和页脚设置的过程中，页眉和页脚的内容会突出显示，而正文中的内容则变为灰色不可编辑，关闭页眉和页脚工具后则返回到文档编辑状态，而页眉和页脚的内容则变为灰色。此外，还可以在页眉和页脚中显示页码并设置页码格式，显示作者名、文件名、文件大小以及文件标题等信息，还能设置首页不同或奇偶页不同的页眉和页脚，请同学们上机实际操作加以体会。

2．样式

（1）样式的使用。

分析：所谓“样式”，就是 Word 内置的或用户命名并保存的一组文档字符及段落格式的组合。可以将一个样式应用于任何数量的文字和段落，如需更改使用同一样式的文字或段落的格式，只需更改所使用的样式，而不管文档中有多少这样的文字或段落，都可一次完成。

请按以下步骤操作练习样式的使用。

① 新建一个名为“样式.docx”的文档，在新文档中输入文字“样式的使用”。

② 单击“开始”选项卡中“样式”组中样式列表框中的“标题 1”样式，“样式的使用”几个字的字体、字号、段落格式等将自动改变成“标题 1”的设置格式。

③ 保存该文件，请注意观察结果。

（2）样式的创建。

以“样式”框中的“标题 2”为基准样式，创建一个新的样式，操作步骤如下。

① 将光标定位于“样式的使用”这句话的任意位置。

② 单击“开始”选项卡中“样式”组右下角的对话框启动器，打开“样式”窗格。

③ 单击“样式”窗格左下角的“新建样式”按钮，弹出“根据格式设置创建新样式”对话框。

④ 在“名称”栏内输入新建样式的名称“10 新建样式 1”，在“样式基准”栏内选择“标题 2”样式，并设置字体为黑体、小三号、居中，字体颜色为蓝色，行间距为 2 倍。

⑤ 单击“确定”按钮。

设置完成后，观察 Word 窗口，这时可见“10 新建样式 1”已经出现在“样式”组中的样式列表框中了，并且“样式的使用”这几个字也已经按照新样式发生了变化。

（3）样式的更改。

将样式“10 新建样式 1”字体由小三号改为一号，由黑体改为宋体，再加上波浪线。实现步骤如下。

① 选中“样式”组中样式列表框中的“10 新建样式 1”样式，单击鼠标右键，选择“修改”选项，出现“修改样式”对话框。

② 按照要求对原来的样式进行修改。如果要设置的选项没有在对话框的“格式”区域中显示，可以通过对话框左下角的“格式”按钮下拉框中的选项来完成设置。

③ 单击“确定”按钮。

设置完成后，返回到 Word 窗口，观察“样式的使用”这几个字的改变。

3. 拼写和语法

在 Word 中不但可以对英文进行拼写与语法检查，还可以对中文进行拼写和语法检查，这个功能大大减少了文本输入的错误率，使单词和语法的准确性更高。

为了能够在输入文本时让 Word 自动进行拼写和语法检查，需要进行设置。单击“文件”按钮，在打开的“文件”面板中单击“选项”命令，弹出“Word 选项”对话框，单击左侧列表中的“校对”项，之后选中对话框右侧“在 Word 中更正拼写和语法时”区域中的“键入时检查拼写”和“随拼写检查语法”复选框，单击“确定”按钮。这样，Word 将自动检查拼写和语法。

当 Word 检查到有错误的单词或中文时，就会用红色波浪线标出拼写的错误，用绿色波浪线标出语法的错误。

由于有些单词或词组有其特殊性，如在文档中输入“photoshop”就会认为是错误的，但事实上并非错误，因此，Word 拼写和语法检查后的错误信息，并非绝对就是错误，对于一些特殊的单词或词组仍可视为正确。

另外，可用手动方式进行拼写和语法检查。单击“审阅”功能区中“校对”组中的“拼写和语法”按钮将打开“拼写和语法”对话框，在“不在词典中”列表框中将显示出查到的错误信息，在“建议”列表框中则显示 Word 建议替换的内容。此时若要用“建议”列表框中的内容替换错误信息，可以选中“建议”列表框中的一个替换选项后单击“更改”按钮。若要跳过此次的检查，则可单击“忽略一次”按钮。如果单击“添加到词典”按钮，则可将当前拼写检查后的错误信息加入到词典中，以后检查到这些内容时，Word 都将视为是正确的。

为了提高拼写检查的准确性，可以在“拼写和语法”对话框中的“词典语言”下拉列表框中选择用于拼写检查的字典。

请试着完成此过程，体会其中含义。

一个实验做完了，请正常关闭系统，并认真总结实验过程和所取得的收获。

五、实验要求

任务一　在 Word 2010“实验一”里“任务二”的基础上继续完成本次任务

【原文】

被同伴驱逐的蝙蝠

很久以前，鸟类和走兽，因为发生一点争执，就爆发了战争。并且，双方僵持，各不相让。

有一次，双方交战，鸟类战胜了。蝙蝠突然出现在鸟类的堡垒。“各位，恭喜啊！能将那些粗暴的走兽打败，真是英雄啊！我有翅膀又能飞，所以是鸟的伙伴！请大家多多指教！”

这时，鸟类非常需要新伙伴的加入，以增强实力。所以很欢迎蝙蝠的加入。可是蝙蝠是个胆小鬼，等到战争开始，便不露面，躲在一旁观战。

后来，当走兽战胜鸟类时，走兽们高声地唱着胜利的歌。蝙蝠却又突然出现在走兽的营区。“各位恭喜！把鸟类打败！实在太棒了！我是老鼠的同类，也是走兽！敬请大家多多指教！”走兽们也很乐意地将蝙蝠纳入自己的同伴群中。

于是，每当走兽们胜利，蝙蝠就加入走兽。每当鸟类们打赢，却又成为鸟类们的伙伴。最后战争结束了，走兽和鸟类言归与好，双方都知道了蝙蝠的行为。当蝙蝠再度出现在鸟类的世界时，鸟类很不客气的对他说：“你不是鸟类！”被鸟类赶出来的蝙蝠只好来到走兽的世界，走兽们则说：“你不是走兽！”并赶走了蝙蝠。

最后，蝙蝠只能在黑夜，偷偷的飞着。

【操作要求】

（1）完成 Word 2010“实验一”里“任务二”的操作要求。

（2）页面设置：B5 纸，各边距均为 1.8cm，不要装订线。

（3）为第一段文字添加艺术效果，设置浅蓝色轮廓、“外部、居中偏移”阴影，为最后一段文字加拼音。

（4）页眉处输入自己的姓名、班级、学号，居中显示。页脚插入页码，居中显示。

（5）将文档中最后 3 行的内容替换为：

- Wingdings 字体里的 ☺ ☪ ☎ 🕒
- Wingdings2 字体里的 ☏ ☛ ◈ ✠

（6）最后插入日期，不带自动更新，并且右对齐。

（7）在 D 盘建立一个以自己名字命名的文件夹存放自己的 Word 文档作业，该作业以“自己的名字+2”命名。

任务二

【原文】

相信很多人都会误以为这张图片里面的飞机是一些小模型，而实际上，这是一张移轴镜摄影（Tilt-shift photography）照片，一种以追求现实与想象为表现形式的拍摄方法，它利用一种特殊的镜头使普通的事物在照片里影像产生这种独特的效果。致力于传达一种溶于真实世界中的虚幻意识，提供了一种介乎于真实世界和虚幻想象中的强烈视觉，让观者更多的觉得是在看一个模型而非真实世界。

用移轴镜头拍摄的北京奥运现场

移轴镜头

移轴摄影镜头是一种能达到调整所摄影像透视关系或全区域聚焦目的的摄影镜头。

移轴摄影镜头最主要的特点是，可在相机机身和胶片平面位置保持不变的前提下，使整个摄影镜头的主光轴平移、倾斜或旋转，以达到调整所摄影像透视关系或全区域聚焦的目的。移轴摄影镜头的基准清晰像场大得多，这是为了确保在摄影镜头光主轴平移、倾斜或旋转后仍能获得清晰的影像。移轴摄影镜头又被称为“TS”镜头（“TS”是英文“Tilt&Shift”的缩写，即“倾斜和移位”）、“斜拍镜头”、“移位镜头”等。

【操作要求】

制作表格，并编辑排版，得出图 3.6 所示的效果。

其中要求完成以下设置。

（1）标题是艺术字，样式为“渐变填充-蓝色，强调文字颜色 1”且居中显示，字体为黑体、36 号，环绕方式为“上下型环绕”；正文文字是小四号宋体字；每段的首行有两个汉字的缩进，第一段为多倍行距 1.25 倍，其余单倍行距。

（2）纸张设置为 A4，上下左右边界均为 2cm。

（3）为正文中的第一句话设置“渐变填充-橙色，强调文字颜色 6，内部阴影”型文本艺术效果。

（4）文档有特殊修饰效果，包括首字下沉设置红色，文字有着重号、突出显示、边框和底纹等设置，具体设置参考图 3.6 所示。

（5）插入任意两张图片，按图 3.6 所示来改变其大小和位置，并设置为紧密型环绕。在第二张图片上插入文本框，文本框格式设为无填充颜色并加入文字，边框设为浅蓝色、1 磅。

院系××× 专业××× 班级×× 姓名××× 学号×××

移轴镜头摄影

相信很多人都会误以为这张图片里面的飞机是一些小模型，而实际上，这是一张移轴镜摄影（Tilt-shift photography）照片，一种以追求现实与想象为表现形式的拍摄方法，它利用一种特殊的镜头使普通的事物在照片里影像产生这种独特的效果，致力于传达一种溶于真实世界中的虚幻意识，提供了一种介乎于真实世界和虚幻想象中的强烈视觉，让观者更多的觉得是在看一个模型而非真实世界。

移轴镜头

移轴摄影镜头是一种能达到调整所摄影像透视关系或全区域聚焦目的的摄影镜头。

移轴摄影镜头最主要的特点是：可在相机机身和胶片平面位置保持不变的前提下，使整个摄影镜头的主光轴平移、倾斜或旋转，以达到调整所摄影像透视关系或全区域聚焦的目的。移轴摄影镜头的基准清晰像场大得多，这是为了确保在摄影镜头光主轴平移、倾斜或旋转后仍能获得清晰的影像。移轴摄影镜头又被称为“TS”镜头（“TS”是英文“Tilt&Shift”的缩写，即“倾斜和移位”）、“斜拍镜头”、“移位镜头”等。

费用支出表

左上对齐				右上对齐
		居中对齐		
左下对齐				右下对齐

××××年××月××日

图 3.6　样本

（6）在页眉处填写本人的院系、专业、班级、姓名、学号，文字为小五号宋体，居中显示；在页脚处插入日期。

（7）表格名是艺术字，样式为“填充-红色，强调文字颜色 2，暖色粗糙棱台”且居中显示，字体为黑体、24 号，环绕方式为“上下型环绕”；表格中的文字是宋体、小五号，依照文字内容设置单元格对齐方式（如文字内容为“左上对齐”则单元格对齐方式设置为靠上左对齐）。表格四周边框线设为 2.25 磅、浅蓝色，其余表格线设为 1.5 磅、紫色。

（8）背景设为填充信纸纹理。

第 4 章
电子表格 Excel 2010

实验一　工作表的创建与格式编排

一、实验学时：2 学时

二、实验目的

- 掌握 Excel 2010 的基本操作
- 掌握 Excel 2010 各种类型数据的输入方法
- 掌握数据的修改及编辑工作表的方法与步骤
- 掌握数据格式化的方法与步骤
- 掌握工作簿的操作，包括插入、删除、移动、复制、重命名工作表等
- 掌握格式化工作表的方法

三、相关知识

在 Excel 2010 中的文字通常是指字符或者任何数字和字符的组合。输入到单元格内的任何字符集，只要不被系统解释为数字、公式、日期、时间、逻辑值，那么 Excel 2010 一律将其视为文字。而对于全部由数字组成的字符串，Excel 2010 提供了在他们之前添加“'”的方法来区分“数字字符串”和“数字型数据”。

当建立工作表时，所有的单元格都采用默认的通常数字格式。当数字的长度超过单元格的宽度时，Excel 2010 将自动使用科学计数法来表示输入的数字。

在输入表格的数据时，有时可能会输入许多相同的内容，如性别、年份等；有时还会输入一些等差序列或等比序列，如编号等；当然也可以输入自定义的序列。对于输入这些内容的操作，可以选用 Excel 2010 的“填充功能”来完成，使问题变得容易。

在制作工作表的过程中，还要对工作表进行格式化操作，这样有助于制作出更为醒目和美观的工作表。

1．Excel 2010 的基本功能与操作

（1）Excel 2010 的主要功能：表格制作、数据运算、数据管理、建立图表。

（2）Excel 2010 的启动和退出方法。

（3）Excel 2010 的窗口组成：快速访问工具栏、标题栏、选项卡、功能区、窗口操作按钮、工作簿窗口按钮、帮助按钮、名称框、编辑栏、编辑窗口、状态栏、滚动条、工作表标签、视图按钮以及显示比例等。

2．Excel 2010 的基本操作

（1）文件操作。

① 建立新工作簿：启动 Excel 2010 后，单击“文件”|“新建”命令，或者单击“快速访问

工具栏”上的新建按钮。

② 打开已有工作簿：如果要对已存在的工作簿进行编辑，就必须先打开该工作簿。单击“文件”|“打开”命令，或者单击“快速访问工具栏”上的打开按钮，在出现的对话框中输入或选择要打开的文件，单击“打开”按钮。

③ 保存工作簿：当完成对一个工作簿文件的建立、编辑后，就可将文件保存起来，若该文件已保存过，可直接将工作簿保存起来。若为一新文件，将会弹出一个“另存为”对话框，以新文件名保存工作簿。

④ 关闭工作簿。

（2）选定单元格操作。

① 选定单个单元格。

② 选定连续或不连续的单元格区域。

③ 选定行或列。

④ 选定所有单元格。

（3）工作表的操作。

① 选定工作表：选定单个工作表、多个工作表、全部工作表、取消工作表。

② 工作表重命名。

③ 移动工作表。

④ 复制工作表。

⑤ 插入工作表。

⑥ 删除工作表。

（4）输入数据。

① 文本的输入。

② 数值的输入。

③ 日期和时间的输入。

④ 批注的输入。

⑤ 自动填充数据。

⑥ 自定义序列。

3．编辑工作表

（1）编辑和清除单元格中的数据。

（2）移动和复制单元格。

（3）插入单元格以及行和列。

（4）删除单元格以及行和列。

（5）查找和替换操作。

（6）给单元格加批注。

（7）命名单元格。

（8）编辑工作表。

① 设定工作表的页数。

② 激活工作表。

③ 插入工作表。

④ 删除工作表。

⑤ 移动工作表。

⑥ 复制工作表。

⑦ 重命名工作表。

⑧ 拆分工作表与冻结。

4．格式化工作表

（1）设置字符、数字、日期以及对齐格式。

（2）调整行高和列宽。

（3）设置边框、底纹和颜色。

5．使用条件格式

条件格式基于条件更改单元格区域的外观，有助于突出显示所关注的单元格或单元格区域，强调异常值，使用数据条、颜色刻度和图标集来直观地显示数据。

（1）快速格式化。

（2）高级格式化。

6．套用表格格式

Excel 2010 中，提供了一些已经制作好的表格格式，制定报表时，可以套用这些格式，制作出既漂亮又专业化的表格。

7．使用单元格样式

要在一个步骤中应用几种格式，并确保各个单元格格式一致，可以使用单元格样式。单元格样式是一组已定义的格式特征，如字体和字号、数字格式、单元格边框和单元格底纹。

（1）应用单元格样式。

（2）创建自定义单元格样式。

四、实验范例

（1）启动 Excel 2010 窗口（启动 Excel 2010 有多种方法，请思考并实际操作一下看看）。

（2）认识 Excel 2010 的窗口构成，主要包括 Excel 2010 功能区、选项卡、组和对话框。

（3）熟悉 Excel 2010 各个选项卡的组成。

（4）Excel 文件的建立与单元格的编辑。建立“学生成绩表”，如表 4.1 所示。

表 4.1　学生成绩表

姓　名	课程名称				平均成绩
	高等数学	英　语	程序设计	汇编语言	
王　涛	89	92	95	96	
李　阳	78	89	84	88	
杨利伟	67	74	83	79	
孙书方	86	87	95	89	
郑鹏腾	53	76	69	76	
徐巍	69	86	59	77	

建立学生成绩表的操作步骤如下。

（1）建立工作表。

① 录入数据。双击工作表标签“Sheet1”，输入新名称“学生成绩表”覆盖原有名称，将表头、记录等数据输入到表中。选中 B1:E1 的单元格区域，将这几个单元格合并，同样的方法将 A1 至 A2、F1 至 F2 合并。合并后的表如图 4.1 所示。

② 输入标题，设置工作表格式。在表的最上方插入一行，A1 至 F1 的单元格合并居中，然后输入标题，设置标题字体为“楷体”、“蓝色”、“22”。调整该行为与字体合适的高度。

③ 在表的最右方加一新列：“总成绩”。

将表格其余部分调整为如图 4.2 所示的样式。

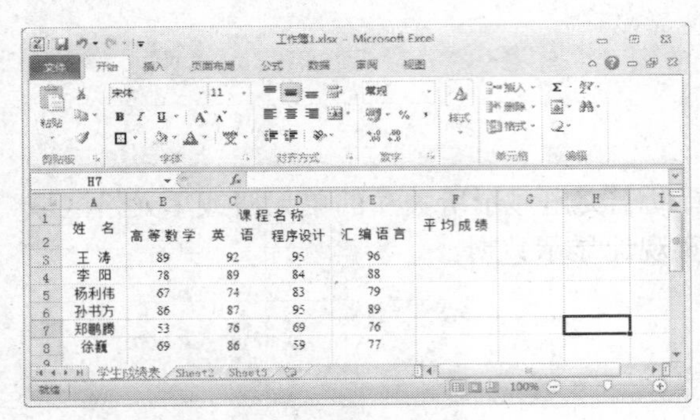

姓 名	课程名称				平均成绩
	高等数学	英 语	程序设计	汇编语言	
王 涛	89	92	95	96	
李 阳	78	89	84	88	
杨利伟	67	74	83	79	
孙书方	86	87	95	89	
郑鹏腾	53	76	69	76	
徐巍	69	86	59	77	

图 4.1 录入数据

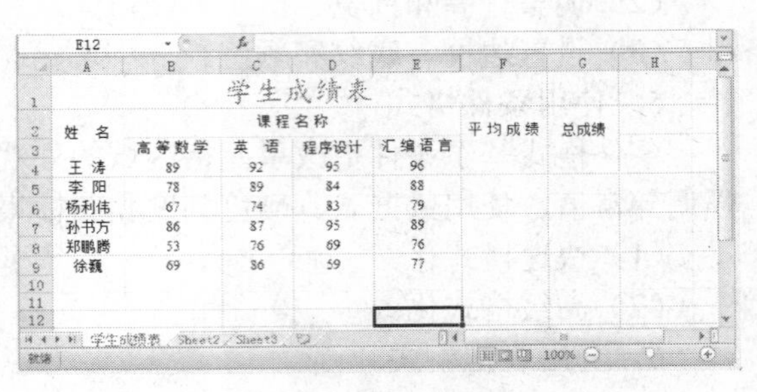

学生成绩表

姓 名	课程名称				平均成绩	总成绩
	高等数学	英 语	程序设计	汇编语言		
王 涛	89	92	95	96		
李 阳	78	89	84	88		
杨利伟	67	74	83	79		
孙书方	86	87	95	89		
郑鹏腾	53	76	69	76		
徐巍	69	86	59	77		

图 4.2 格式调整

（2）格式化表格。

给表格加上合适的框线、底纹，如图 4.3 所示。

（3）使用条件格式。

对表格中不及格的成绩进行突出显示，如图 4.4 所示。

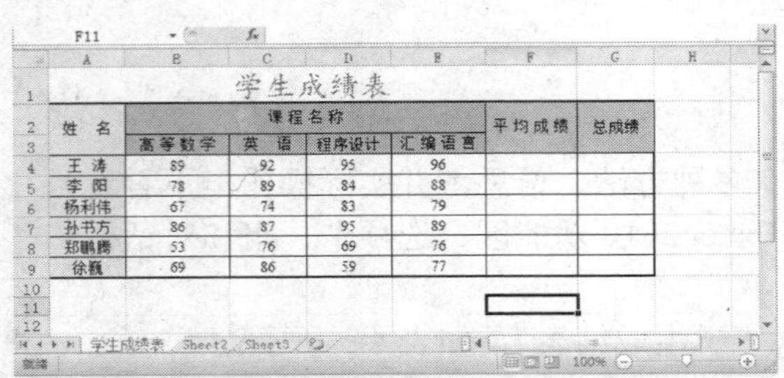

学生成绩表

姓 名	课程名称				平均成绩	总成绩
	高等数学	英 语	程序设计	汇编语言		
王 涛	89	92	95	96		
李 阳	78	89	84	88		
杨利伟	67	74	83	79		
孙书方	86	87	95	89		
郑鹏腾	53	76	69	76		
徐巍	69	86	59	77		

图 4.3 格式化后的表格

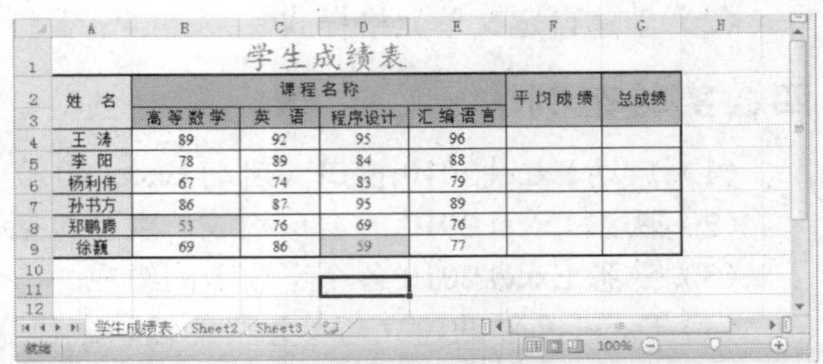

学生成绩表

姓 名	课程名称				平均成绩	总成绩
	高等数学	英 语	程序设计	汇编语言		
王 涛	89	92	95	96		
李 阳	78	89	84	88		
杨利伟	67	74	83	79		
孙书方	86	87	95	89		
郑鹏腾	53	76	69	76		
徐巍	69	86	59	77		

图 4.4 使用条件格式后的表格

（4）套用表格格式。

利用 Excel 2010 中提供的套用表格格式，选择一合适的并且自己喜欢的格式对表格进行美化，如图 4.5 所示。

学生成绩表

列1	列2	列3	列4	列5	列6	列7
姓 名	课程名称				平均成绩	总成绩
	高等数学	英 语	程序设计	汇编语言		
王 涛	89	92	95	96		
李 阳	78	89	84	88		
杨利伟	67	74	83	79		
孙书方	86	87	95	89		
郑鹏腾	53	76	69	76		
徐巍	69	86	59	77		

图 4.5 套用表格格式

一个实验做完了，请正常关闭系统，并认真总结实验过程和所取得的收获。

五、实验要求

任务一　制作如图 4.6 所示表格并进行格式化

【操作要求】

（1）标题：合并且居中，楷体，字大小为 22，蓝色，加粗。

（2）表头及第一列：宋体，11 号字，居中，加粗。

（3）所有的数据都设置成居中显示方式。

（4）不及格分数用粉红字突出显示。

（5）内框线用细线描绘，外框线用粗框线勾出（注意使用多种方法，既可以用“开始”选项卡里“字体”组中的“框线”下拉框进行设置，也可以用“笔”选好线型直接画出，请实际操作，体会其中的方法）。

（6）用套用格式进行格式的套用，本例用的是套用格式中浅色第三行中第五个。

最后效果如图 4.6 所示。

任务二　制作如图 4.7 所示的表格

【操作要求】

（1）标题：合并且居中，宋体，14 号字，加粗。

（2）表头：宋体，11 号字，居中，加粗。

（3）所有的数据对齐方式参照图 4.7 中所示进行设置。

（4）各列数据用合适的填充方式进行数据填充。

（5）内框线用细线描绘，外框线用粗框线勾出。

（6）所有含“计算机”的单元格设置成“浅红填充色深红色文本”。

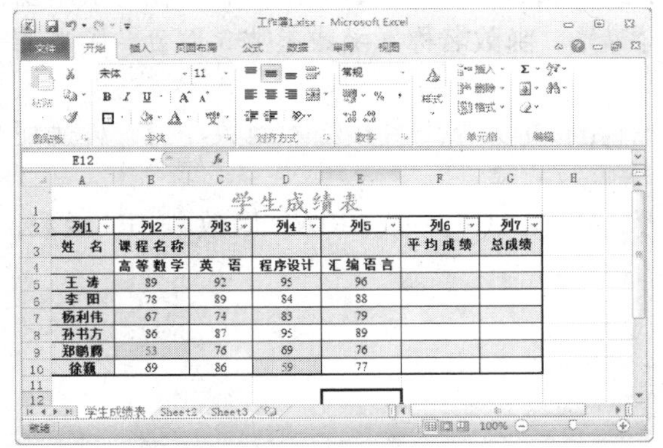

学生成绩表

列1	列2	列3	列4	列5	列6	列7
姓　名	课程名称				平均成绩	总成绩
	高等数学	英　语	程序设计	汇编语言		
王　涛	89	92	95	96		
李　阳	78	89	84	88		
杨利伟	67	74	83	79		
孙书方	86	87	95	89		
郑鹏腾	53	76	69	76		
徐巍	69	86	59	77		

图 4.6　任务一表格效果图

学生学籍卡

学号	姓名	院系	专业	家庭住址	宿舍号	宿舍电话
20120104001	王　涛	控制工程系	自动化	河南郑州	3#306	63556907
20120104002	李　阳	控制工程系	自动化	河南信阳	3#306	63556907
20120104003	杨利伟	控制工程系	自动化	河南开封	3#306	63556907
20120104004	孙书方	控制工程系	电器	江苏无锡	3#306	63556907
20120104005	郑鹏腾	控制工程系	电器	广西桂林	3#306	63556907
20120104006	徐巍	控制工程系	电器	湖南长沙	3#306	63556907
20120105001	张佳蕊	计算机系	网络工程	河南安阳	3#409	63556426
20120105002	刘洋	计算机系	网络工程	吉林长春	3#409	63556426
20120105003	陈家慧	计算机系	网络工程	山东荷泽	3#409	63556426

图 4.7　任务二表格效果图

实验二　公式与函数的应用

一、实验学时：2 学时

二、实验目的

- 掌握单元格相对地址与绝对地址的应用
- 掌握公式的使用
- 掌握常用函数的使用

- 掌握“粘贴函数”对话框的操作方法

三、相关知识

在 Excel 2010 中，也会经常用到函数和公式。公式与函数都是以“=”作为起始的。

1．单元格引用类型

在公式中可以引用本工作簿或其他工作簿中任何单元格区域的数据。公式中输入的是单元格区域地址，引用后，公式的运算值随着被引用单元格的值的变化而变化。

单元格地址根据被复制到其单元格时是否改变，可分为相对引用、绝对引用和混合引用 3 种类型。

（1）同一工作簿同一工作表的单元格引用。

（2）同一工作簿不同工作表的单元格引用。

（3）不同工作簿的单元格引用。

2．公式

（1）输入公式：单击要输入公式的单元格，在单元格中首先必须输入一个等号，然后输入所要的公式，最后按<Enter>键。Excel 2010 会自动计算公式表达式的结果，并将其显示在相应的单元格中。

（2）公式的引用：引用分为相对引用、绝对引用和混合引用，另需掌握同一工作簿中不同工作表的单元格引用以及不同工作簿的单元格引用。

3．函数

函数实际上是一些预先定义好的特殊公式，运用一些称为参数的特定的顺序或结构进行计算，然后返回一个值。

（1）函数的分类：Excel 2010 提供了财务函数、统计函数、日期与时间函数、查找与引用函数、数学和三角函数等共 10 类函数。一个函数包含等号、函数名称、函数参数 3 部分。函数的一般格式为“=函数名（参数）”。

（2）函数的输入：函数的输入有两种方法，一种是在单元格中直接输入函数，另一种是使用“插入函数”对话框插入函数。

（3）常用函数的使用：常用函数包括 SUM 函数、AVERAGE 函数、MAX 函数、MIN 函数、COUNT 函数、COUNTIF 函数、IF 函数、RANK 函数等。

四、实验范例

制作如图 4.8 所示的表格。

学生成绩表

姓名	课程名称				平均成绩	总成绩	名次
	高等数学	英语	程序设计	汇编语言			
王涛	89	92	95	96	93	372	1
李阳	78	89	84	68	79.75	319	3
杨利伟	67	74	53	79	68.25	273	5
孙书方	86	87	95	89	89.25	357	2
郑鹏腾	53	76	62	54	61.25	245	6
徐巍	69	86	59	77	72.75	291	4
最高分	89	92	95	96			
最低分	53	74	53	54			
不及格人数	1	0	2	1			
不及格比例	16.67%	0.00%	33.33%	16.67%			

图 4.8　实验范例表格

操作步骤如下。

（1）制作标题：A1 单元格中输入“学生成绩表”，将其设置成楷体，加粗，18 号，然后将 A1 至 H1 单元格合并并居中。

（2）基本内容的输入：输入 A2:A13 列、B2:E9 矩形框、F2:H2 各个单元格的内容，如图 4.8 所示。注意：其中部分单元格需要合并。

（3）函数的应用。利用函数求得各单元格中所需数据，具体如下所示。

F4：= AVERAGE(B4:E4)，利用拖动柄拖动，得出 F5:F9 的数据。

G4：=SUM(B4:E4)，利用拖动柄拖动，得出 G5:G9 的数据。

H4：=RANK(G4,$G$4:$G$9)，利用拖动柄拖动，得出 H5:H9 的数据。

B10：=MAX(B4:B9)，利用拖动柄拖动，得出 C10:E10 的数据。

B11：=MIN(B4:B9)，利用拖动柄拖动，得出 C11:E11 的数据。

B12：=COUNTIF(B4:B9,"<60")，利用拖动柄拖动，得出 C12:E12 的数据。

B13：=B12/COUNT(B4:B9)，利用拖动柄拖动，得出 C13:E13 的数据，并设置比例为百分比形式，且只有两位小数。

（4）给表格加上相应的边框，不及格的成绩突出显示。

一个实验做完了，请正常关闭系统，并认真总结实验过程和所取得的收获。

五、实验要求

任务一

【操作要求】

制作与实验范例一样的表格，要求平均成绩、总成绩、名次、最高分、最低分、不及格人数及不及格比例都要用函数完成计算，熟练掌握 SUM 函数、AVERAGE 函数、MAX 函数、MIN 函数、COUNT 函数、COUNTIF 函数、IF 函数以及 RANK 函数的应用。

任务二

要求掌握同一工作簿不同工作表的单元格引用的方法。

【操作要求】

（1）利用上节任务二中的学籍卡表格，如图 4.9 所示。

（2）在“学生成绩表”插入一新列“学号”，并合并“学号”单元格，如图 4.10 所示。

（3）选定工作表“学生成绩表”中用于记录学生学号的单元格 A4，插入“=”号，然后分别单击“学籍卡”及其中的 A2 单元格，可以看到在地址栏中显示出“=学籍卡!A2”，然后按<Enter>键即可完成不同工作表中单元格的引用操作，然后用拖动柄将 A5 至 A9 自动填充即可。

（4）合理地调整表格外框线的位置，结果如图 4.10 所示。

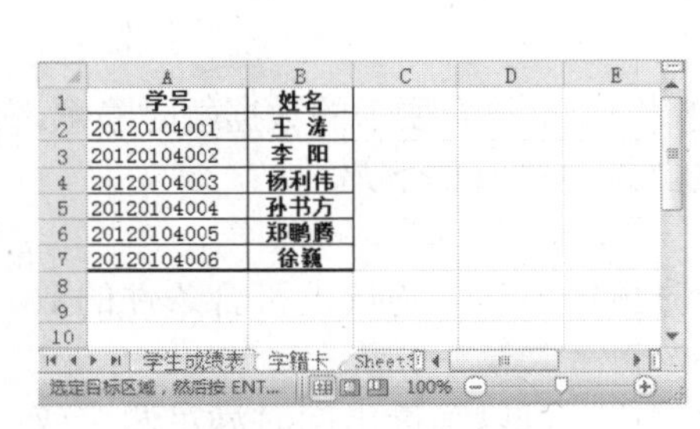

学号	姓名
20120104001	王 涛
20120104002	李 阳
20120104003	杨利伟
20120104004	孙书方
20120104005	郑鹏腾
20120104006	徐巍

图 4.9　学籍卡表

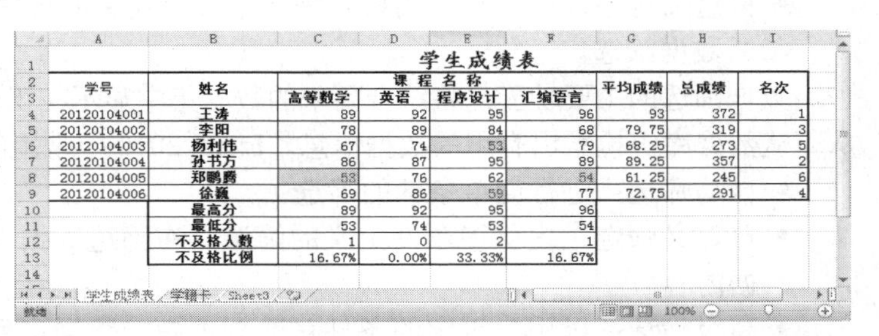

学生成绩表

学号	姓名	课程名称				平均成绩	总成绩	名次
		高等数学	英语	程序设计	汇编语言			
20120104001	王涛	89	92	95	96	93	372	1
20120104002	李阳	78	89	84	68	79.75	319	3
20120104003	杨利伟	67	74	53	79	68.25	273	5
20120104004	孙书方	86	87	95	89	89.25	357	2
20120104005	郑鹏腾	53	76	62	54	61.25	245	6
20120104006	徐巍	69	86	59	77	72.75	291	4
	最高分	89	92	95	96			
	最低分	53	74	53	54			
	不及格人数	1	0	2	1			
	不及格比例	16.67%	0.00%	33.33%	16.67%			

图 4.10　引用学籍卡

实验三　数据分析与图表创建

一、实验学时：2 学时

二、实验目的

- 掌握快速排序、复杂排序及自定义排序的方法
- 掌握自动筛选、自定义筛选和高级筛选的方法
- 掌握分类汇总的方法
- 掌握合并计算的方法
- 掌握各种图表，如柱形图、折线图、饼图等的创建方法
- 掌握图表的编辑及格式化的操作方法
- 掌握快速突显数据的迷你图的处理方法
- 掌握 Excel 文档的页面设置的方法与步骤
- 掌握 Excel 文档的打印设置及打印方法

三、相关知识

在 Excel 2010 中，数据清单其实是对数据库表的约定称呼，它与数据库一样，同样是一张二维表，它在工作表中是一片连续且无空行和空列的数据区域。

Excel 2010 支持对数据清单（或数据库表）进行编辑、排序、筛选、分类汇总、合并计算和创建数据透视表等各项数据管理操作。

1．数据管理

Excel 2010 不但具有数据计算的能力，而且提供了强大的数据管理功能。可以运用数据的排序、筛选、分类汇总、合并计算和数据透视表等各项处理操作功能，实现对复杂数据的分析与处理。

（1）数据排序。

- 快速排序：按行对单列进行升序排序或降序排序。
- 复杂排序：通过设置“排序”对话框中的多个排序条件对数据表中的数据内容进行排序。首先按照主关键字排序，对于主关键字相同的记录，则按次要关键字排序，若记录的主关键字和次要关键字都相同时，才按第三关键字排序。排序时，如果要排除第一行的标题行，则选中“数据包含标题”复选按钮，如果数据表没有标题行，则不选“数据包含标题”复选按钮。
- 自定义排序：根据自己的特殊需要进行自定义的排序方式

（2）数据筛选。

数据筛选的主要功能是将符合要求的数据集中显示在工作表上，不符合要求的数据暂时隐藏，从而从数据库中检索出有用的数据信息。Excel 2010 中常用的筛选方式有如下几种。

- 自动筛选：进行简单条件的筛选。
- 自定义筛选：提供多条件定义的筛选，在筛选数据表时更加灵活，筛选出符合条件的数据内容。
- 高级筛选：以用户设定的条件对数据表中的数据进行筛选，可以筛选出同时满足两个或两个以上条件的数据。

- 撤销筛选：单击“数据”选项卡下“排序和筛选”组中的“筛选”按钮。

（3）分类汇总。

在对数据进行排序后，可根据需要进行简单分类汇总和多级分类汇总。

2．图表创建与编辑

（1）图表创建。

为使表格中的数据关系更加直观，可以将数据以图表的形式表示出来。通过创建图表可以更加清楚地了解各个数据之间的关系和数据之间的变化情况，方便对数据进行对比和分析。根据数据特征和观察角度的不同，Excel 2010 提供了包括柱形图、折线图、饼图、条形图、面积图、*XY* 散点图、股价图、曲面图、圆环图、气泡图和雷达图总共 11 类图表供用户选用，每一类图表又有若干个子类型。

在 Excel 2010 中，无论建立哪一种图表，都只需选择图表类型、图表布局和图表样式，便可以很轻松地创建具有专业外观的图表。

（2）图表编辑。

① 设置图表“设计”选项。

- 图表的数据编辑。
- 数据行/列之间快速切换。
- 选择放置图表的位置。
- 图表类型与样式的快速改换。

② 设置图表“布局”选项。

- 设置图表标题。
- 设置坐标轴标题。
- 在图表工具“布局”选项卡下的“标签”组中设置图表中添加、删除或放置图表图例、数据标签、数据表。
- 单击图表工具“布局”选项卡下的“插入”组中的下拉按钮，在展开的列表中可以对图表进行插入图片、形状和文本框的相关设置。
- 设置图表的背景、分析图和属性。

③ 设置图表元素“格式”选项。

（3）快速突显数据的迷你图。

Excel 2010 提供了全新的“迷你图”功能，利用它，仅在一个单元格中便可绘制出简洁、漂亮的小图表，并且数据中潜在的价值信息也可以醒目地呈现在屏幕之上。

3．打印工作表

完成对工作表的数据输入、编辑和格式化工作后，就可以打印工作表了。在 Excel 2010 中，表格的打印设置与 Word 文档中的打印设置有很多相同的地方，但也有不同的地方，如打印区域的设置、页眉和页脚的设置、打印标题的设置及打印网格线和行号、列号等。

如果只想打印数据库某部分数据，可以先选定要打印输出的单元格区域，再将其设置为“打印区域”，执行打印命令后，就可以实现只打印被选定的内容了。

如果想在每一页重复地打印出表头，只需在“打印标题”区的“顶端标题行”编辑栏输入或用鼠标选定要重复打印输出的行即可。

打印输出之前需要先进行页面设置，再进行打印预览，当对编辑的效果感到满意时，就可以正式打印工作表了。

四、实验范例

编辑如图 4.11 所示的职员信息表，从中筛选出年龄在 20～30 岁的回族研究生以及藏族的副编审和所有文化程度为大学本科的人员的信息。

操作步骤如下。

（1）新建一个 Excel 文件，输入如图 4.11 所示的电子表格数据。

（2）在表格的上方连续插入 4 个空行，在 A1:E4 单元格区域中输入高级筛选条件，如图 4.12 所示。

No.	姓名	性别	民族	籍贯	年龄	文化程度	现级别	行政职务
1	林海	男	汉	浙江杭州	48	中专	职员	编委
2	陈鹏	男	回	陕西汉中	29	研究生	副编审	组长
3	刘学丽	女	汉	山东济南	47	大学本科	校对	副主任
4	黄佳佳	女	汉	河南郑州	43	大专	校对	副总编
5	许瑞东	男	汉	北京大兴	52	大学	副馆员	主任
6	王书林	男	回	江苏无锡	30	大学	职员	组长
7	程浩	男	汉	山东菏泽	54	大专	职员	
8	范进	男	汉	四川绵阳	47	研究生	职员	编委
9	贾晴天	女	汉	辽宁沈阳	29	研究生	编审	
10	王希睿	男	汉	辽宁营口	32	大学肄业	编审	
11	朱逸如	女	汉	福建南安	25	大学本科	编审	主任
12	夏蕊	女	满	湖北武汉	57	研究生	职员	
13	王鹏鹏	男	藏	上海	36	大学本科	馆员	
14	王大根	男	汉	新疆哈市	42	大学	副编审	
15	胡海波	男	汉	山东聊城	23	大学本科	校对	组长
16	杨瑞明	男	汉	河南开封	25	大学本科	会计师	

图 4.11 职员信息表

年龄	年龄	民族	文化程度	现级别				
>20	<30	回	研究生					
		藏		副编审				
			大学本科					
No.	姓名	性别	民族	籍贯	年龄	文化程度	现级别	行政职务
1	林海	男	汉	浙江杭州	48	中专	职员	编委
2	陈鹏	男	回	陕西汉中	29	研究生	副编审	组长
3	刘学丽	女	汉	山东济南	47	大学本科	校对	副主任
4	黄佳佳	女	汉	河南郑州	43	大专	校对	副总编
5	许瑞东	男	汉	北京大兴	52	大学	副馆员	主任
6	王书林	男	回	江苏无锡	30	大学	职员	组长
7	程浩	男	汉	山东菏泽	54	大专	职员	
8	范进	男	汉	四川绵阳	47	研究生	职员	编委
9	贾晴天	女	汉	辽宁沈阳	29	研究生	编审	
10	王希睿	男	汉	辽宁营口	32	大学肄业	编审	
11	朱逸如	女	汉	福建南安	25	大学本科	编审	主任
12	夏蕊	女	满	湖北武汉	57	研究生	职员	
13	王鹏鹏	男	藏	上海	36	大学本科	馆员	
14	王大根	男	汉	新疆哈市	42	大学	副编审	
15	胡海波	男	汉	山东聊城	23	大学本科	校对	组长
16	杨瑞明	男	汉	河南开封	25	大学本科	会计师	

图 4.12 输入高级筛选条件样图

（3）首先筛选“年龄在 20～30 岁的回族研究生”，选定 B5 至 I21 数据区域，单击“编辑”选项卡“排序和筛选”组中的“筛选”按钮，在各列的右边出现一个小三角，单击“年龄”右侧的三角，在出现的下拉列表选择“数字筛选”|“自定义筛选”，在弹出的“自定义自动筛选方式”对话框中选择“大于或等于”|20 及“小于或等于”|30，如图 4.13 所示。单击“确定”按钮，结果如图 4.14 所示。

图 4.13 自定义自动筛选对话框

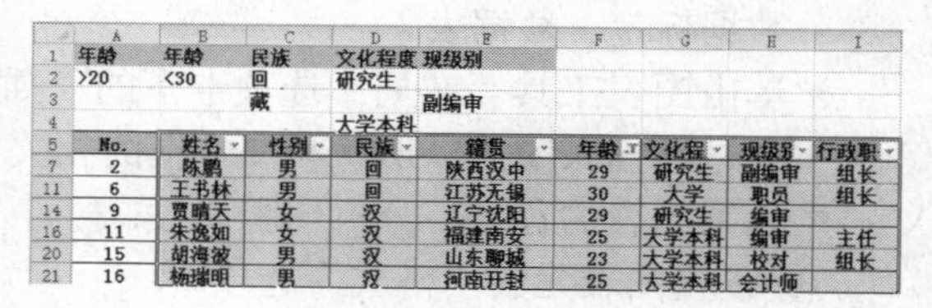

年龄	年龄	民族	文化程度	现级别				
>20	<30	回	研究生					
		藏		副编审				
			大学本科					
No.	姓名	性别	民族	籍贯	年龄	文化程度	现级别	行政职务
2	陈鹏	男	回	陕西汉中	29	研究生	副编审	组长
6	王书林	男	回	江苏无锡	30	大学	职员	组长
9	贾晴天	女	汉	辽宁沈阳	29	研究生	编审	
11	朱逸如	女	汉	福建南安	25	大学本科	编审	主任
15	胡海波	男	汉	山东聊城	23	大学本科	校对	组长
16	杨瑞明	男	汉	河南开封	25	大学本科	会计师	

图 4.14 “年龄在 20～30 岁之间”自定义筛选结果

同理，分别单击“民族”与“文化程度”，进行相应的选择确认即可，筛选后的效果如图 4.15 所示。

（4）取消刚才的筛选，再次用同样的方法筛选“藏族的副编审”，可发现无人符合该条件；筛选“所有文化程度为大学本科”的人员的信息，结果如图 4.16 所示。

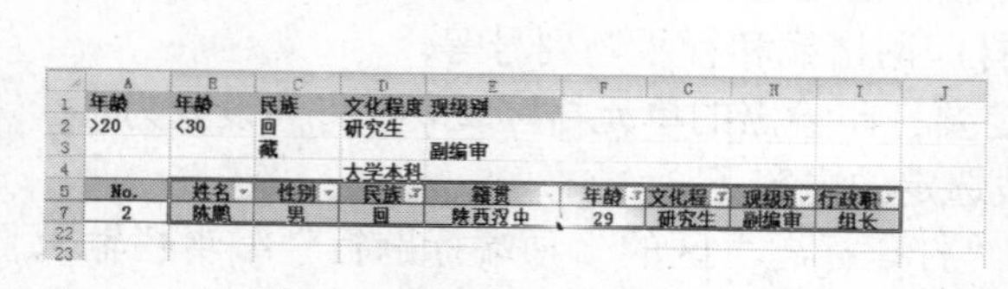

年龄	年龄	民族	文化程度	现级别				
>20	<30	回	研究生					
		藏		副编审				
			大学本科					
No.	姓名	性别	民族	籍贯	年龄	文化程度	现级别	行政职务
2	陈鹏	男	回	陕西汉中	29	研究生	副编审	组长

图 4.15 “年龄在 20～30 岁之间的回族研究生”筛选结果

年龄	年龄	民族	文化程度	现级别				
>20	<30	回	研究生					
		藏		副编审				
			大学本科					
No.	姓名	性别	民族	籍贯	年龄	文化程度	现级别	行政职务
3	刘学丽	女	汉	山东济南	47	大学本科	校对	副主任
11	朱逸如	女	汉	福建南安	25	大学本科	编审	主任
13	王鹏鹏	男	藏	上海	36	大学本科	馆员	
15	胡海波	男	汉	山东聊城	23	大学本科	校对	组长
16	杨瑞明	男	汉	河南开封	25	大学本科	会计师	

图 4.16 “所有文化程度为大学本科”的筛选结果

（5）仔细观察结果，体会其筛选功能。

一个实验做完了，请正常关闭系统，并认真总结实验过程和所取得的收获。

五、实验要求

从不同角度分析、比较图表数据，根据不同的管理目标选择不同的图表类型进行分析。

操作步骤如下。

（1）启动 Excel，编辑如图 4.17 所示的表格数据，将该表命名为“产品销量情况表”。其中“合计”列要求用函数求出。

产品销量情况表

单位：件

	A产品	B产品	C产品	D产品	E产品	合计
一月	234	530	770	960	2175	4669
二月	228	477	765	1369	1733	4572
三月	200	344	793	2043	2384	5764
四月	103	441	845	2380	2657	6426
五月	358	370	852	2265	2164	6009
六月	352	449	871	2550	1875	6097
七月	395	411	726	2798	1297	5627
八月	543	376	913	2587	2150	6569
九月	587	430	902	2776	1287	5982
十月	779	397	913	2993	1987	7069
十一月	638	408	965	2672	1356	6039
十二月	698	378	985	2458	1873	6392
合计	5115	5011	10300	27851	22938	71215

图 4.17　某企业在一年内各个月各种产品的销量表

（2）利用“图表向导”制作图表，进行分析。

现在根据下述要求变换图表类型进行数据分析。

① 分析比较一年来各个月份各种产品的销量。选中表格中除“合计”行和列的所有数据，即选定区域 A3:F15。单击“插入”选项卡“图表”组中相应的图表类型即可完成图表的插入，例如，依次单击“插入”选项卡、“图表”组、“柱形图”按钮，选取“二维柱形图”中的“簇状柱形图”，结果如图 4.18 所示。或者单击工具栏中的“图表向导”命令按钮，根据向导提示，按默认设置完成图表制作。根据图表即可对各个月份产品销售情况进行分析比较。

② 分析比较一年来各种产品各月的销量。选中图 4.18 所示的图表，再依次单击“设计”选项卡“数据”组中“切换行/列”按钮，即可得出各种产品在各个月份的销量情况，结果如图 4.19 所示。根据图表即可对各种产品各月的销售情况进行分析比较。

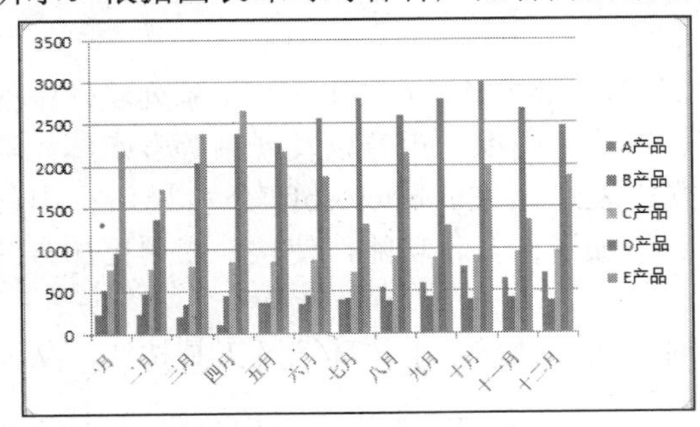

图 4.18　各个月份各种产品销量柱形图

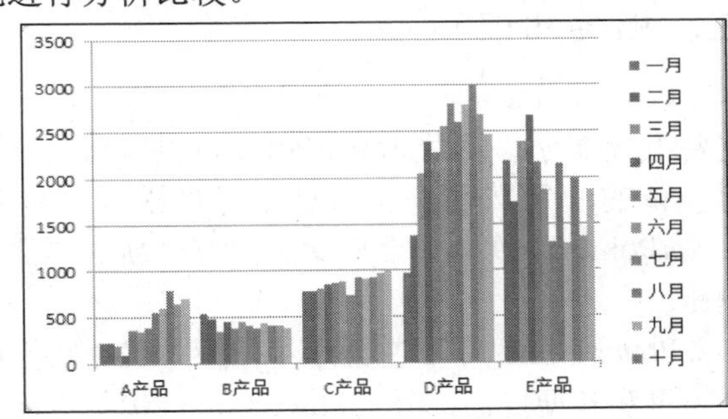

图 4.19　各种产品各月销量柱形图

（3）对数据进行筛选显示。例如，只显示 12 个月中销量超过 6000 件的月份；或者在 12 个月中总销量超过 20 000 件的产品。请试着实际操作，观察结果。

（4）保存文件。

第 5 章
演示文稿 PowerPoint 2010

实验一　演示文稿的创建与修饰

一、实验学时：2 学时

二、实验目的

- 学会创建新的演示文稿
- 学会修改演示文稿中的文字及在演示文稿中插入图片
- 学会将模板应用在演示文稿上
- 学会在演示文稿上自定义动画
- 了解如何在演示文稿上插入声音
- 学会使用超链接
- 学会对演示文稿的放映进行设置

三、相关知识

PowerPoint 是一款专门用来制作演示文稿的应用软件，也是 Microsoft Office 系列软件中的重要组成部分。使用 PowerPoint 可以制作出集文字、图形、图像、声音以及视频等多媒体元素为一体的演示文稿，让信息以更轻松、更高效的方式表达出来。Microsoft 公司最新推出的 PowerPoint 2010 办公软件除了拥有全新的界面外，还添加了许多新功能，使软件应用更加方便快捷。

PowerPoint 2010 在继承了旧版本优秀特点的同时，明显调整了工作环境及工具按钮，从而更加直观和便捷。此外，PowerPoint 2010 还新增了一些功能和特性，如：

- 面向结果的功能区；
- 取消任务窗格功能；
- 增强的图表功能；
- 专业的 Smart Art 图形；
- 方便的共享模式。

对于初学者来说要注意以下 3 方面。

1．注意条理性

使用 PowerPoint 制作演示文稿的目的，是将要叙述的问题以提纲挈领的方式表达出来，让观众一目了然。如果仅是将一篇文章分成若干片段，平铺直叙地表现出来，则显得乏味，难以提起观众的兴趣。一个好的演示文稿应紧紧围绕所要表达的中心思想，划分不同的层次段落，编制文档的目录结构。同时，为了加深印象和理解，这个目录结构应在演示文稿中“不厌其烦”地出现，即在 PowerPoint 文档的开始要全面阐述，以告知本文要讲解的几个要点；在每个不同的内容段之间也要出现，并对下文即将要叙述的段落标题给予显著标志，以告知观众现在要转移话题了。

2．自然胜过花哨

在设计演示文稿时，很多人为了使之精彩纷呈，常常煞费苦心地在演示文稿上大做文章，例如添加艺术字体、变换颜色、穿插五花八门的动画效果等。这样的演示看似精彩，其实往往弄巧成拙，因为样式过多会分散观众的注意力，不好把握内容重点，难以达到预期的演示效果。好的 PowerPoint 要保持淳朴自然，简洁一致，最为重要的是文章的主题要与演示的目的协调配合。如果演讲内容是随着演讲者演讲的进度出现的，穿插动画可以起到从局部到全面的效果，提高观众的兴趣，否则显得零乱。

3．使用技巧实现特殊效果

为了阐明一个问题经常采用一些图示以及特殊动画效果，但是在 PowerPoint 的动画中有时也难以满足需求。比如采用闪烁效果说明一段文字时，在演示中是一闪而过，观众根本无法看清，为了达到闪烁不停的效果，还需要借助一定的技巧，组合使用动画效果才能实现。还有一种情况，如果需要在 PowerPoint 中引用其他的文档资料、图片、表格或从某点展开演讲，可以使用超级链接。但在使用时一定要注意“有去有回”，设置好返回链接，必要时可以使用自定义放映，否则在演示中可能会出现到了引用处，却回不了原引用点的尴尬。

四、实验范例

1．创建演示文稿

新建演示文稿的方式有多种：用内容提示向导建立演示文稿，系统提供了包含不同主题、建议内容及其相应版式的演示文稿示范，供用户选择；用模板建立演示文稿，可以采用系统提供的不同风格的设计模板，将它套用到当前演示文稿中；用空白演示文稿的方式创建演示文稿，用户可以不拘泥于向导的束缚及模板的限制，发挥自己的创造力制作出独具风格的演示文稿。

（1）新建演示文稿。

启动 PowerPoint 2010 后，系统会自动新建一个空白演示文稿，用户可以直接利用此空白演示文稿工作。

用户也可以自行新建，具体操作步骤如下。

单击窗口左上角的“文件”按钮，在弹出的命令项中选择“新建”，系统会显示“新建演示文稿”对话框，如图 5.1 所示。在该对话框中用户可以按照“可用的模板和主题”或者“Office.com”的内容来创建空白演示文稿。

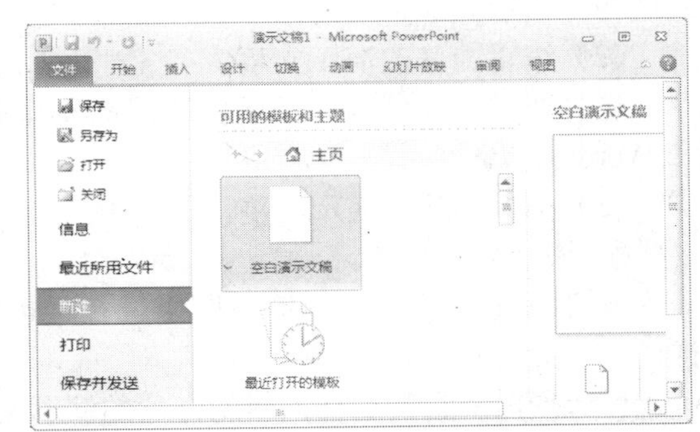

图 5.1　“新建演示文稿”对话框

①“可用的模板和主题”。

- 空白演示文稿。系统默认的是“空白演示文稿”。这是一个不包含任何内容的空白演示文稿。推荐初学者使用这种方法。
- 样本模板。选择该项，在对话框中间的列表框中即可显示系统已经做好的模板样式。例如，都市相册、古典型相册、现代型相册、宣传手册、宽屏演示文稿、项目状态报告等。
- 主题。单击该项，在对话框中间的列表框中即可显示系统自带的要创建的主题模板。例如，暗香扑鼻、跋涉、沉稳、穿越、顶峰等。
- 我的模板。单击该项，用户可以通过对话框选择一个自己已经编辑好的模板文件。

- 根据现有内容新建。单击该项，用户可以通过对话框选择一个已经做好的演示文稿文件作参考。

②“Office.com”。

在该项中，包括表单表格、日历、贺卡、幻灯片背景、学术、日程表等。单击任意一项，然后从对话框列表中选择一项，将其下载并安装到用户的系统中，当下次再使用时，就可以直接单击“创建”按钮了。

（2）保存和关闭演示文稿。

① 通过“文件”按钮。

单击窗口左上角的“文件”按钮，在弹出的界面中选择“保存”命令，类似 Word、Excel，如果演示文稿是第一次保存，则系统会显示“另存为”对话框，由用户选择保存文件的位置和名称。需要注意，PowerPoint 2010 生成的文档文件的默认扩展名是“.pptx”。这是一个非向下兼容的文件类型，如果希望将演示文稿保存为使用早期的 PowerPoint 版本可以打开的文件，可以通过“文件”按钮，选择其中的“另存为”命令，在“保存类型”下拉列表中选择其中的“PowerPoint 97-2003 演示文稿”选项。

② 通过“快速访问工具栏”。

直接单击“快速访问工具栏”中的保存按钮。

③ 通过键盘。

按<Ctrl> + <S>组合键。

2．编辑演示文稿

（1）新建演示文稿。

在演示文稿中新建演示文稿的方法很多，主要有以下几种。

① 在大纲视图的结尾按回车键。

② 单击“开始”|“新建幻灯片”命令。

用第一种方法，会立即在演示文稿的结尾出现一张新的幻灯片，该幻灯片直接套用前面那张幻灯片的版式；用第二种方法，会在屏幕上出现一个“Office 主题”下拉菜单，可以非常直观地选择所需版式。

（2）编辑、修改演示文稿。

选择要编辑、修改的演示文稿，选择其中的文本、图表、剪贴画等对象，具体的编辑方法和 Word 类似。

（3）插入和删除演示文稿。

① 添加新幻灯片。

既可以在演示文稿浏览视图中进行，也可以在普通视图的大纲窗格中进行，其效果是一样的。

- 选择需要在其后插入新幻灯片的演示文稿。
- 直接回车可直接添加一张与上一张幻灯片同版式的幻灯片；单击“开始”|“新建幻灯片”按钮，在出现的“office 主题”中选择一个合适的幻灯片版式直接单击即可完成插入。

② 删除演示文稿。

- 在演示文稿浏览视图中或大纲视图中选择要删除的演示文稿。
- 单击“开始”|“剪切”命令，或按<Delete>键。
- 若要删除多张演示文稿，可切换到演示文稿浏览视图，按下<Ctrl>键并单击要删除的各演示文稿，然后按<Delete>键即可完成所选幻灯片的删除操作。

（4）调整演示文稿位置。

可以在除“演示文稿放映”视图以外的任何视图进行。

① 用鼠标选中要移动的演示文稿。

② 按住鼠标左键，拖动鼠标。

③ 将鼠标拖动到合适的位置后松手，在拖动的过程中，普通视图下有一条横线指示演示文稿的位置，在浏览视图中有一条竖线指示幻灯片的移动目标位置。

此外还可以用“剪切”和“粘贴”命令来移动演示文稿。

（5）为演示文稿编号。

演示文稿创建完后，可以为全部演示文稿添加编号，其操作方法如下。

① 单击“插入”|“幻灯片编号”按钮，出现如图 5.2 所示的对话框，进行相应的设置即可。

② 在这个对话框中，还可以为演示文稿添加备注信息。单击“备注和讲义”选项卡，为备注和讲义添加信息，如日期和时间等。

③ 根据需要，单击“全部应用”或“应用”按钮。

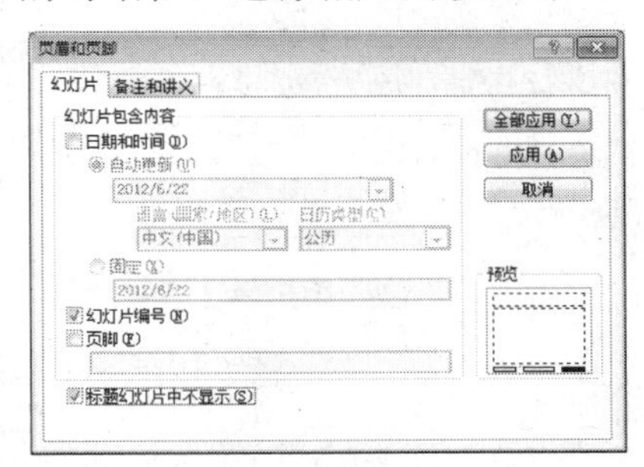

图 5.2　“页眉和页脚”对话框

（6）隐藏演示文稿。

用户可以把暂时不需要放映的演示文稿隐藏起来。

① 单击“视图”选项卡中的“演示文稿视图”组里的“幻灯片浏览”，单击要隐藏的演示文稿，单击右键进行相应的“隐藏幻灯片”设置，该演示文稿右下角的编号上出现一条斜杠，表示该演示文稿已被隐藏起来。

若想取消隐藏演示文稿，则选中该演示文稿，再单击一次“隐藏演示文稿”按钮。

3．在演示文稿中插入各种对象

（1）插入图片和艺术字对象。

① 在普通视图中，选择要插入图片或艺术字的演示文稿。

② 根据需要，选择菜单栏中的“插入”|“图像”组中合适的选项，如“图片”，找到自己想要的图片插入即可，如图 5.3 所示。

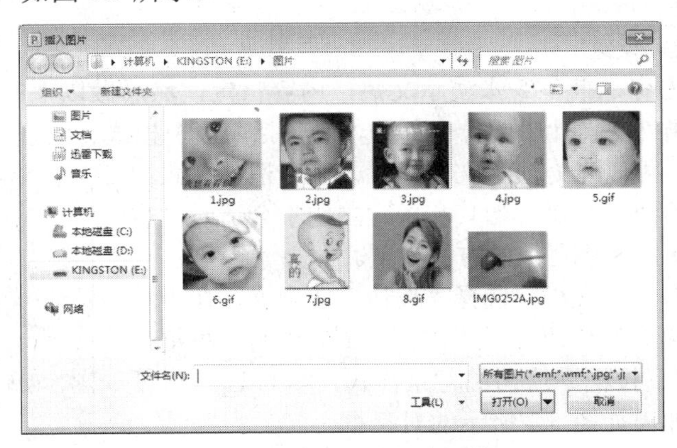

图 5.3　“插入图片”对话框

插入的对象处理以及工具使用情况和 Word 相似。

（2）插入表格和图表。

① 在普通视图中，选择要插入表格或图表的演示文稿。

② 根据需要，选择菜单栏的“插入”|“表格”或“图表”命令。

③ 如果插入的是表格，在对话框的“行”和“列”框中分别输入所需的表格行数和列数，对表格的编辑与 Word 中相似。

④ 如果插入的是图表，则显示“插入图表”选项卡，如图 5.4 所示，同时启动 Microsoft Graph，在演示文稿上将显示一个图表和相关的数据，根据需要，修改表中的标题和数据，对图表的具体操作和 Excel 中图表的操作相似。

（3）插入层次结构图。

① 在普通视图中，选择要插入层次结构图的演示文稿。

② 选择菜单栏的“插入”|“插图”|“Smart Art”命令。

③ 使用层次结构图的工具和菜单来设计图表，如图 5.5 所示。

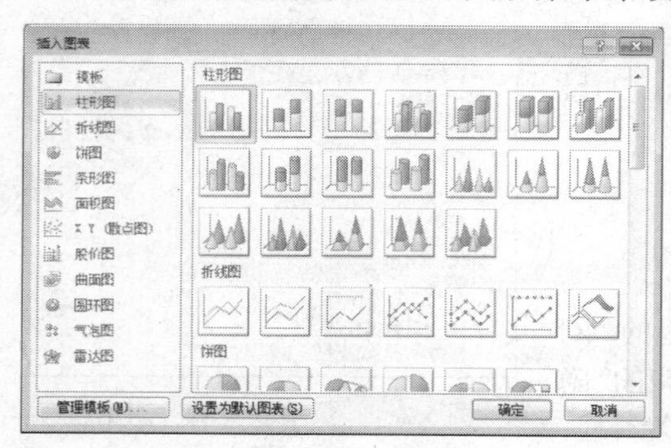

图 5.4 “插入图表”选项卡

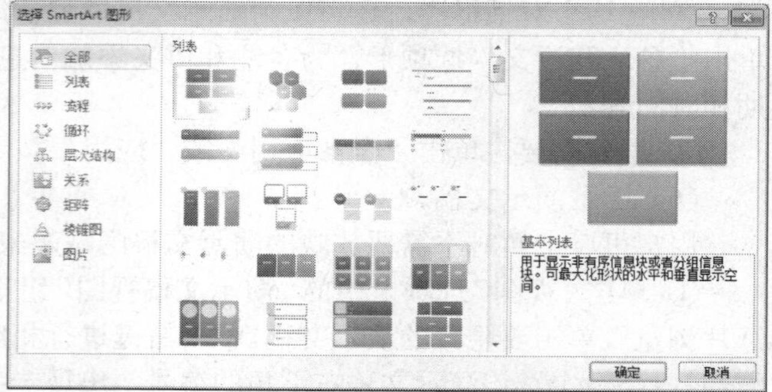

图 5.5 插入层次组织结构图

对于已插入对象的删除，可选中要删除的对象，然后按<Delete>键。

4．放映演示文稿

（1）选择要观看的演示文稿。

（2）选择“幻灯片放映”菜单中的“开始放映幻灯片”组内合适的选项即可开始放映。

（3）按鼠标左键连续放映演示文稿。

（4）按<Esc>键退出放映。

5．PowerPoint 效果设置

根据前面的实验内容，准备 5 张演示文稿，内容自定，然后做以下的操作。

背景也是演示文稿外观设计中的一个部分，它包括阴影、模式、纹理、图片等。如果创建的是一个空白演示文稿，可以先为演示文稿设置一个合适的背景；如果是根据模板创建的演示文稿，当其和新建主题不合适时，也可以改变背景。设置演示文稿背景的方法如下。

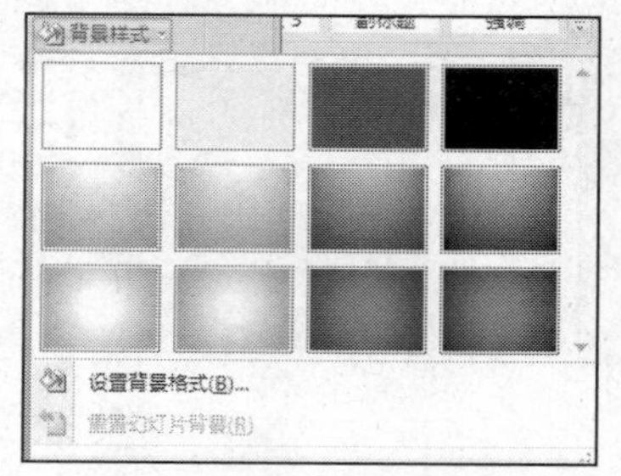

图 5.6 “背景样式”下拉框

（1）新建一篇空白演示文稿，选择“设计”选项卡，在“背景”栏中单击“背景样式”按钮，弹出如图 5.6 所示的下拉框。

（2）可以直接选中下拉框中给出的背景样式，也可以选择“设置背景格式”选项，弹出如图 5.7 所示的对话框。

（3）在对话框中，有 4 种填充形式：纯色填充、渐变填充、图片或纹理填充和图案填充。选择一种需要的填充形式，如选择“图片或纹理填充”选项。

（4）选择了“图片或纹理填充”选项后，在“插入自”栏下方单击“剪贴画”按钮，弹出

"选择图片"对话框，在该框中选择合适的剪贴画，单击"确定"按钮即可。

（5）在演示文稿编辑区就会看到效果，如果不太满意，可以选择"设置背景格式"对话框中的"图片颜色"按钮，选择"重新着色"按钮下的"预设"右边三角按钮，在弹出的下拉框中选择合适的一项即可，如图 5.8 所示。

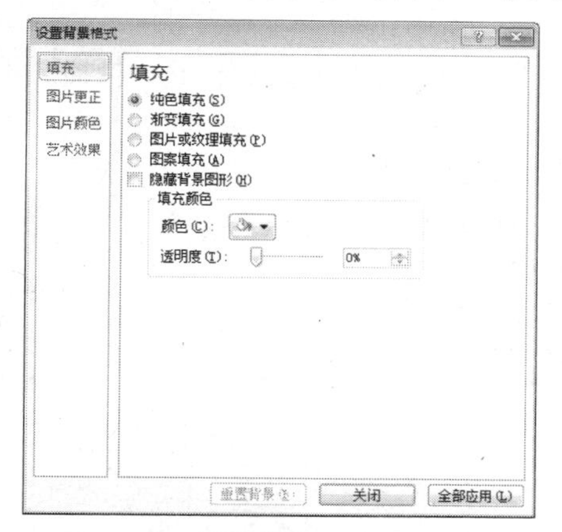

图 5.7　"设置背景格式"对话框

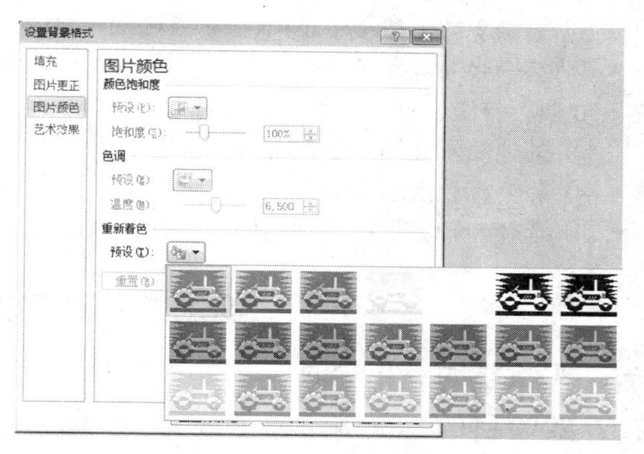

图 5.8　"重新着色"下拉框

如果要将设置的背景应用于同一演示文稿中的所有演示文稿中，可以在背景设置完成后，单击"设置背景格式"对话框中的"全部应用"按钮。

如果要对同一演示文稿中的不同演示文稿设计不同的背景，只用选中该演示文稿，进行上述操作，不要单击"全部应用"按钮，直接"关闭"对话框即表示只对选中幻灯片进行该背景的应用。图 5.9 所示即是对不同幻灯片应用不同的背景。

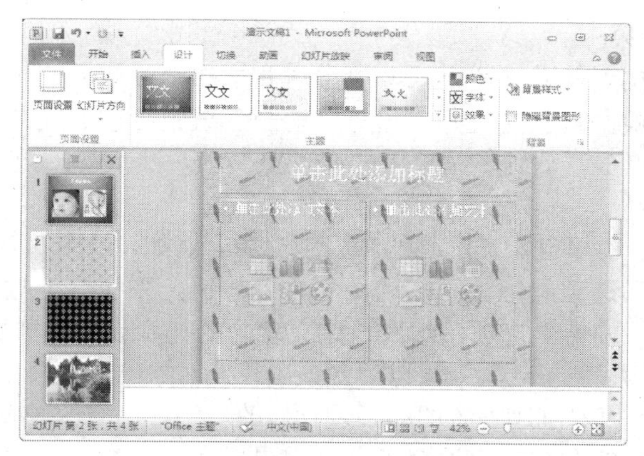

图 5.9　演示文稿不同背景的设计

五、实验要求

（1）设计一个介绍中国传统节日（任意选择一个）的演示文稿。

要求：制作成演示文稿，并满足以下要求。

① 演示文稿不能少于 5 张。

② 第一张演示文稿是"标题演示文稿"，其中副标题中的内容必须是本人的信息，包括"姓名、专业、年级、班级、学号、考号"。

③ 其他演示文稿中要包含与题目要求相关的文字、图片或艺术字。

④ 除“标题演示文稿”之外，每张演示文稿上都要显示页码。

⑤ 选择至少两种“应用设计模板”或者“背景”对文件进行设置。

（2）设计一个和“神九”相关的演示文稿。

要求：制作成演示文稿，并满足以下要求。

① 演示文稿不能少于 10 张。

② 第一张演示文稿是“标题演示文稿”，其中副标题中的内容必须是本人的信息，包括“姓名、专业、年级、班级、学号、考号”。

③ 其他演示文稿中要包含与题目要求相关的文字、图片或艺术字。

④ 除“标题演示文稿”之外，每张演示文稿上都要显示页码。

⑤ 选择一种“应用设计模板”或者“背景”对文件进行设置。

实验二　动画效果设置

一、实验学时：2 学时

二、实验目的

- 掌握如何在演示文稿上自定义动画。
- 了解如何在演示文稿上插入声音和视频。

三、相关知识

在 PowerPoint 2010 中，用户可以通过“动画”选项卡中“动画”选项组中的命令为幻灯片上的文本、形状、声音和其他对象设置动画，这样就可以突出重点，控制信息的流程，并提高演示文稿的趣味性。

1．快速预设动画效果

首先将演示文稿切换到普通视图方式，单击需要增加动画效果的对象，将其选中，然后单击“动画”菜单，可以根据自己的爱好，选择“动画”组中合适的效果项。如果想观察所设置的各种动画效果，可以单击“动画”菜单上的“预览”项，演示动画效果。

2．自定义动画功能

在幻灯片中，选中要添加自定义动画的项目或对象，例如，以图 5.9 中第一张幻灯片左边的图形为例。单击“动画”选项组中“添加动画”命令按钮，系统会下拉出“添加动画”任务，单击“进入”类别中的“旋转”选项，结束自定义动画的初步设置，如图 5.10 所示。

为幻灯片项目或对象添加了动画效果以后，该项目或对象的旁边会出现一个带有数字的彩色矩形标志，此时用户还可以对刚刚设置的动画进行修改。例如，修改触发方式、持续时间等项。

当为同一张幻灯片中的多个对象设定了动画效果以后，它们之间的顺序还可以通过“对动画重新排序”中的“向前移动”或“向后移动”命令进行调整。

图 5.10　添加自定义动画

3．插入声音和视频

首先将自己想用做背景音乐的音频文件下载至计算机，然后用鼠标单击“插入”菜单“媒体”组中的“音频”，选择“文件中的音频”，找到自己下载好的音频文件选中并单击“插入”按钮，即可将自己喜欢的音频文件作为背景音插入到幻灯片的放映中了。

插入影片文件的操作与插入音频基本一致，在“插入”选项卡的“媒体”选项组中单击“视频”命令按钮的下拉箭头，系统会显示包含“文件中的视频”、“来自网站的视频”、“剪贴画视频”等操作。例如，选择添加一个“文件中的视频”，此时系统会打开“插入视频文件”对话框，在用户选择了一个要插入的视频文件后，系统会在幻灯片上会出现该视频文件的窗口，用户可以像编辑其他对象一样，改变它的大小和位置。用户可以通过“视频工具”对插入的视频文件的播放、音量等进行设置。完成设置之后，该视频文件会按前面的设置，在放映幻灯片时播放。

四、实验范例

1．设置幻灯片切换效果

幻灯片的切换就是指当前幻灯片以何种形式从屏幕上消失，以及下一页以什么样的形式显示在屏幕上。设置幻灯片的切换效果，可以使幻灯片以多种不同的形式出现在屏幕上，并且可以在切换时添加声音，从而增加演示文稿的趣味性。可以为一组幻灯片设置同一种切换方式，也可以为每张幻灯片设置不同的切换方式。

使用幻灯片切换方案如下。

① 选择要设置切换方式的幻灯片，选择“切换”选项卡，在“切换到此幻灯片”组中单击“切换方案”按钮，弹出如图 5.11 所示的下拉框，在下拉框中选择合适的动画效果。

图 5.11　“幻灯片切换”任务窗格

② 然后可以在“切换”选项卡的“计时”组中再选择切换的“声音”和“持续时间”，如“风铃”声，时间可以自定。如果在此设置中没有选择“全部应用”，则前面的设置只对选中的幻灯片有效。

2．自定义对象效果

在 PowerPoint 中，除了快速地进行幻灯片切换动画外，还包括自定义动画。所谓自定义动画，是指为幻灯片内部各个对象设置的动画。

添加自定义动画效果的方法如下。

（1）选择幻灯片中需要设置动画效果的对象，选择“动画”选项卡。在“高级动画”组中选择“添加动画”下拉按钮，弹出的对话框底部如图 5.12 所示。

（2）单击“其他动作路径”，在下拉框中选择相应的动画效果即可。

在给演示文稿中的多个对象添加动画效果时，添加效果的顺序就是演示文稿放映时的播放次序。当演示文稿中的对象较多时，难免在添加效果时使动画次序产生错误，这时可以在动画效果添加完成后，再对其进行重新调整。

① 在“动画窗格”的动画效果列表中，单击需要调整播放次序的动画效果。

② 单击窗格底部的“上移”按钮或“下移”按钮来调整该动画的播放次序。

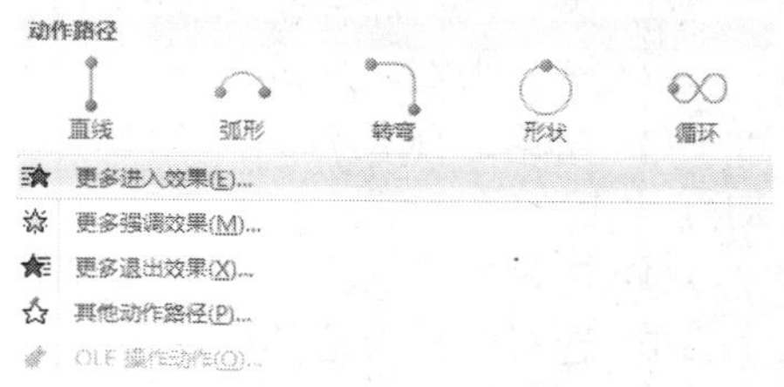

图 5.12　“添加动画”对话框底部图

③ 单击“上移”按钮表示可以将该动画的播放次序提前，单击“下移”按钮表示将该动画的播放次序向后移一位。

④ 单击窗格顶部的“播放”按钮就可以播放动画了。

3．设置超链接

在 PowerPoint 中，链接是指从一张幻灯片到另一张幻灯片、一个网页或一个文件的连接。链接本身可能是文本或对象（例如，图片、图形、形状或艺术字）。表示链接的文本用下画线显示，图片、形状和其他对象的链接没有附加格式。需要掌握编辑超链接、删除超链接、编辑动作链接三个部分。

五、实验要求

（1）以环保为主题设计一个宣传片。

要求：制作成演示文稿，并满足以下要求。

① 演示文稿不能少于 10 张。

② 第一张演示文稿是“标题演示文稿”，其中副标题中的内容必须是本人的信息，包括“姓名、专业、年级、班级、学号、考号”。

③ 其他演示文稿中要包含与题目要求相关的文字、图片或艺术字，并且这些对象要通过“自定义动画”进行设置。

④ 除“标题演示文稿”之外，每张演示文稿上都要显示页码。

⑤ 选择一种“应用设计模板”或者“背景”对文件进行设置。

⑥ 设置每张演示文稿的切入方法，至少使用 3 种。

⑦ 要求使用超链接，顺利地进行幻灯片跳转。

⑧ 幻灯片的整体布局合理、美观大方。

（2）设计一个你看过的电影或电视剧海报。

要求：制作成演示文稿，并满足以下要求。

① 演示文稿不能少于 15 张。

② 第一张演示文稿是“标题演示文稿”，其中副标题中的内容必须是本人的信息，包括“姓名、专业、年级、班级、学号、考号”。

③ 其他演示文稿中要包含与题目要求相关的文字、图片或艺术字，并且这些对象要通过“自定义动画”进行设置。

④ 除“标题演示文稿”之外，每张演示文稿上都要显示页码。

⑤ 选择一种“应用设计模板”或者“背景”对文件进行设置。

⑥ 设置每张演示文稿的切入方式，至少使用 3 种。

⑦ 要求使用超链接，顺利地进行幻灯片跳转。

⑧ 幻灯片的整体布局合理、美观大方。

（3）制作一个演示文稿，介绍李白的几首诗，具体要求如下。

① 第一张幻灯片是标题幻灯片。

② 第二张幻灯片重点介绍李白的生平。

③ 在第三张幻灯片中给出要介绍的几首诗的目录，它们应该通过超链接链接到相应的幻灯片上。

④ 在每首诗的介绍中应该有不少于 1 张的相关图片。

⑤ 选择一种合适的模板。

⑥ 幻灯片中的部分对象应有两种以上的动画设置。

⑦ 幻灯片之间应有两种以上的切换设置。

⑧ 幻灯片的整体布局合理、美观大方。

第 6 章

计算机网络基础

实验一　Internet 的接入与 IE 的使用

一、实验学时：2 学时

二、实验目的

- 掌握 Windows 7 下如何设置 IP 地址
- 掌握 Windows 7 下如何查看本机的 MAC 地址
- 掌握 IE 浏览器的基本操作
- 掌握如何保存网页上的信息
- 掌握 IE 浏览器主页的设置

三、实验内容及步骤

1．Windows 7 如何设置 IP 地址

（1）首先打开“控制面板”，依次单击“网络和 Internet”、“网络和共享中心”、“更改适配器设置”，结果如图 6.1 所示。

（2）在“本地连接”上单击鼠标右键，在出现的快捷菜单中选择“属性”，如图 6.2 所示。

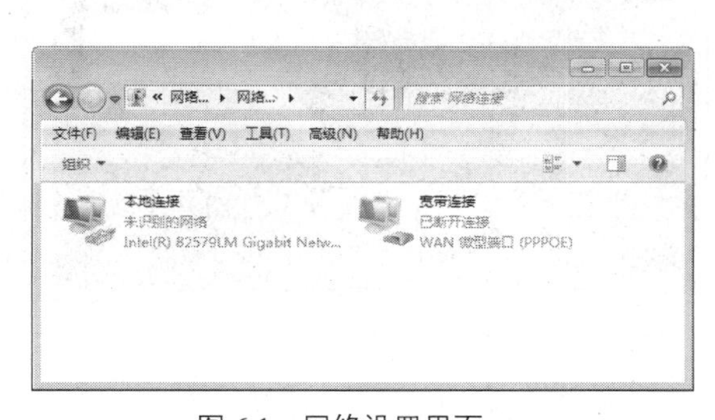

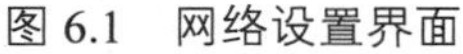
图 6.1　网络设置界面

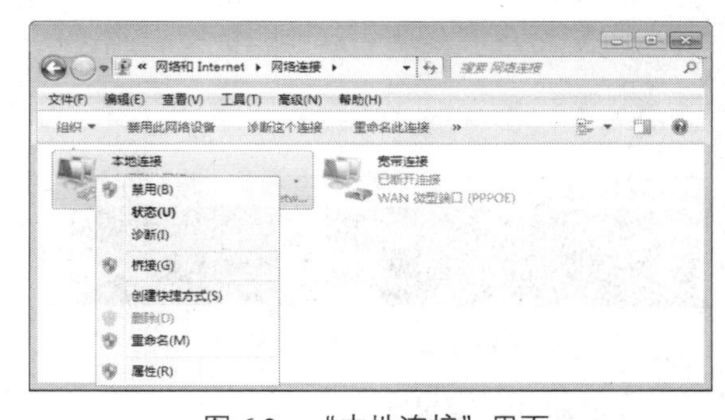

图 6.2　“本地连接”界面

（3）在选择“属性”后弹出的窗口中，选择“Internet 协议版本 4（TCP/IPv4)”，如图 6.3 所示。

（4）单击“属性”按钮，或者双击“Internet 协议版本 4（TCP/IPv4)”，打开 IP 地址配置界面，如图 6.4 所示。

（5）在打开的窗口中单击“使用下面的 IP 地址”单选钮，然后按照分配到的 IP 地址进行配置，单击“确定”按钮即完成了对 IP 地址的设置。

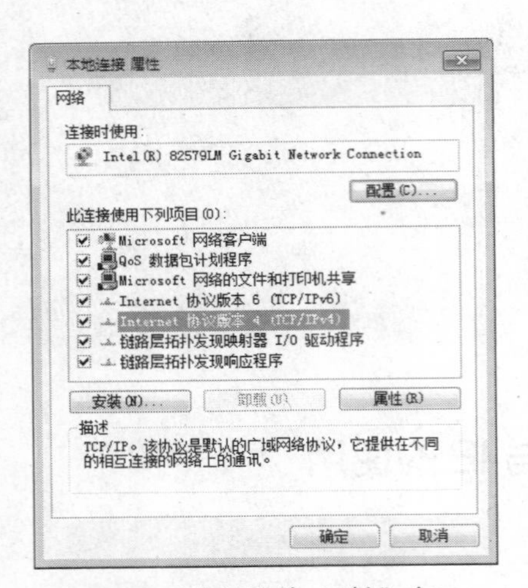

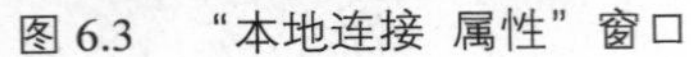

图 6.3 “本地连接 属性”窗口

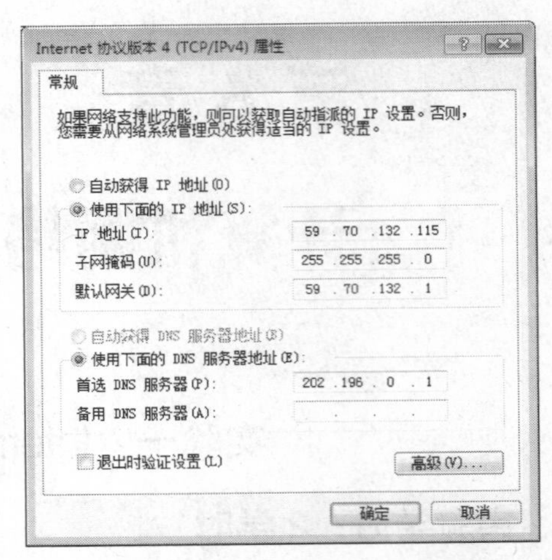

图 6.4 “Internet 协议版本 4（TCP/IPv4）属性”窗口

2．Windows 7 下如何查看、修改本机的 MAC 地址

网络设备中常需要查看本机的 MAC 地址，在这里基于 windows 7 系统来介绍怎样查看自己本机的 MAC 地址。

（1）查看本机 MAC 地址的方式。

按 Windows 键+R 键，弹出“运行”窗口，在“打开”文本框中输入“CMD”，弹出 DOS 命令运行窗口，在该窗口中输入“ipconfig /all”，如图 6.5 所示。

然后按回车键，在显示的一系列信息中找到“本地连接”，其中“物理地址”（Physical Address）就是本机的 MAC 地址，如图 6.6 所示。

图 6.5 DOS 命令运行窗口

图 6.6 查看 MAC 地址

（2）查看无线网卡 MAC 地址。

如果连接了无线网，无线路由器本身会记录无线网卡的 MAC 地址，可以通过无线路由器的设置查看 MAC 地址。

① 保证无线网处于连接中，可以从右下角的状态中看到，如图 6.7 所示。

② 打开浏览器，输入“192.168.1.1”（路由器的地址，根据自身路由器有可能有不同），如图 6.8 所示。

③ 进入无线路由器登录页面，输入账号密码，一般是“admin”，如图 6.9 所示。

图 6.7 无线网处于连接中标志

④ 进入无线设置，找到“IP 与 MAC 绑定”里面的“ARP 映射”，如图 6.10 所示。

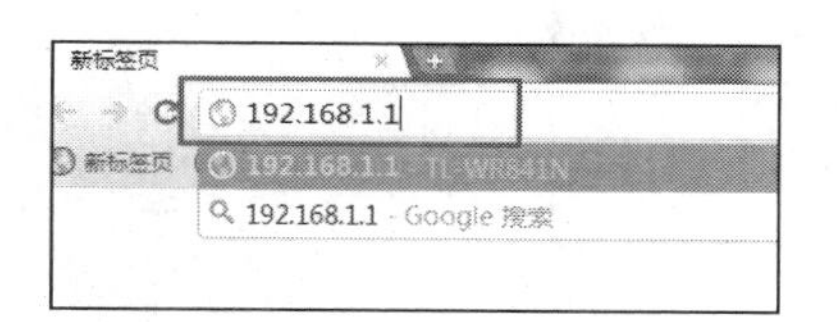

图 6.8　浏览器中输入地址

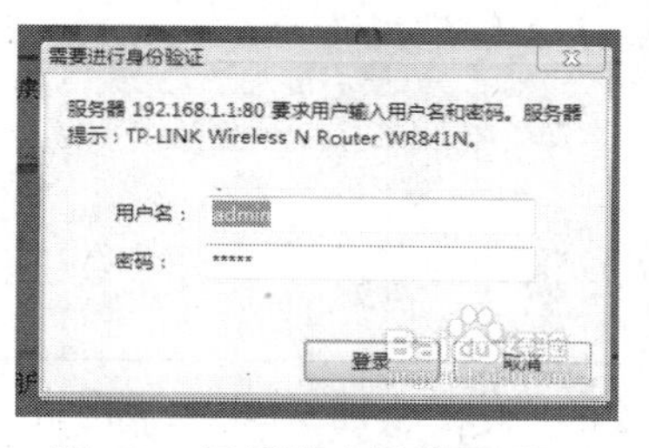

图 6.9　无线路由器登录页面

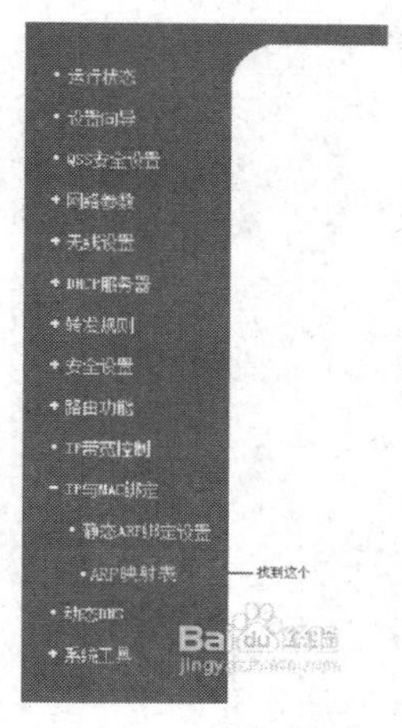

图 6.10　无线设置页面

⑤ 找到本机对应的 IP，其对应的 MAC 地址即为本机无线 MAC 地址，如图 6.11 所示。

⑥ 如果无法辨别具体是哪个，可以把其他设备的无线暂时断开再查看。

（3）修改 MAC 地址方式。

打开“本地连接”的“属性”窗口（见图 6.3），单击“配置”按钮，选择“高级”，选中左栏“属性”中的“Network Address”（其实，并非所有的网卡，对物理地址的描述都用“Network Address”，如 Intel 的网卡便用“Locally Administered Address”来描述，但只要在右栏框中可以找到“值”这个选项就可以了），然后选中右栏框“值”中的上面一个单选项（非“不存在”），此时便可在右边的框中输入想更改的网卡 MAC 地址，形式如“000B6AF6F4F9”，如图 6.12 所示，单击“确定”按钮，完成修改。

ARP映射表

电脑本机MAC地址

ID	MAC地址	IP地址	状态	配置	
1	8C-7B-9D-43-50-89	192.168.1.100	未绑定	导入	删除
2	E0-B9-BA-2D-DE-EB	192.168.1.101	未绑定	导入	删除
3	00-23-14-AD-49-5C	192.168.1.102	未绑定	导入	删除
4	44-A7-CF-7B-67-25	192.168.1.103	未绑定	导入	删除

全部绑定　全部导入　刷新　帮助

图 6.11　本机无线 MAC 地址页面

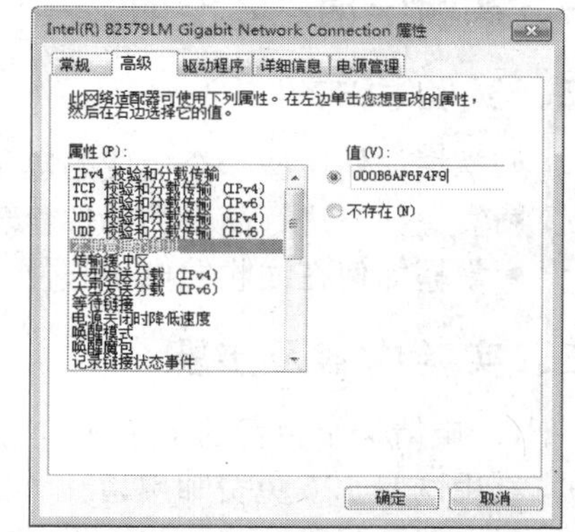

图 6.12　修改 MAC 地址

当然，除了这种修改方法外，还可以通过注册表修改，有兴趣的同学可以参考其他书籍。

3．IE 浏览器的使用

（1）启动 IE 浏览器。

双击桌面上的 IE 浏览器图标，或者选择“所有程序”里的 Internet Explorer 命令，进入 IE 浏览器窗口。

（2）浏览网页信息。

在浏览器的“地址栏”中输入网络地址，访问指定的网站，这时请输入 http://www.baidu.com/，按<Enter>，访问百度网站，如图 6.13 所示。

（3）收藏网页信息。

收藏当前网页信息，如图 6.14 所示。

（4）设置浏览器主页。

在浏览器窗口中，选择“工具”|“Internet 选项”命令，打开“Internet 选项”对话框，如

图 6.15 所示。在常规选项卡中的“主页”选项区域中输入具体的网站地址，单击“确定”按钮。

图 6.13　百度网站

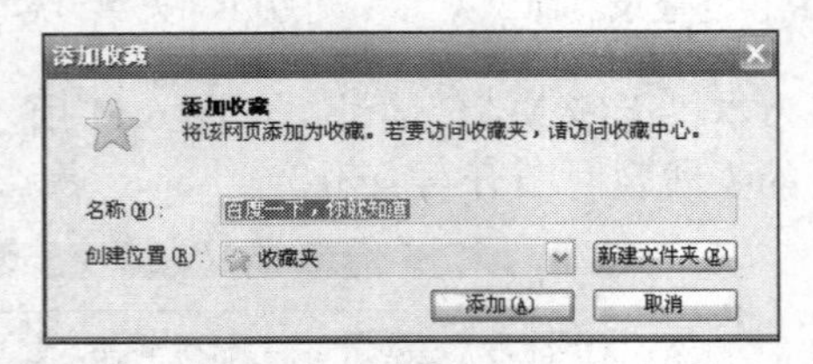

图 6.14　收藏百度网站

图 6.15　修改 IE 浏览器主页

实验二　电子邮箱的收发与设置

一、实验学时：2 学时

二、实验目的

- 掌握如何申请一个免费的电子邮箱
- 掌握如何进行简单的邮件管理
- 掌握如何在线收发电子邮件

三、实验内容及步骤

1. 申请一个免费的电子邮箱

利用网易 126 免费邮申请一个免费的邮箱。

（1）在浏览器中输入 http://mail.126.com/，然后按<Enter>，进入网易 126 免费邮界面，如图 6.16 所示。

（2）单击图 6.16 中左侧的“注册”按钮，进入“网易 126 免费邮-选择用户名”窗口，按要求输入用户名，如 jsjjc0001。

（3）单击“下一步”按钮，进入“网易 126 免费邮—填写用户资料”窗口，填写相应的用户资料，如图 6.17 所示。

（4）单击“我接受下面的条款，并创建账号”按钮，进入“网易 126 免费邮—注册成功!”窗口。

图 6.16 网易 126 免费邮首页

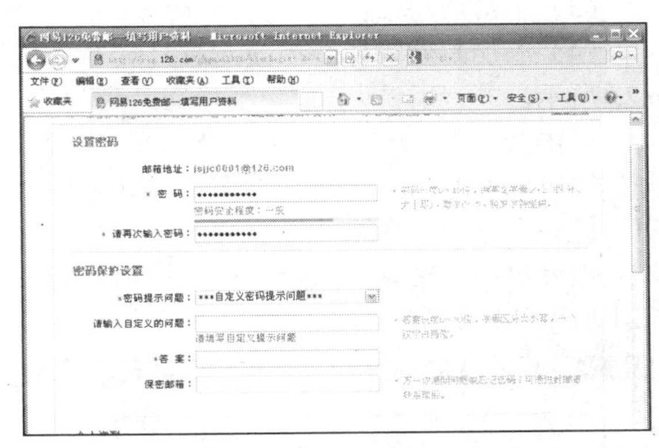

图 6.17 填写用户资料

（5）单击“进入邮箱”链接，可直接进入申请的免费邮箱，如图 6.18 所示。

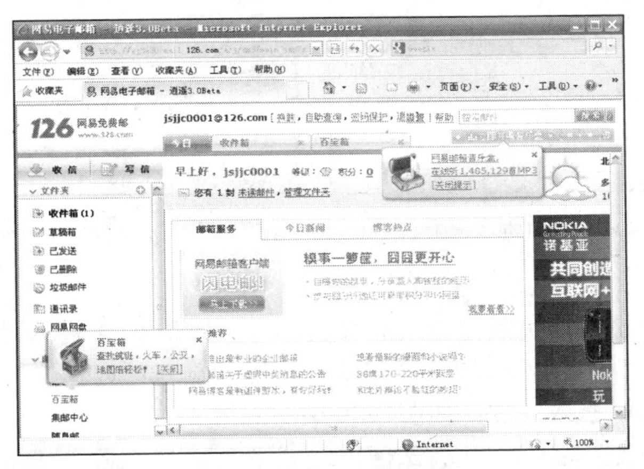

图 6.18 进入免费邮箱

2．邮件的收发

（1）单击“收件箱”，进入收件箱界面，可看到所有收到的电子邮件列表，如图 6.19 所示。

（2）单击收件箱中某一个邮件主题，即可查看此邮件内容。例如，单击主题为“欢迎你使用网易 126 免费邮！”的邮件，即可查看此邮件的具体内容，如图 6.20 所示。

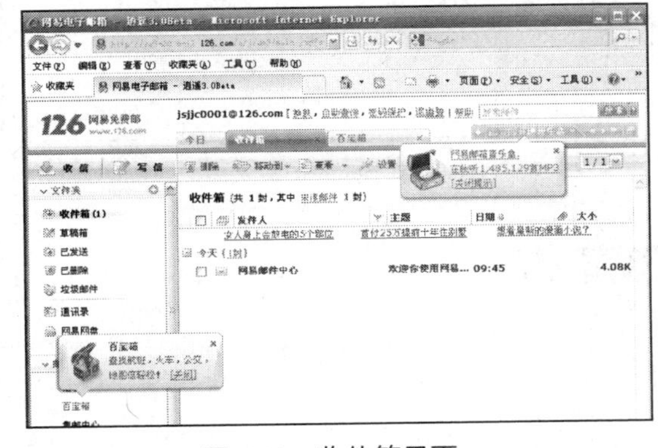

图 6.19 收件箱界面

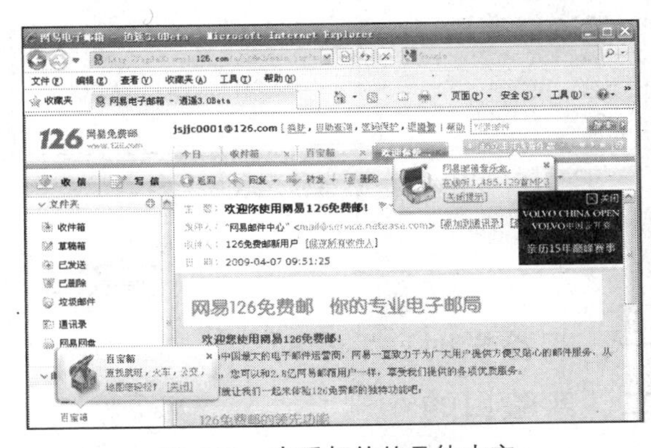

图 6.20 查看邮件的具体内容

（3）单击“写邮件”，进入发送邮件界面，如图 6.21 所示。

（4）添加邮件附件。在图 6.21 中，单击“添加附件”按钮，打开“插入附件”窗口，如图 6.22 所示。

单击“浏览”按钮，打开“选择文件”对话框，选择要作为邮件附件上传的文件，单击“打开”按钮即可返回图 6.22 所示界面，如有多个附件，可以单击图 6.22 所示的第二个“浏览”按钮，选择下一个邮件附件。

然后单击“粘贴”按钮，把附件粘贴到“附件”列表中，接着单击“完成”按钮返回到图 6.21 所示的发送窗口。

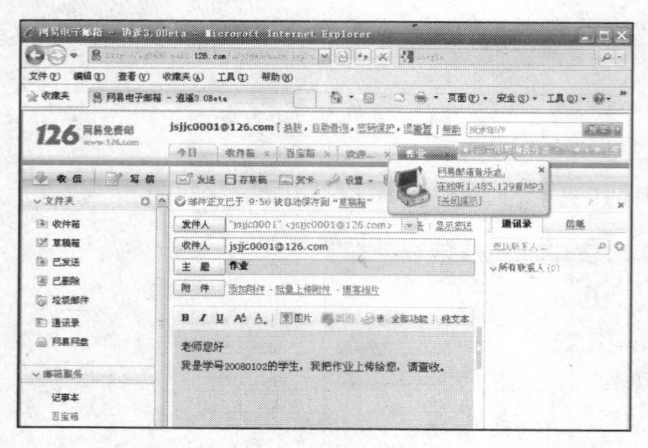

图 6.21　发送邮件界面

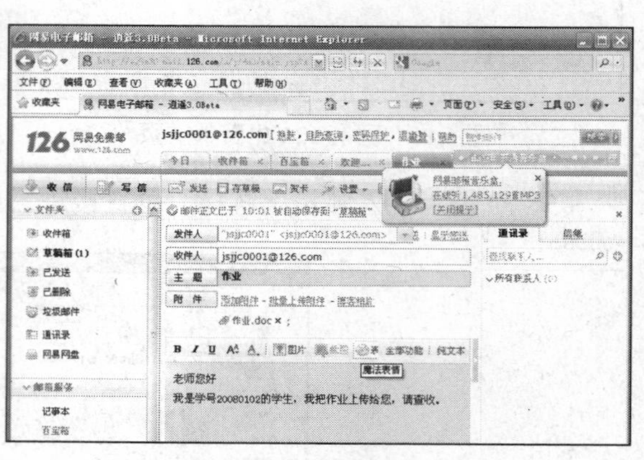

图 6.22　添加附件

（5）创建地址簿。

单击左侧的通讯录链接，进入通讯录的管理窗口，如图 6.23 所示。单击“新建联系人”按钮，进入新建联系人窗口，输入必须填写的信息和选择输入可选择填写的信息，填写完成后单击“确定”按钮，创建联系人成功，如图 6-24 所示。

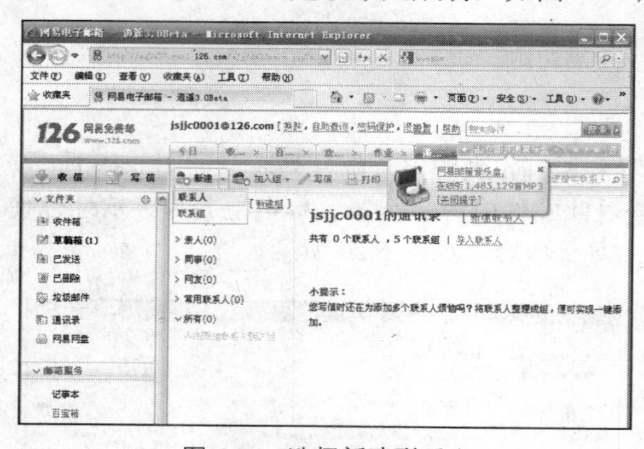

图 6.23　选择新建联系人

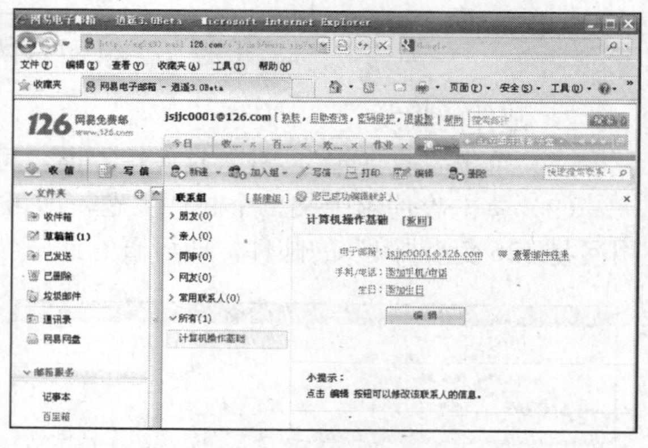

图 6.24　创建联系人成功

实验三　迅雷 V7

一、实验学时：1 学时

二、实验目的

- 能够使用迅雷 **V7** 进行网络资源的下载

三、相关知识

下载的最大问题是什么——速度，其次是什么——下载后的管理。

迅雷是一款基于多资源线程技术的下载工具，能够将存在于第三方服务器和计算机上的数据文件进行有效整合，通过这种先进的超线程技术，用户能够以更快的速度从第三方服务器和计算机获取所需的数据文件。

四、实验范例

使用迅雷 V7 进行文件的下载。

1．使用迅雷 V7 搜索下载网络资源

（1）双击桌面上的“迅雷 V7”图标，即可启动迅雷。

（2）在迅雷 V7 的界面中，在搜索栏中输入想要下载的文件名，如“变形金刚”，然后单击放大镜或者按<Enter>键进行搜索，如图 6.25 所示。

（3）搜索跳转至如图 6.26 所示页面。

图 6.25　搜索栏

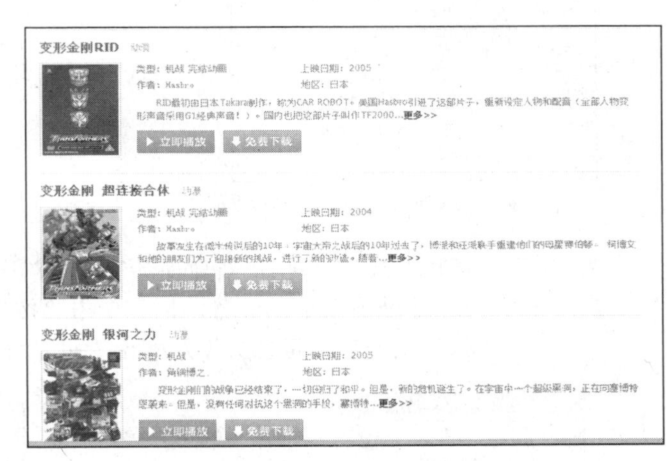

图 6.26　搜索结果页面

（4）选择需要下载的内容，单击“免费下载”按钮，跳转至“迅雷大全”下载资源页面，选中下载内容，页面会显示文件大小信息，然后单击“下载选中文件”按钮，开始下载任务。

（5）用户可单击“下载管理”选项中的“正在下载”查看正在下载的任务，如图 6.27 所示。用户还可以单击“暂停”按钮暂停下载任务，或者单击“删除”按钮删除任务，对误删除的任务可以在垃圾箱中查看，并可单击“还原”按钮还原任务。

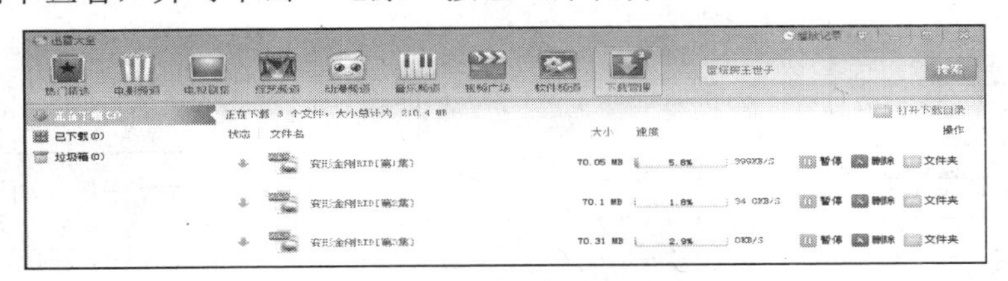

图 6.27　下载管理

2．在其他网页中下载文件

（1）用户可以使用迅雷方便快捷地下载网络资源，以下载百度 MP3 为例，右键单击要下载的歌曲地址，在弹出的快捷菜单中选择“使用迅雷下载”命令，如图 6.28 所示。

（2）弹出“新建任务”窗口，选择保存路径，并单击“立即下载”按钮即可开始下载该音乐文件，如图 6.29 所示。

用户还可以通过右键菜单中的“使用迅雷下载全部链接”命令来下载更多网络资源。

3．批量下载

（1）迅雷同时提供了批量下载功能，可以方便地创建多个包含共同特征的下载任务。启动迅雷 V7，单击主界面右上角的小三角，出现如图 6.30 所示的选项菜单。

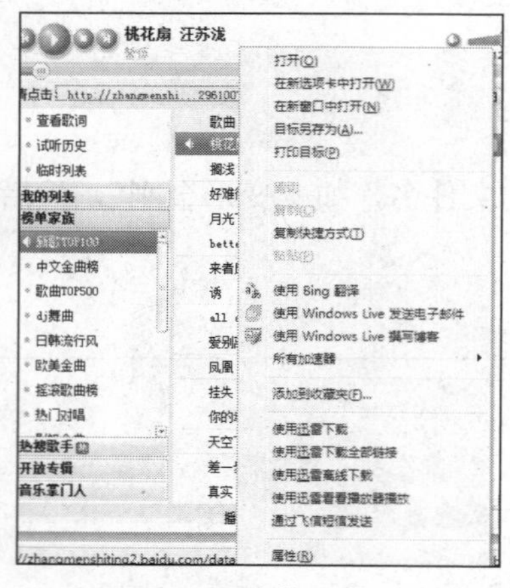

图 6.28　歌曲下载

图 6.29　新建下载任务

（2）选择“新建下载”，弹出“新建任务”窗口，这时可以在“输入下载 URL”文本框中输入想要下载的 URL 地址下载单个任务，也可单击“按规则添加批量任务”，进行批量下载。

（3）单击“按规则添加批量任务”后弹出“批量任务”对话框，如图 6.31 所示。

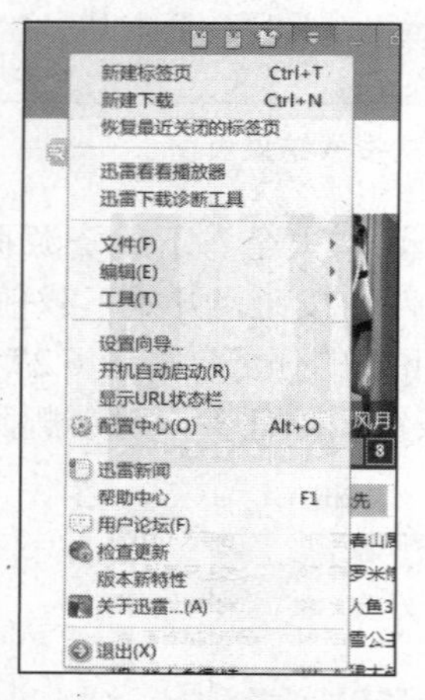

图 6.30　选择批量下载菜单

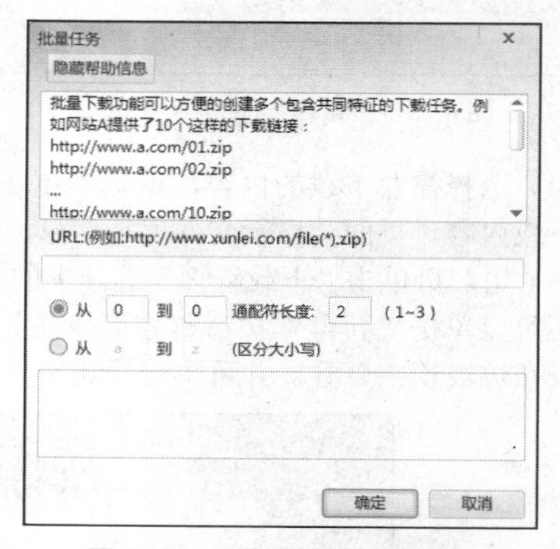

图 6.31　“批量任务”对话框

五、实验要求

能够独立使用迅雷 V7 的各种方法进行文件的下载，并比较各种下载方法的异同。

第 7 章

多媒体技术及应用

实验一　Authorware 的基本操作

一、实验学时：2 学时

二、实验目的

- 了解 Authorware 的运行环境
- 熟悉 Authorware 的设计环境，掌握使用 Authorware 进行多媒体应用系统设计的方法

三、相关知识

1．Authorware 简介

在各种多媒体应用软件的开发工具中，Macromedia 公司推出的多媒体制作软件 Authorware 是不可多得的开发工具之一。Authorware 采用面向对象的设计思想，是一种基于图标（Icon）和流线（Line）的多媒体开发工具。它把众多的多媒体素材交给其他软件处理，本身则主要承担多媒体素材的集成和组织工作。Authorware 操作简单，程序流程明了，开发效率高，并且能够结合其他多种开发工具，共同实现多媒体的功能。它易学易用，无须大量编程，使得不具有编程能力的用户也能创作出一些高水平的多媒体作品，对于非专业开发人员和专业开发人员都是一个很好的选择。

Authorware 软件具有如下特点。

（1）提供积木式的图标创作方法和面向对象的创作环境。

Authorware 为多媒体应用系统开发者提供了一种堆积木式的创作方法和一个面向对象的创作环境，使用多个功能图标，不同的图标被看作不同的对象，可以随意穿插或叠合。开发人员不需要程序设计语言的编程经验，只需将多媒体应用系统划分为相对独立的媒体素材片断和逻辑分支，使之能用图标分别表示，然后将这些图标用流程图的方式有机地结合在一起，即可完成丰富多彩、画面生动的多媒体应用系统。

（2）提供高效的多媒体集成环境。

通过 Authorware 自身的多媒体管理机制和多种外部接口，开发者可以充分地利用包括声音、文字、图像、动画和数字视频等在内的多种内容，将它们有效地集成在一起，形成具有充分表现力的多媒体应用系统。

Authorware 的主要媒体处理功能有：对文本对象具有丰富的控制功能，允许用户自由选择字体、文本、大小、颜色，支持超文本功能；支持多种格式的图形及图像，可利用其内部的绘图工具或图形函数绘画界面，而且其内部就具有移动图标控制功能，利用这些功能可用一系列图片产生电影效果；支持多种格式的视频文件，可以方便地加载视频信息，设置播放区幅面，选择播放视频信息中的一个片段，还可对视频信息的播放进行其他控制；支持多种格式的声音文件，可以

方便地加载声音，并控制其播放速度、回放次数及播放条件等。

（3）提供强大的逻辑结构管理功能。

Authorware 提供了直观的图标（Icons）控制多媒体演示界面，无须编程，只使用流程线及一些工具图标，就可以达到某些编程软件经过复杂的编程才能达到的效果。Authorware 利用对各种图标的逻辑结构布局，来实现整个应用系统的制作，逻辑结构管理是 Authorware 的核心部分。Authorware 程序运行的逻辑结构主要是通过所有图标在流程线上的相应位置来反映整个体系。对于分支流程，可以设定选择分支的方法，如随机选择、变量选择、顺序选择等，对于循环流程，可以设定循环的次数、循环的终止条件等。通过这种方法可以把整个系统划分为若干子系统，并逐级细化，直至每一个最底层模块。Authorware 引进了页的概念，提供了框架图标和导航图标，可以实现超文本与超媒体链接。

（4）提供丰富、灵活的交互方式。

Authorware 提供了 10 余种交互方式供开发者选择，以适应不同的需要。除了一般常见的交互方式，如按钮、菜单、键盘、鼠标等之外，Authorware 还提供了热区响应、热对象响应、目标区响应等多种交互控制方式。

（5）具有丰富的变量和函数。

Authorware 提供了 10 余类、200 余种变量和函数，这些函数与变量提供了对数据进行采集、存储与分析的各种手段。开发者巧妙地运用这些函数和变量，可以对多媒体应用系统的演示效果进行细致入微的控制。

（6）提供模块与库功能。

模块和库这两种功能是为优化软件开发与运行而提供的制作技术。通过模块功能，可以最大限度地重复利用已有的 Authorware 代码，避免不必要的重复性开发。通过对库的管理，使庞大的多媒体数据信息独立于应用程序之外，避免了数据多次重复调入，减小了应用程序所占的空间，从而优化应用程序，提高主控程序的执行效率和减少程序所占空间。

（7）具有广泛的外部接口。

Authorware 除了具备各种创作功能外，还为开发者提供了多种形式的外部接口，常用的数据接口有：Director、C 语言等。而且 Authorware 支持 OLE 技术，使开发者可以方便地利用其他开发工具制作多媒体数据文件。Authorware 为扩展功能提供了相应的标准，接在 Windows 操作系统中支持 DLL 格式的外部动态链接库，使具备专业编程知识的开发人员及有特殊要求的用户可以方便地扩充 Authorware 的功能。

（8）提供网络支持。

Authorware 应用了多媒体的 Internet 传输技术，制作出的应用程序支持网络操作。通过该项技术，可将 Authorware 制成的多媒体应用系统快速地发布到 Internet 上，在网上提供各种在 Authorware 中创建的交互信息。另一方面，通过 ActiveX 控件的浏览器，Authorware 也可以让用户在其应用程序中浏览 Internet 上的内容。

（9）跨平台体系结构。

Authorware 是一套跨平台的多媒体开发工具，无论是在 Windows 平台还是 Macintosh 平台上，均提供了几乎完全相同的工作环境，这使之成为目前少有的可以方便地进行这两种平台移植的多媒体创作工具。它提供存储 For Windows 及 For Macintosh 的文件格式，可以方便地在这两个平台间调用及存储 Authorware 应用程序。

（10）独立的应用系统。

Authorware 可以把制作的多媒体产品进行打包，生成 EXE 文件。该文件能够脱离开发环境，作为 Windows 的应用程序来运行。也可以制作成播放文件，带上 Authorware 提供的播放器而独立于 Authorware 环境运行。

2．操作界面

同许多 Windows 程序一样，Authorware 具有良好的用户界面。Authorware 的启动、文件的打开和保存、退出等基本操作都和其他 Windows 程序类似。下面仅介绍 Authorware 特有的菜单栏（见图 7.1）和工具栏（见图 7.2）。

（1）菜单栏。

Authorware 的菜单栏如图 7.1 所示。

图 7.1　菜单栏

- Insert（插入）菜单：用于引入知识对象、图像和 OLE 对象等。
- Modify（修改）菜单：用于修改图标、图像和文件的属性，建组及改变前景和后景的设置等。
- Text（文本）菜单：提供丰富的文字处理功能，用于设定文字的字体、大小、颜色、风格等。
- Control（控制）菜单：用于调试程序。
- Xtras（特殊效果）菜单：用于库的链接及查找显示图标中文本的拼写错误等。
- Commands（命令）菜单：里面有关于 RTF 编辑器和查找 Xtras 等内容。
- Window（窗口）菜单：用于打开展示窗口、库窗口、计算窗口、变量窗口、函数窗口及知识对象窗口等。
- Help（帮助）命令：从中可获得更多有关 Authorware 的信息。

（2）常用工具栏。

常用工具栏是 Authorware 窗口的组成部分，其中每个按钮实质上是菜单栏中的某一个命令，由于使用频率较高，被放在常用工具栏中。熟练使用常用工具栏中的按钮，可以使工作事半功倍。

（3）图标工具栏。

图标工具栏在 Authorware 窗口中的左侧，如图 7.2 所示，包括多个图标、开始旗、结束旗和图标调色板，是 Authorware 最特殊也是最核心的部分。

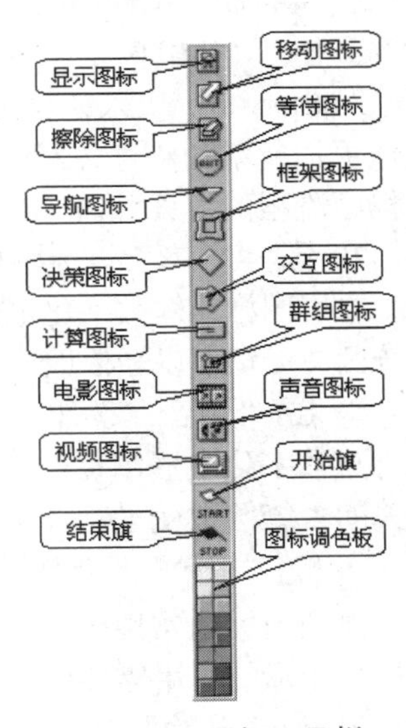

图 7.2　图标工具栏

① “显示”设计图标。

显示图标是 Authorware 设计流程线上使用最频繁的图标之一，在显示图标中可以存储多种形式的图片及文字，另外，还可以在其中放置函数变量进行动态的运算执行。

② “移动”设计图标。

移动图标是设计 Authorware 动画效果的图标，它主要用于移动位于显示图标内的图片或者文本对象，但其本身并不具备动画能力。Authorware 7.0 提供了 5 种二维动画移动方式。

③ “擦除”设计图标。

擦除图标主要用于擦除程序运行过程中不再使用的画面对象。Authorware 7.0 系统内部提供多种擦除过渡效果使程序变得更加眩目生动。

④ “等待”设计图标。

顾名思义，主要用在程序运行时的时间暂停或停止控制。

⑤ “导航”设计图标。

导航图标主要用于控制程序流程间的跳转，通常与框架图标结合使用，在流程中设置与任何一个附属于框架设计图标页面间的定向链接关系。

⑥ “框架”设计图标。

框架图标提供了一个简单的方式来创建并显示 Authorware 的页面功能。框架图标右边可以下挂许多图标，包括显示图标、群组图标、移动图标等，每一个图标被称为框架的一页，而且它也能在自己的框架结构中包含交互图标、判断图标，甚至是其他的框架图标内容，功能十分强大。

⑦ “决策”设计图标。

决策图标通常用于创建一种决策判断执行机构，当 Authorware 程序执行到某一决策图标时，它将根据用户事先定义的决策规则而自动计算执行相应的决策分支路径。

⑧ “交互”设计图标。

交互图标是 Authorware 突出强大交互功能的核心表征，有了交互图标，Authorware 才能完成各种灵活复杂的交互功能。Authorware 7.0 提供了多达 11 种的交互响应类型。与显示图标相似，交互图标中同样也可插入图片和文字。

⑨ “计算”设计图标。

计算图标是用于对变量和函数进行赋值及运算的场所，它的设计功能虽然看起来简单，但是灵活地运用往往可以实现难以想象的复杂功能。值得注意的是，计算图标并不是 Authorware 计算代码的唯一执行场所，其他的设计图标同样有附带的计算代码执行功能。

⑩ “群组”设计图标。

Authorware 引入的群组图标，更好地解决了流程设计窗口的工作空间限制问题，允许用户设计更加复杂的程序流程。群组图标能将一系列图标进行归组包含于其下级流程内，从而提高了程序流程的可读性。

⑪ “电影”设计图标。

电影图标，即数字化电影图标，主要用于存储各种动画、视频及位图序列文件。利用相关的系统函数变量可以轻松地控制视频动画的播放状态，实现例如回放、快进/慢进、播放/暂停等功能。

⑫ “声音”设计图标。

与数字化电影图标的功能相似，声音图标则是用来完成存储和播放各种声音文件的。利用相关的系统函数变量同样可以控制声音的播放状态。

⑬ “视频”设计图标。

视频图标通常用于存储一段视频信息数据，并通过与计算机连接的视频播放机进行播放，即视频图标的运用需要硬件的支持，普通用户都较少使用该设计图标。

⑭ “开始”旗帜。

用于调试执行程序时，设置程序流程的运行起始点。

⑮ “结束”旗帜。

用于调试执行程序时，设置程序流程的运行终止点。

（4）程序设计窗口。

程序设计窗口是 Authorware 的设计中心，Authorware 具有的对流程可视化编程功能，主要体现在程序设计窗口的风格上。

程序设计窗口如图 7.3 所示，其组成如下。

- 标题栏：显示被编辑的程序文件名。
- 主流程线：一条被两个小矩形框封闭的直线，用来放置设计图标，程序执行时，沿主流程线依次执行各个设计图标。 程序开始点和结束点的两个小矩形，分别表示程序的开始和结束。
- 粘贴指针：一只小手，指示下一步设计图标在流程线上的位置。单击程序设计窗口的任意空白处，粘贴指针就会跳至相应的位置。

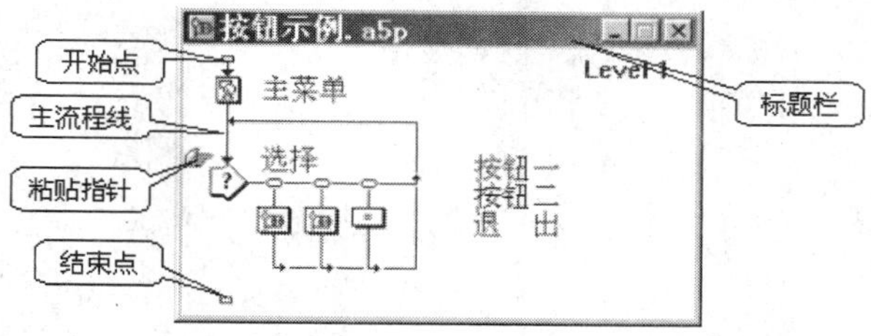

图 7.3 程序设计窗口

四、实验范例

1．做一个浏览图片的多媒体

（1）首先需要准备做该实验所需的素材（图片），然后用鼠标双击 Authorware 图标，启动后进入主界面。

（2）单击工具栏中的“新建图标”，建立一个新文件。

（3）将鼠标移动到设计图标栏中的显示图标上，按下鼠标左键不放，将它移动到主流程线上后松开鼠标，这时主流程线上出现一个名字为“Untitled”的显示图标，单击该图标，将名字改为“背景”。

（4）双击“背景”，打开显示编辑区，然后用鼠标左键选择“文件”菜单下的“导入/导出”命令，选择“导入媒体”，如图 7.4 所示。或者用鼠标单击“插入”图标，打开查找对话框，选择一张图片，然后单击“插入”按钮，一张图片就被插入进来。

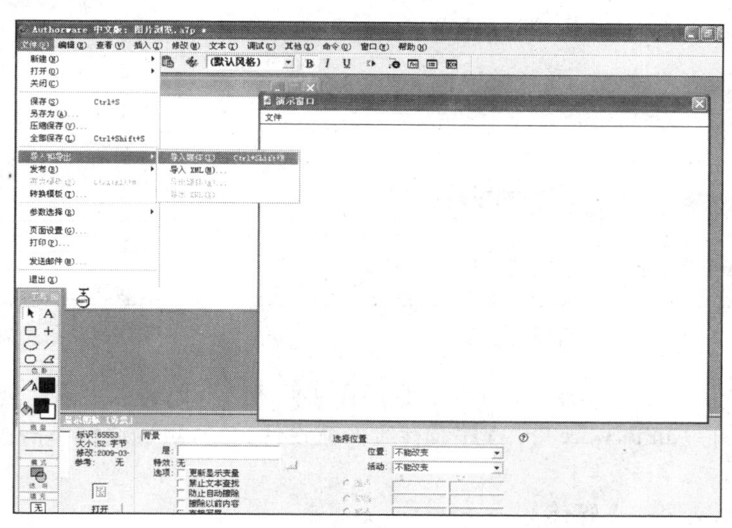

图 7.4 图片导入

（5）选择工具栏上的文本按钮，输入文件的标题“美好风光”，同时在工具栏上单击“模式”按钮，选择“透明”即可，如图 7.5 所示。

（6）将鼠标移动到设计图标栏中的声音图标上，按下鼠标左键不放，将它移动到主流程线上后松开鼠标，这时主流程线上出现一个名字为“未命名”的显示图标。单击该图标，将名字改为“音乐”。在显示编辑区单击该图标，在显示区就会出现如图 7.6 所示的对话框。单击“计时”选项卡，选择“同时”执行方式。

图 7.5　文本的输入

（7）将鼠标移动到设计图标栏中的等待图标上，按下鼠标左键不放，将它移动到主流程线上后松开鼠标，这时主流程线上出现一个等待图标，单击该图标，在它的“属性”选项卡中进行设置，时限 3s，对于是否显示按钮、显示倒计时由用户自己确定。

（8）最终程序设计窗口如图 7.7 所示，其他背景和等待图标的选择与设计同上。

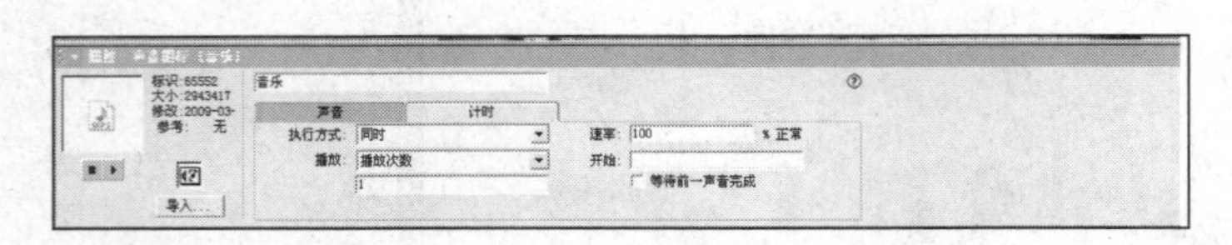

图 7.6　声音属性选项卡

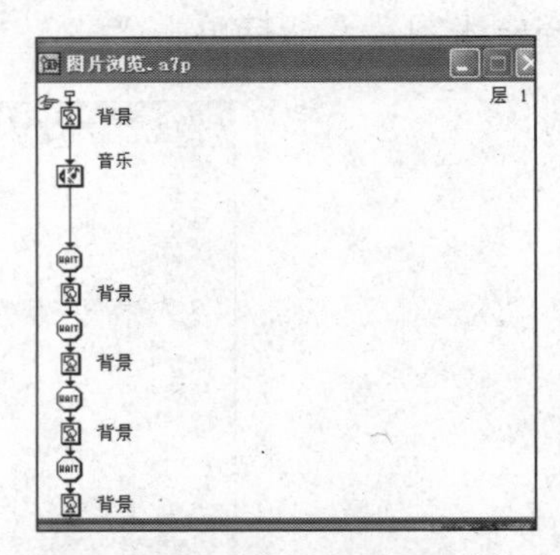

图 7.7　图片浏览的程序设计窗口

（9）单击“文件”菜单中的“保存”命令保存文件，将其命名为“图片浏览.a7p”。这样，一个只含一张图片的 Authorware 7.0 程序设计实例就设计完毕，可以通过单击执行程序图标来观看效果。

2．做一个配乐文字的多媒体

（1）首先需要准备做该实验所需的素材（图片，文字以 txt 保存），然后双击 Authorware 图标，启动后进入主界面。

（2）单击工具栏中的“新建图标”，建立一个新文件。

（3）将鼠标移动到设计图标栏中的显示图标上，按下鼠标左键不放，将它移动到主流程线上后松开鼠标，这时主流程线上出现一个名字为“Untitled”的显示图标，单击该图标，将名字改为“背景”。

（4）双击“背景”，打开显示编辑区，然后用鼠标左键选择“文件”菜单下的“导入/导出”

命令，选择导入媒体。或者单击“插入”图标，打开“查找”对话框，选择一张图片，然后单击“插入”按钮，所需的图片就被插入进来，如图 7.8 所示，用前面所学的方法，在该背景下输入文字“红楼诗词鉴赏”。

（5）最终的实验流程图如图 7.9 所示。

图 7.8　背景导入

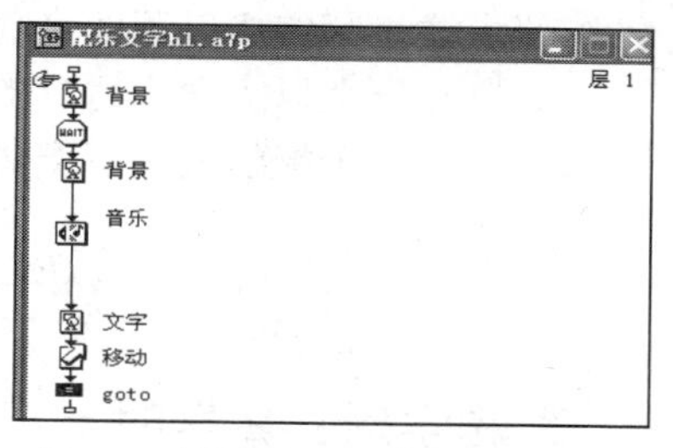

图 7.9　配乐文字程序设计窗口

（6）值得注意的是，所需文字是用和导入图片一样的方法导入的，如图 7.10 所示。

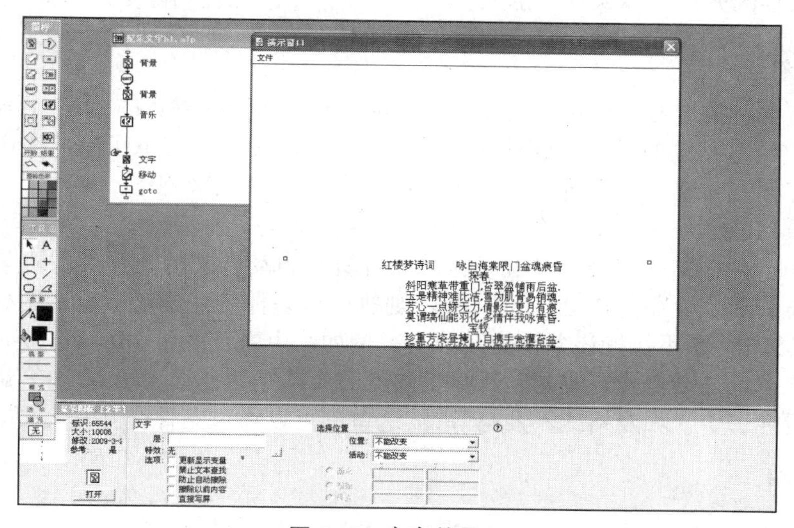

图 7.10　文字的导入

（7）这里还用到了移动图标的设置，如图 7.11 所示。

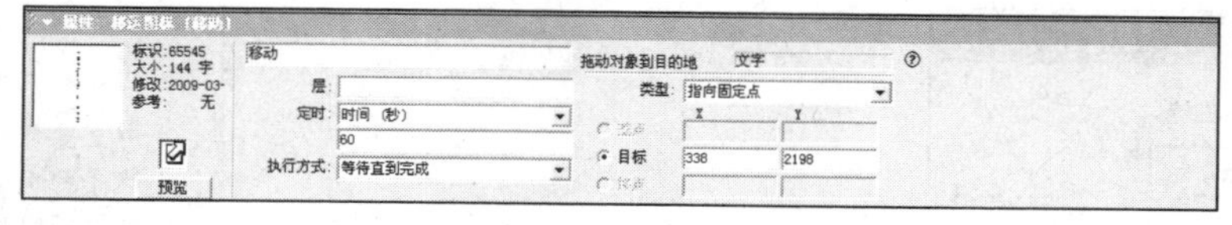

图 7.11　移动图标的设置

（8）最后是一个计算图标，其设置如图 7.12 所示。

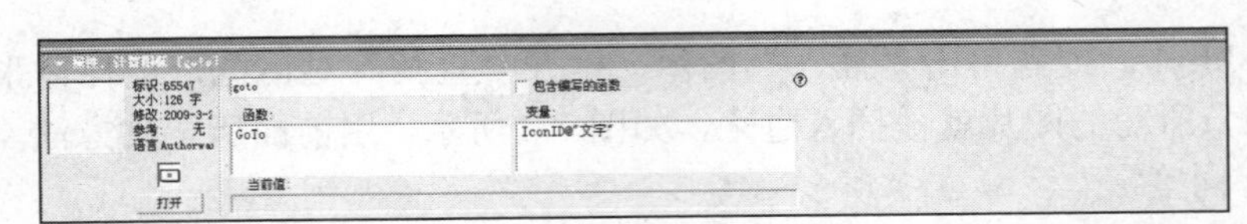

图 7.12 计算图标的属性设置

（9）用鼠标单击“文件”菜单中的“保存”命令保存文件，将其命名为“配乐文字.a7p”。这样，一个配乐文字的程序设计实例就设计完毕，可以通过单击执行程序图标来观看效果。

五、实验要求

按照上述步骤完成以下两个任务。

（1）制作一个以大学为题材的图片浏览多媒体。

（2）制作一个配乐文字多媒体。

实验二　Authorware 的高级操作

一、实验学时：2 学时

二、实验目的

- 演示型课件的开发，在课件中加入交互，使制作出的课件功能更加强大

三、相关知识

教师在讲解课程的过程中，对于重点词句与重点段落作一些醒目的标记，引起学生的注意，这是课堂教学中经常发生的。在多媒体课件演示时，可以使用一支电子笔，在讲解过程中随时对重要内容进行标注。本次实验将使用 Authroware 的条件交互来制作一支随意涂画的电子笔，实现简单的白板功能。

条件交互是一种根据用户为该交互设置的条件进行自动匹配的交互类型。条件交互随时检测设置的条件是否成立。条件成立（TRUE），则执行该条件交互分支下设计图标内的流程；条件不成立（FALSE），则不执行该条件交互分支。例如，用系统变量 MouseDown 检测用户是否进行了鼠标的单击或拖动操作，或是判断学生取得的成绩是否已经大于 60 分，进而对学生取得的成绩作出阶段性评价（如及格或不及格等），这些都可以通过条件交互来实现。

四、实验范例

本次实验的程序流程如图 7.13 所示，执行效果如图 7.14 所示。

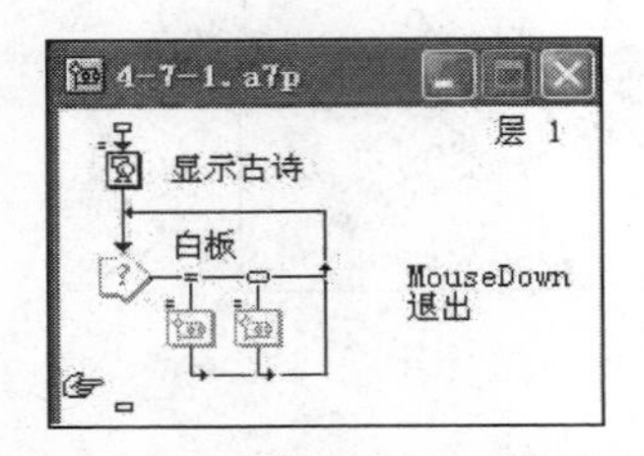

图 7.13　“白板功能”程序流程

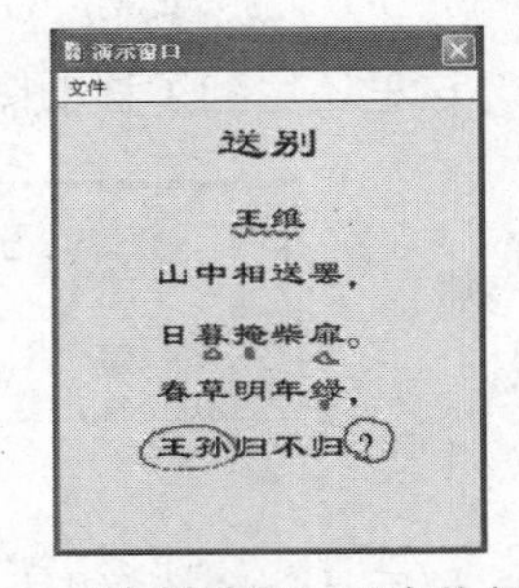

图 7.14　“白板功能”程序执行效果

设计思路：建立一个条件交互，判断用户是否按下了鼠标左键，如果条件成立，则利用绘图函数进行绘图，绘制的图形在退出交互时擦除。

制作过程如下。

（1）新建一个文件，选择“文件”|“保存”菜单命令将新建的文档进行保存。

（2）拖动一个显示图标到流程线上，重命名为“显示古诗”。双击打开“显示古诗”设计窗口，使用工具箱上的文本工具输入诗句内容，并设置文字的字体和大小，结果如图 7.15 所示。

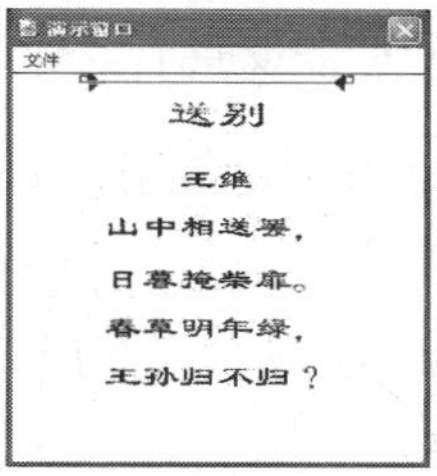

图 7.15　“显示古诗”显示图标设计窗口

为防止该文本被鼠标拖动，需要将其设为不可移动。选中“显示古诗”显示图标，右键单击后在弹出的快捷菜单中选择“计算”命令为它附加一个计算图标，在弹出的计算图标编辑窗口输入代码“Movable:=FALSE”。

（3）拖动一个交互图标到流程线上，将其重命名为“白板”。

（4）拖动一个群组图标到“白板”交互图标右侧，弹出“交互类型”对话框，单击“条件”单选钮，建立一个条件交互分支。单击条件交互分支上的交互标志，调出交互属性面板，单击“条件”面板项，在“条件”文本框中输入“MouseDown”，选择“自动”下拉列表中的“为真”选项，如图 7.16 所示。

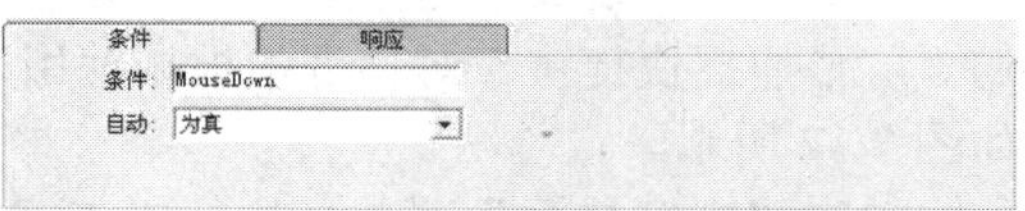

图 7.16　条件交互属性面板“条件”面板项

（5）单击“响应”面板项，选择“擦除”下拉列表中的“在退出时”选项。

（6）为“MouseDown”群组图标附加一个计算图标，该计算图标的作用是画任意线段，其内部代码如下：

```
SetFrame(TRUE , RGB(255,0,0))  --设置线条颜色
Line(2,CursorX,CursorY,CursorX,CursorY)  --根据鼠标位置画线
```

（7）拖动一个群组图标到“MouseDown”交互分支右侧，单击按钮交互分支上的交互标志，调出按钮交互属性面板，将新建立的交互分支类型更改为按钮交互。单击“响应”面板项，选择“范围:永久”复选框。

（8）将群组图标重命名为“退出”。

（9）为“退出”群组图标附加一个计算图标，在弹出的计算图标编辑窗口输入“Quit(0)”。

（10）运行程序进行测试，使用鼠标在需要加上标注的地方进行涂画，会发现鼠标点按的地方出现了红色的涂抹线条。

五、实验要求

按照上述实例完成以下两个任务。

（1）制作一个以唐诗宋词为题材的课件。

（2）制作一个自己喜欢的课程的课件。

实验三　HyperSnap-DX 的使用

一、实验学时：1 学时

二、实验目的

- 学习屏幕抓图软件 HyperSnap-DX 的使用方法

- 能够进行全屏捕捉，并保存捕捉的图片
- 能够进行窗口的捕捉，并保存捕捉的图片
- 能够进行选定区域的捕捉，并保存捕捉的图片

三、相关知识

HyperSnap-DX 是个屏幕抓图工具，它不仅能抓取标准桌面程序，还能抓取 DirectX、3Dfx Glide 游戏和视频或 DVD 屏幕图，并能保存为 BMP、GIF、JPEG、TIFF、PCX 等 20 多种图片格式。它可使用热键或自动计时器从屏幕上抓图，还可以在所抓的图像中显示鼠标轨迹，拥有收集工具，有调色板功能并能设置分辨率，直接从 TWAIN 装置中（扫描仪和数码相机）抓图等。

四、实验范例

使用 HyperSnap-DX 抓图。

（1）运行 HyperSnap-DX，进入运行主界面。

（2）设置捕捉快捷键和图像分辨率。

在 HyperSnap-DX 运行窗口中，单击“捕捉”菜单，执行“屏幕捕捉快捷键”命令，在弹出的“屏幕捕捉快捷键”对话框中根据使用习惯设置相应的热键，并选中“启用快捷键”复选框，如图 7.17 所示。

单击“文字捕捉”菜单，执行“文字捕捉快捷键”命令，在弹出的“文字捕捉快捷键”对话框中设置相应的快捷键，并选中“启用快捷键”复选框。

单击“选项”菜单，执行“默认图像分辨率”命令，在弹出的“图像分辨率”对话框的“水平分辨率”和“垂直分辨率”文本框中，分别输入数字 200，并选中“用作未来从屏幕捕捉的图像的默认值”复选框，如图 7.18 所示。

屏幕捕捉快捷键

快捷键	功能
Ctrl + Alt + |	捕捉全屏
Ctrl + Shift + V	捕捉虚拟桌面(多显示器)
Ctrl + Shift + W	捕捉窗口
Ctrl + Shift + S	卷动捕捉整个页面
Ctrl + Shift + B	捕捉按钮
Ctrl + Shift + R	捕捉区域
Ctrl + Shift + A	捕捉活动窗口
Ctrl + Shift + C	捕捉活动窗口(不带框架)
Ctrl + Shift + H	自由捕捉
Ctrl + Shift + M	多区域捕捉
Ctrl + Shift + P	平移上次区域
Ctrl + Shift + F11	重复上次捕捉
Ctrl + Shift + X	捕捉扩展活动窗口
Shift + F11	定时停止自动捕捉
Scroll Lock	特殊捕捉(DirectX, Glide, DVD ...)
无	仅鼠标光标(C)
Ctrl + Shift + G	区域(带卷动)捕捉

默认 还原 帮助 清除全部 关闭

捕捉全屏(F) Print Screen键处理

启用快捷键

图 7.17 设置屏幕捕捉快捷键

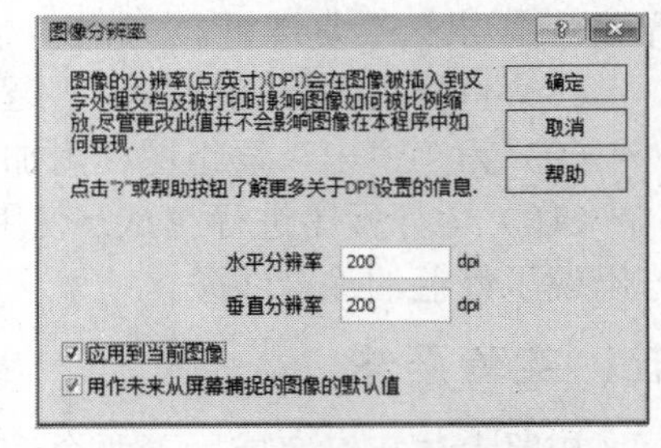

图 7.18 设置图像分辨率

（3）设置图像保存方式及光标指针。

在 HyperSnap-DX 运行窗口中，单击“捕捉”菜单，执行“捕捉设置”命令，在弹出的“捕捉设置”对话框中打开“快速保存”选项卡。然后选中该选项卡中“自动保存每次捕捉的图像到文件”复选框，并单击“更改”按钮，选择图片保存文件夹，填入文件名称，选择要保存的图片类型，单击“保存”按钮，如图 7.19 所示。

在“捕捉设置”对话框中，打开“捕捉”选项卡，然后选中该选项卡中的“包括光标图像”复选框，如图 7.20 所示。此时捕捉的图像中将显示光标指针，若要隐藏光标指针，取消

选中该复选框即可。

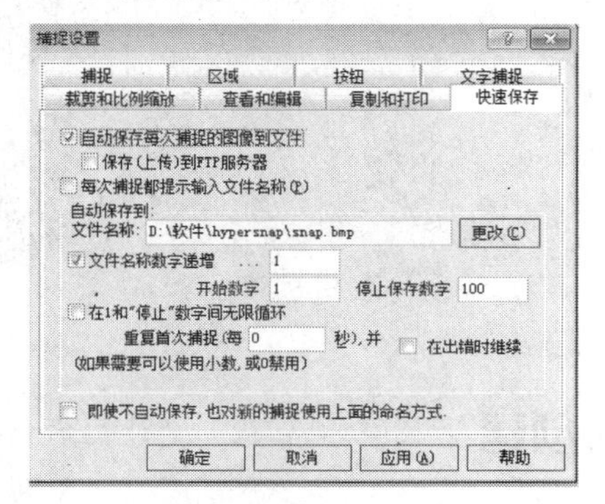

图 7.19　设置图像保存方式

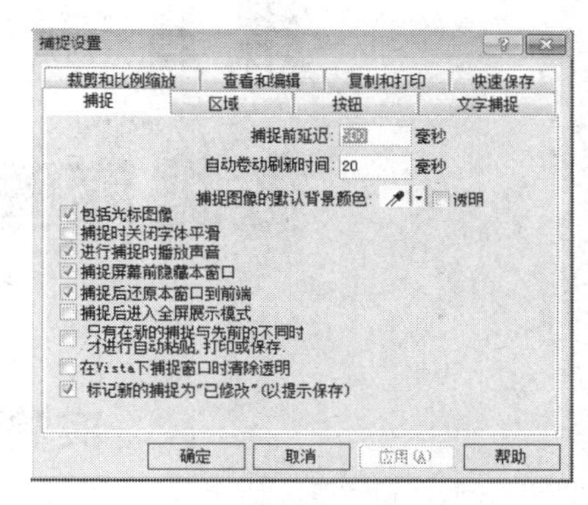

图 7.20　设置光标指针

（4）捕捉媒体播放器中的图像。

使用 HyperSnap-DX 连续捕捉 RealPlayer 播放器中播放的图像，并保存到指定文件夹中，文件名依次为 snap1、snap2…具体操作步骤如下。

① 在 HyperSnap-DX 运行窗口中，单击“捕捉”菜单，执行“捕捉设置”命令，在弹出的“捕捉设置”对话框的“快速保存”选项卡中选中“自动保存每次捕捉的图像到文件”复选框，单击“更改”按钮，选择图片保存文件夹，填入文件名称，选择要保存的图片类型，单击“保存”按钮，如图 7.21 所示。

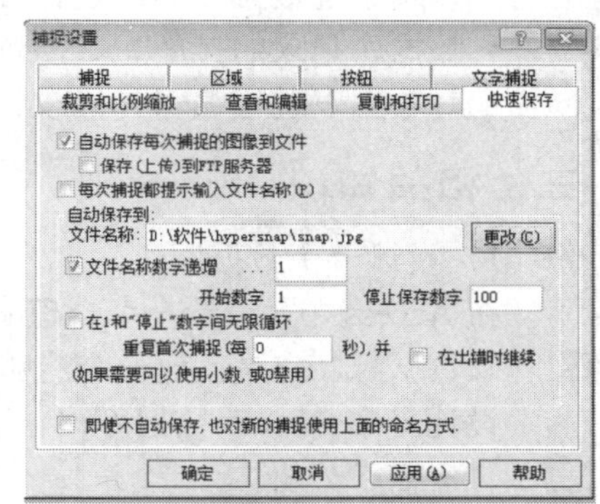

图 7.21　设置保存文件夹

② 单击“捕捉”菜单，执行“启用视频或游戏捕捉”命令，在弹出的“启用视频和游戏捕捉”对话框中选中“视频捕捉（媒体播放器、DVD 等）”和“游戏捕捉”两个复选框，并单击“确定”按钮，如图 7.22 所示。

③ 用 RealPlayer 播放要捕捉的文件。在播放过程中，按下键盘上的<Scroll Lock>键捕捉图像，每按一次该键，就捕捉一幅图片并自动保存到指定文件夹中，如图 7.23 所示。

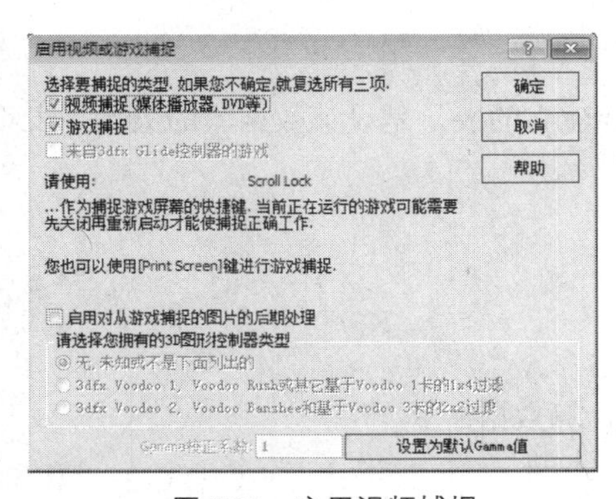

图 7.22　启用视频捕捉

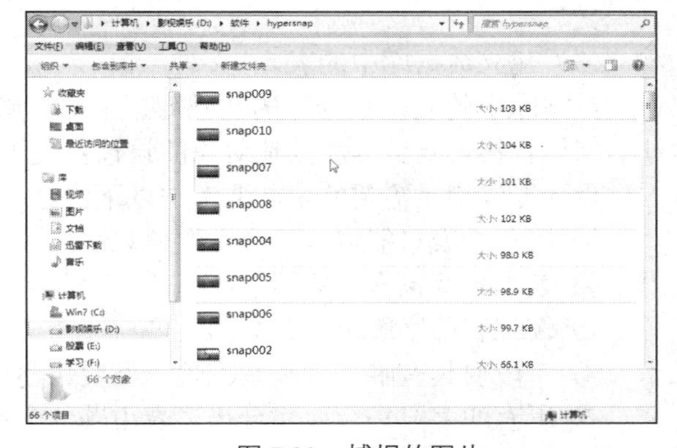

图 7.23　捕捉的图片

五、实验要求

能够熟练使用 HyperSnap-DX 进行各种屏幕抓图操作，并保存图片。

第 8 章
数据库基础

实验一　数据库和表的创建

一、实验学时：2 学时

二、实验目的

- 熟练掌握数据库的创建、打开以及利用窗体查看数据库
- 数据库记录的排序、数据查询
- 对数据表进行编辑、修改、创建字段索引

三、相关知识

1. 设计一个数据库

在 Access 中，设计一个合理的数据库，最主要的是设计合理的表以及表间的关系。作为数据库基础数据源，它是创建一个能够有效地、准确地、快捷地完成数据库具有的所有功能的基础。

设计一个 Access 数据库，一般要经过如下步骤。

（1）需求分析。

需求分析就是对所要解决的实际应用问题做详细的调查，了解所要解决问题的组织机构、业务规则，确定创建数据库的目的，确定数据库要完成哪些操作、数据库要建立哪些对象。

（2）建立数据库。

创建一个空 Access 数据库，对数据库命名时，要使名字尽量体现数据库的内容，要做到“见名知义”。

（3）建立数据库中的表。

数据库中的表是数据库的基础数据来源。确定需要建立的表，是设计数据库的关键，表设计的好坏直接影响数据库其他对象的设计及使用。

设计能够满足需要的表，要考虑以下内容：

① 每一个表只能包含一个主题信息；

② 表中不要包含重复信息；

③ 表拥有的字段个数和数据类型；

④ 字段要具有唯一性和基础性，不要包含推导或计算数据；

⑤ 所有的字段集合要包含描述表主题的全部信息；

⑥ 确定表的主键字段。

（4）确定表间的关联关系。

在多个主题的表间建立表间的关联关系，使数据库中的数据得到充分利用，同时对于复杂的问题，可先化解为简单的问题后再组合，会使解决问题的过程变得容易。

（5）创建其他数据库对象。

设计其查询、报表、窗体、宏、数据访问页、模块等数据库对象。

2．数据库中的对象

在一个 Access 2010 数据库文件中，有 7 个基本对象，它们处理所有数据的保存、检索、显示及更新。这 7 个基本对象类型是：表、查询、窗体、报表、页、宏及模块。

表（Table）是数据库中用来存储数据的对象，它是整个数据库系统的数据源，也是数据库其他对象的基础。Access 2010 的数据表提供一个矩阵，矩阵中的每一行称为一条记录，每一行唯一地定义了一个数据集合，矩阵中的若干列称为字段，字段存放不同的数据类型，具有一些相关的属性。

Access 中的查询包括选择查询、计算查询、参数查询、交叉表查询、操作查询和 SQL 查询。

报表和窗体都是通过界面设计进行数据定制输出的载体。

3．创建数据库

创建数据库，可以使用以下两种方法。

（1）创建空白数据库。

在开始使用 Access 2010 界面时，选择“可用”模板中的“空数据库”，设置好要创建数据库存储的路径和文件名后，即创建了新的数据库。用户可根据自己的需要任意添加和设置数据库对象。设计完成后，保存设置，返回数据表打开视图，即可按设计好的字段添加记录。

（2）使用模板创建数据库。

启动 Access 2010，在“新建”菜单项中可使用“可用模板”和“Office.com 模板”两种模板来创建数据库。“可用模板”是利用本机上的模板来创建，“Office.com 模板”是登录 Microsoft 网站下载模板创建新数据库。

选择“可用模板”中的“样本模板”打开本机 Office 样本模板，再选择所需要的类型，然后在右边的“文件名”文本框中输入自定义的数据库文件名，并单击后面文件夹按钮设置存储位置，然后单击“创建”按钮，系统则按选中的模板自动创建新数据库，数据库文件扩展名为.accdb。

创建完成后，系统进入按模板新创建的数据库主界面。用户只需单击“新建”按钮即可添加记录。

此时，一个包含表、窗体、报表等数据库对象的数据库创建结束。

4．数据库的打开与关闭

（1）数据库的打开。

Access 2010 提供了 3 种方法来打开数据库，一是在数据库存放的路径下找到所需要打开的数据库文件，直接用鼠标双击即可打开；二是在 Access 2010 的“文件”选项卡中单击“打开”命令；三是在最近使用过的文档中快速打开。

（2）数据库的关闭。

完成数据库操作后，便可把数据库关闭，可使用“文件”选项卡中的“关闭数据库”命令，或使用要关闭数据库窗口的“关闭”控制按钮关闭当前数据库。

四、实验范例

1．实验内容

（1）创建“学籍管理”数据库。

“学籍管理”数据库表结构如表 8.1 所示。

表 8.1　　　　　　　　　　　　　“学籍管理”数据库

学　　号	姓　　名	性别	出 生 日 期	班　　级	政 治 面 貌	本学期平均成绩
2012101	赵一民	男	90-9-1	计算机 12-4	团员	89
2012102	王林芳	女	89-1-12	计算机 12-4	团员	67
2012103	夏林	男	88-7-4	计算机 12-4	团员	78
2012104	刘俊	男	89-12-1	计算机 12-4	团员	88
2012105	郭新国	男	90-5-2	计算机 12-4	团员	76
2012106	张玉洁	女	89-11-3	计算机 12-4	团员	63
2012107	魏春花	女	89-9-15	计算机 12-4	团员	74
2012108	包定国	男	90-7-4	计算机 12-4	团员	50
2012109	花朵	女	90-10-2	计算机 12-4	团员	90

（2）删除第 5 个记录，再将其追加进去。

（3）查询数据库中“本学期平均成绩”高于 70 分的学生，并将其“学号”、“姓名”、“本学期平均成绩”打印出来。

（4）将“学籍管理”数据库按平均成绩从高到低重新排列并打印输出，报表显示“学号”、“姓名”、“性别”、“成绩”字段。

2．操作步骤

（1）创建“学籍管理”数据库。

创建空白数据库的方法如下。

① 启动 Access 2010，在“文件”中选择“新建”｜“可用模板”中的“空数据库”，在右侧选择该库文件存放的位置，如“D：\”，确定库名“学籍管理.accdb”，再单击“创建”按钮，如图 8.1 所示。打开“学籍管理”，新创建的空白数据库如图 8.2 所示。

图 8.1　新建“空白数据库”选项

② 右键单击“表 1”，将表改名为“学生档案”，如图 8.3 所示。

③ 在出现的创建数据表结构对话框中创建表结构，选择表设计按钮，定义以下字段：学号，数字型，长度为长整型；姓名，文本型，长度为 10；性别，文本型，长度为 4；出生日期，日期/时间型；班级，文本型，长度为 10；政治面貌，文本型，长度为 8；本期平均成绩，数字型，长度为小数，小数值为 1。建好的数据表结构如图 8.4 所示。关闭该表。

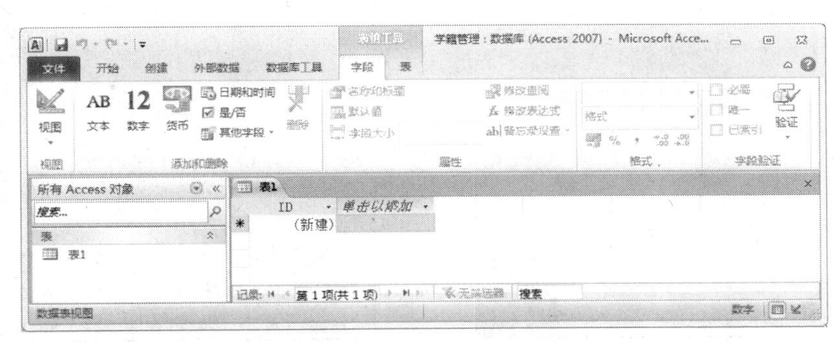

图 8.2　新建数据库窗口

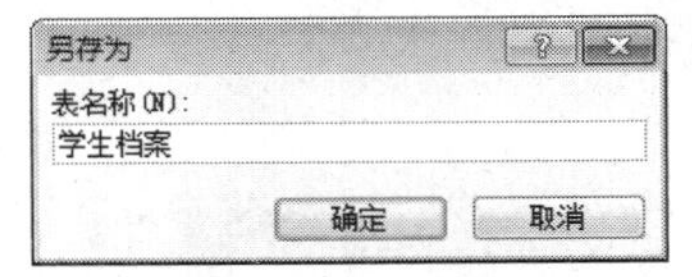

图 8.3　表改名对话框

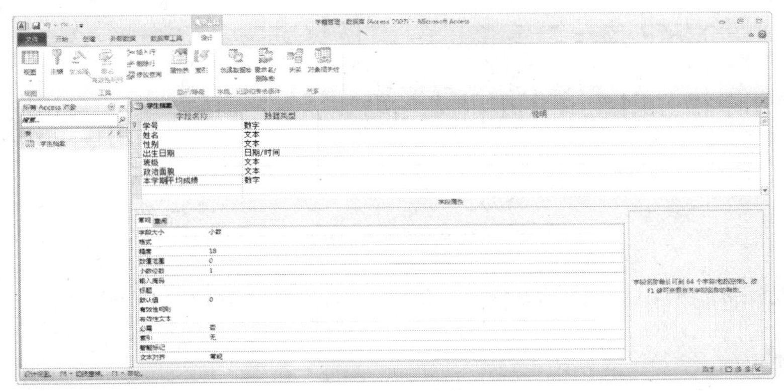

图 8.4　表结构

④ 添加记录。在“学籍管理”数据库窗口中双击“学生档案”数据表，开始录入学生记录，如图 8.5 所示。输完后单击“文件”|“保存”或保存工具保存此数据表，然后关闭数据表和数据库。

（2）删除第 5 个记录，再将其追加进去。

① 重新打开学籍档案表，选择要删除的记录并在其上单击鼠标右键，在弹出的快捷菜单中选择“删除记录”命令，如图 8.6 所示。

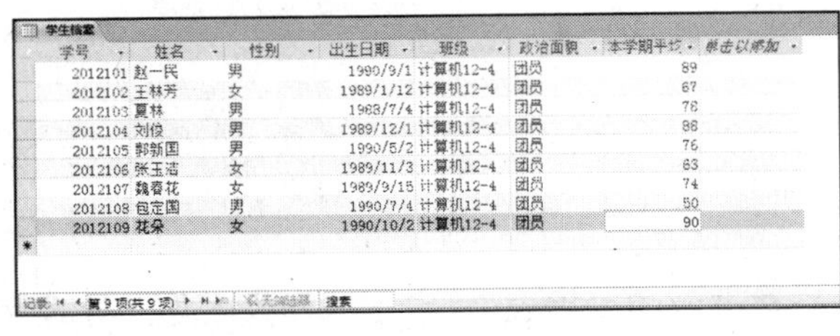

图 8.5　添加记录

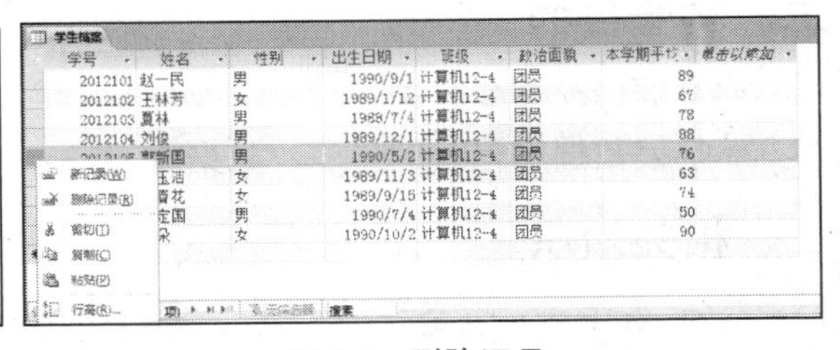

图 8.6　删除记录

② 也可以在表的末尾重新添加上刚才删除的记录，如果还要让其显示在原来的位置，可以在学号所在列单击鼠标右键，选择“升序排列”命令即可。

（3）查询数据库中“本学期平均成绩”高于 70 分的学生。

① 右键单击“本学期平均成绩”，选择“数字筛选器”中“大于...”，如图 8.7 所示。

② 在弹出的窗口中输入“70”，如图 8.8 所示。

③ 单击“确定”按钮即可得到结果，如图 8.9 所示。

（4）将“学籍管理”数据库按平均成绩从高到低重新排列并打印输出，报表显示“学号”、

"姓名"、"性别"和"成绩"字段。

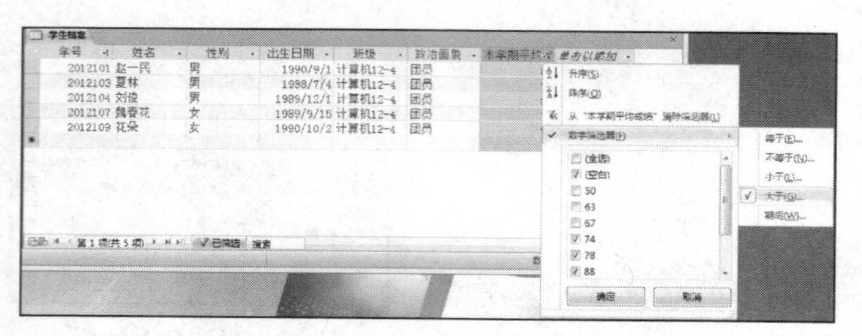

图 8.7 "筛选"对话框

图 8.8 "自定义筛选"对话框

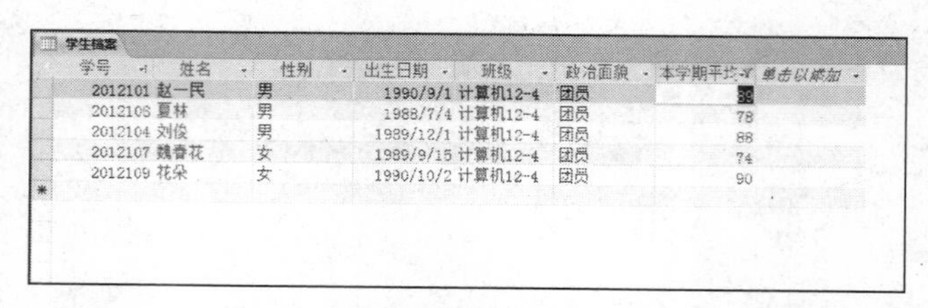

图 8.9 筛选结果

右键单击"本学期平均成绩"右边的三角图标，选择"降序"即可。

五、实验要求

（1）创建一个学生个人信息表，相关信息自由而合理地设计。

（2）创建一个公司通信录，相关信息自由而合理地设计。

实验二 数据表的查询

一、实验学时：2 学时

二、实验目的

- 掌握如何创建查询
- 掌握数据库记录的排序、数据查询

三、相关知识

查询（query）也是一个"表"，是以表为基础数据源的"虚表"。它可以作为表加工处理后的结果，也可以作为数据库其他对象的数据来源。查询是用来从表中检索所需要的数据，以对表中的数据加工的一种重要的数据库对象。查询结果是动态的，以一个表、多个表或查询为基础，创建一个新的数据集是查询的最终结果，而这一结果又可作为其他数据库对象的数据来源。查询不仅可以重组表中的数据，还可以通过计算再生新的数据。

1．查询的种类

在 Access 中，主要有选择查询、参数查询、交叉表查询、动作查询及 SQL 查询。选择查询主要用于浏览、检索、统计数据库中的数据；参数查询是通过运行查询时的参数定义、创建的动态查询结果，以便更多、更方便地查找有用的信息；动作查询主要用于数据库中数据的更新、删除及生成新表，使得数据库中数据的维护更便利；SQL 查询是通过 SQL 语句创建的选择查询、参数查询、数据定义查询及动作查询。

2．怎样获得查询

（1）使用向导创建查询。

（2）使用设计器创建查询。

四、实验范例

1．实验内容

（1）创建“学籍管理”数据库，其表结构如实验一中的表 8.1 所示。

（2）创建“学籍管理”的查询。

2．操作步骤

使用向导创建查询的操作步骤如下。

① 打开要创建查询的数据库文件，选择“创建”选项卡。

② 通过“创建”选项卡“查询”功能区的“查询向导”命令按钮，单击后弹出如图 8.10 所示的“新建查询”对话框。

③ 在打开的“新建查询”对话框中，选择一种类型，一般选择“简单查询向导”选项，单击“确定”按钮。以下是创建“简单查询向导”的步骤。

④ 在弹出如图 8.11 所示的“简单查询向导”对话框中，单击 >> 按钮将“可用字段”列表框中显示的表中的所有字段添加到“选定字段”列表框中，也可以选中某个可用字段，单击 > 按钮添加到“选定字段”列表框中。

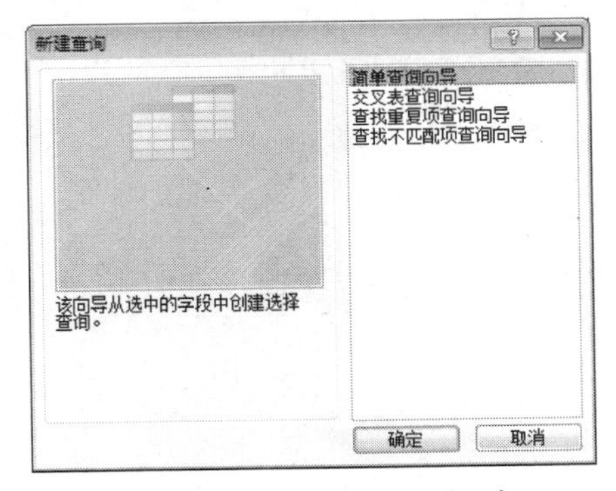

图 8.10　“新建查询”对话框

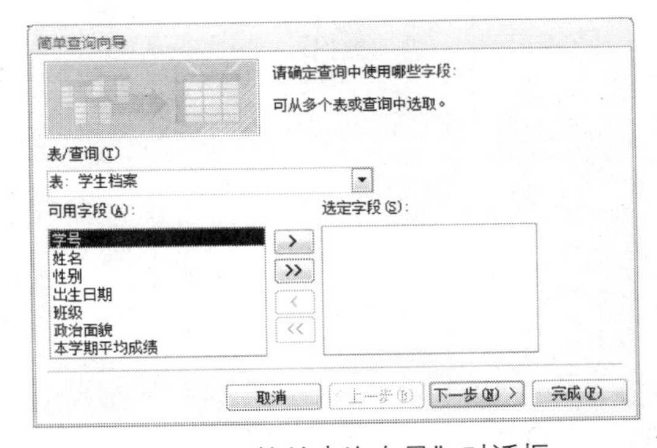

图 8.11　“简单查询向导”对话框

⑤ 完成后，单击“下一步”按钮，弹出如图 8.12 所示的提示框。

⑥ 选择默认状态下的“明细”单选钮，单击“下一步”按钮；若选择“汇总”单选钮，单击“汇总选项”按钮，选择需要计算的汇总值，单击“确定”按钮，再单击“下一步”按钮。在“请为查询指定标题”文本框中输入标题，单击“完成”按钮就完成了创建。

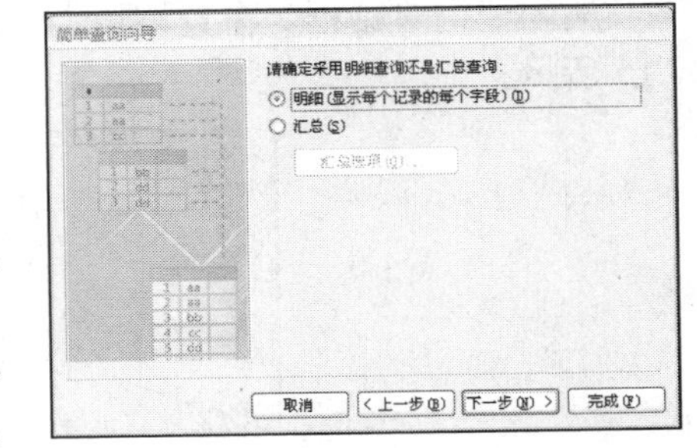

图 8.12　选择提示框

使用设计器创建查询操作步骤如下。

① 打开要创建查询的数据库文件，选择“创建”选项卡，在“查询”栏中选择“查询设计”按钮，弹出“显示表”对话框。

② 在对话框中选择要创建查询的表，分别单击“添加”按钮，添加到“查询 1”选项卡的文档编辑区中，单击“关闭”按钮。

③ 在表中分别选中需要的字段，依次拖动到下面设计器中的“字段”行中，添加完字段后，在“表”行中自动显示该字段所在的表名称，如图 8.13 所示。

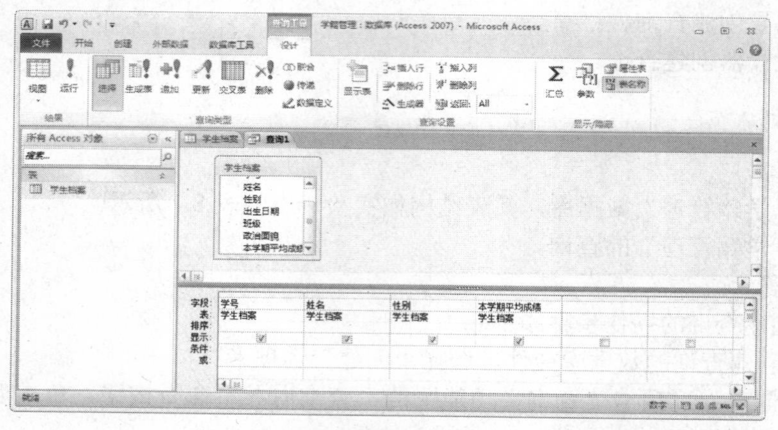

图 8.13　选择需要的字段到设计器中

④ 在弹出的查询页中输入查询条件显示的字段及查询条件，条件为“性别=女”和“成绩>70”，如图 8.14 所示。

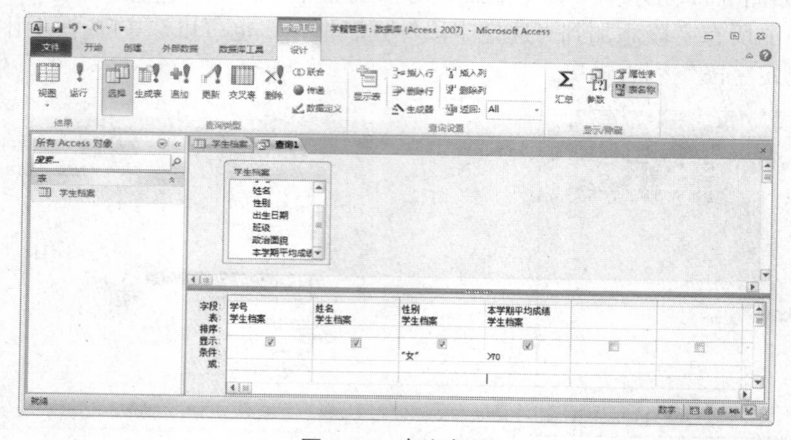

图 8.14　查询条件

⑤ 右键单击“查询 1”选项卡，在弹出的下拉菜单中选择“保存”命令，弹出“另存为”对话框，在对话框中的“查询名称”文本框中输入名称，如“成绩查询”，单击“确定”按钮，则建立了一个成绩查询表。

关闭查询对话框。在查询页上可以看到已经保存的“成绩查询”，双击看到查询结果，如图 7.15 所示。

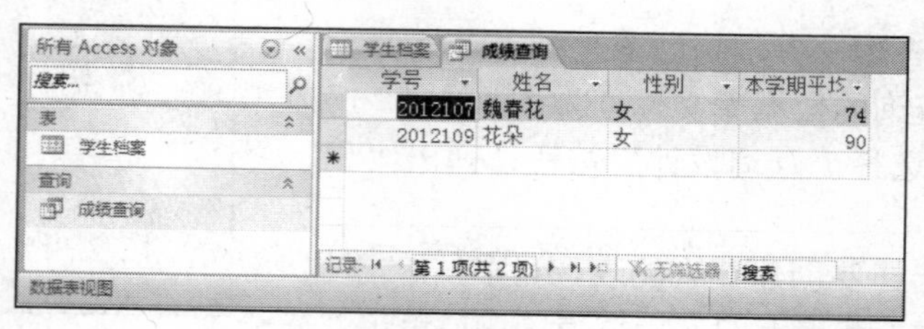

图 8.15　查询结果

五、实验要求

（1）创建一个学生个人信息表，建立对该表的相关查询。

（2）建立对一个公司通信录的相关查询。

实验三　窗体与报表的操作

一、实验学时：2 学时

二、实验目的

- 掌握如何创建窗体和报表
- 熟练掌握对窗体和报表的操作

三、相关知识

1．窗体

窗体是 Access 数据库应用系统中最重要的一种数据库对象，它是用户对数据库中数据进行操作最理想的工作界面，为数据的输入、修改和查看提供了一种灵活简便的方法。可以使用窗体来控制对数据的访问，如显示哪些字段或数据行。也可以说，因为有了窗体这一数据库对象，用户在对数据库操作时，界面形式美观、内容丰富，特别是对备注型字段数据的输入、OLE 字段数据的浏览更方便、快捷，窗体背景与前景内容的设置会给用户提供一个非常有亲和力的数据库操作环境，使得数据库应用系统的操纵、控制尽在“窗体”中。

窗体作为 Access 数据库的重要组成部分，起着联系数据库与用户的桥梁作用。以窗体作为输入界面时，它可以接收用户的输入，判定其有效性、合理性，并具有一定的响应消息执行的功能。以窗体作为输出界面时，它可以输出一些记录集中的文字、图形图像，还可以播放声音、视频动画，实现数据库中的多媒体数据处理。

新建窗体通过“创建”选项卡中的“窗体”功能区来完成。创建窗体的方法有以下几种：

（1）快速创建窗体；

（2）通过窗体向导创建窗体；

（3）创建分割窗体；

（4）创建多记录窗体；

（5）创建空白窗体；

（6）在设计图中创建窗体。

对窗体的操作包括以下两种：

（1）控件操作；

（2）记录操作。

2．报表

报表（report）是数据库中数据输出的另一种形式。它不仅可以将数据库中的数据分析、处理的结果通过打印机输出，还可以对要输出的数据完成分类小计、分组汇总等操作。在数据库管理系统中，使用报表会使数据处理的结果多样化。报表也是 Access 2010 中的重要组成部分，是以打印格式显示数据的可视性表格类型，可以通过它控制每个对象的显示方式和大小。

创建报表的方法如下：

（1）快速创建报表；

（2）创建空报表；

（3）通过向导创建报表。

四、实验范例

1．窗体的创建

（1）快速创建窗体。

快速创建窗体的方法为：打开要创建窗体的数据库文件，选择“创建”选项卡，在“窗体”栏中选择“窗体”按钮即可。

（2）通过窗体向导创建窗体。

在向导的提示下，根据用户选择的数据源表或查询、字段、窗体的布局、样式自动创建窗体。通过窗体向导可以创建出更为专业的窗体，创建方法如下。

① 打开要创建窗体的数据库文件，选择“创建”选项卡，单击“窗体”栏中的“窗体向导”按钮。

② 在打开的“窗体向导”对话框中，在“可用字段”框中选择需要的字段，单击右箭头按钮；如果选择全部可用字段，单击双右箭头按钮。将选中的可用字段添加到“选定字段”列表框中，弹出如图 8.16 所示的对话框。

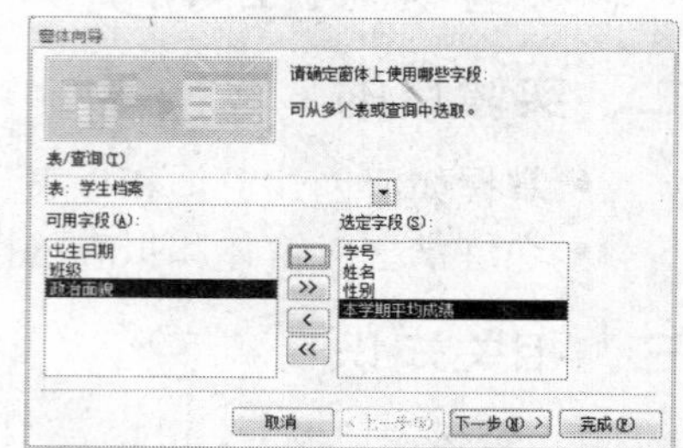

图 8.16　“窗体向导”对话框

③ 单击“下一步”按钮，在对话框中选择合适的布局，如“纵栏表”布局，单击“下一步”按钮，弹出如图 8.17 所示的对话框。在对话框中选择合适的样式，单击“下一步”按钮，在弹出的对话框中输入标题，单击“完成”按钮即可。

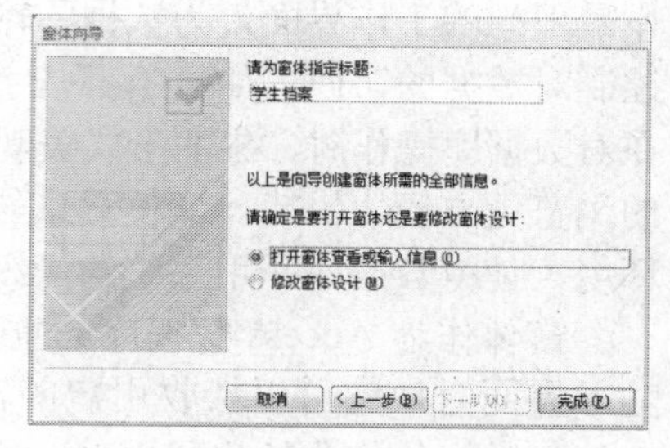

图 8.17　“窗体向导”对话框

（3）创建分割窗体。

分割窗体是 Access 2010 中的新增功能，其特点是可以同时显示数据的两种视图，即窗体视图和数据表视图。创建分割窗体方法如下。

① 打开要创建窗体的数据库文件，选择“创建”选项卡，单击“窗体”栏中“其他窗体”中的“分割窗体”按钮。

② 系统自动创建出包含源数据所有字段的窗体，并以窗体和数据两种视图显示窗体，如图 8.18 所示。

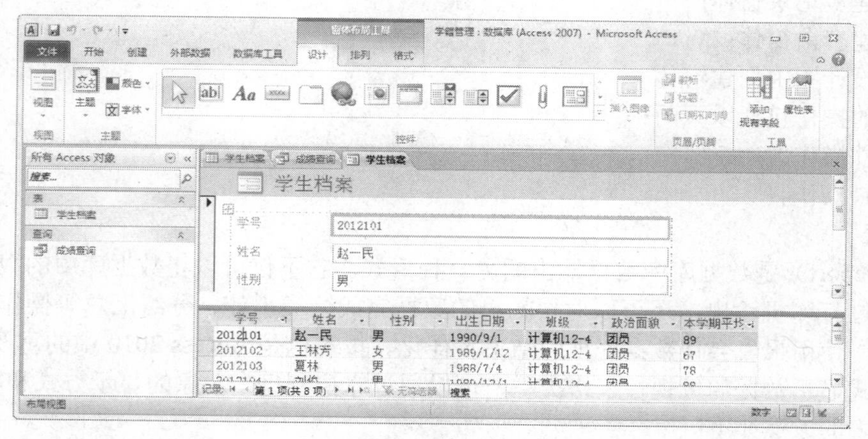

图 8.18　创建的分割窗体

（4）创建多记录窗体。

普通窗体中一次只显示一条记录，但是如果需要一个可以显示多个记录的窗体，就可以使用多项目工具创建多记录窗体，方法如下。

① 打开要创建窗体的数据库文件，选择“创建”选项卡，单击“窗体”栏中“其他窗体”中的“多个项目”按钮。

② 系统将自动创建出同时显示多条记录的窗体，如图 8.19 所示。

学生档案

学号	姓名	性别	出生日期	班级	政治面貌	本学期平均成绩
2012101	赵一民	男	1990/9/1	计算机12-4	团员	89
2012102	王林芳	女	1989/1/12	计算机12-4	团员	67
2012103	夏林	男	1988/7/4	计算机12-4	团员	78
2012104	刘俊	男	1989/12/1	计算机12-4	团员	88
2012106	张玉洁	女	1989/11/3	计算机11-4	团员	63
2012107	魏春花	女	1989/9/15	计算机12-4	团员	74
2012108	包定国	男	1990/7/4	计算机12-4	团员	50

图 8.19　创建的多记录窗体

（5）创建空白窗体。

创建空白窗体的方法如下。

① 打开要创建窗体的数据库文件，选择“创建”选项卡，单击“窗体”栏中的“空白窗体”按钮，创建出如图 8.20 所示的空白窗体。

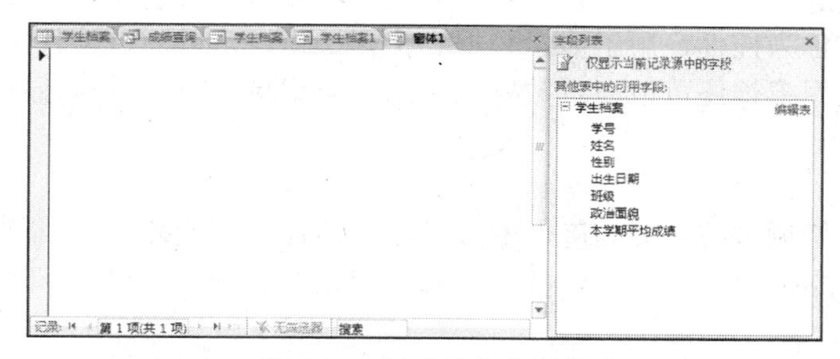

图 8.20　创建的空白窗体

② 在窗口右侧显示的“字段列表”窗口中的“其他表中的可用字段”的列表中选择需要的字段。按住鼠标左键不放，将选择的字段拖动到空白窗体中将鼠标释放。添加完需要的字段后显示结果如图 8.21 所示。

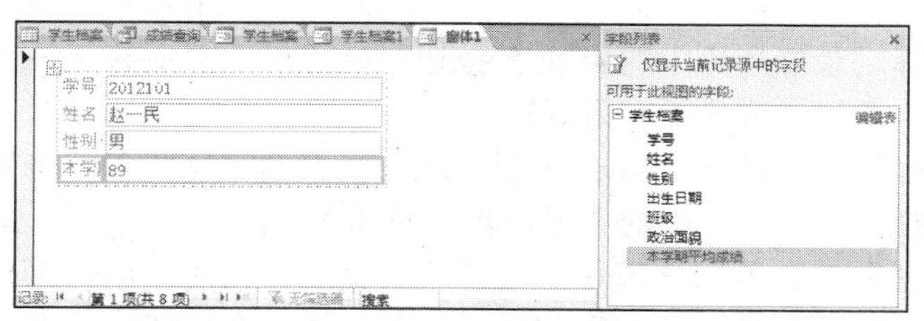

图 8.21　添加完字段的空白窗体

（6）在设计图中创建窗体。

在设计图中可以对窗体内容的布局等进行调整，而且可以添加窗体的页眉和页脚等部分。

创建方法如下。

① 打开要创建窗体的数据库文件，选择“创建”选项卡，单击“窗体”栏中的“窗体设计”按钮，弹出如图 8.22 所示的带有网格线的空白窗体。

② 在窗体的右侧出现了“字段列表”窗格，在“其他表中的可用字段”列表框中选择需要的字段。将字段拖动到窗体中合适的位置，释放鼠标即可，如图 8.23 所示。

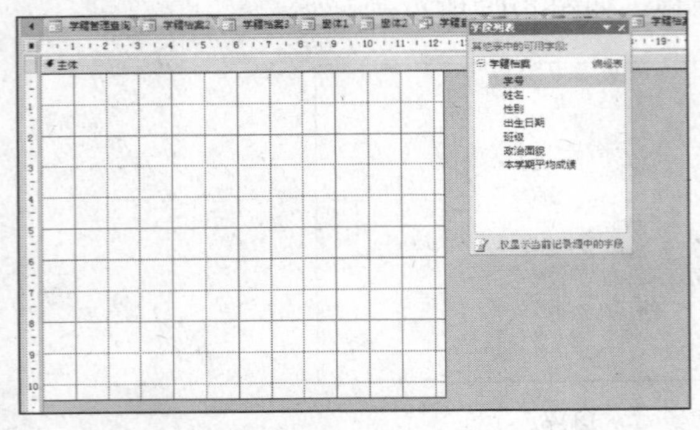

图 8.22 在“设计视图”中创建的窗体

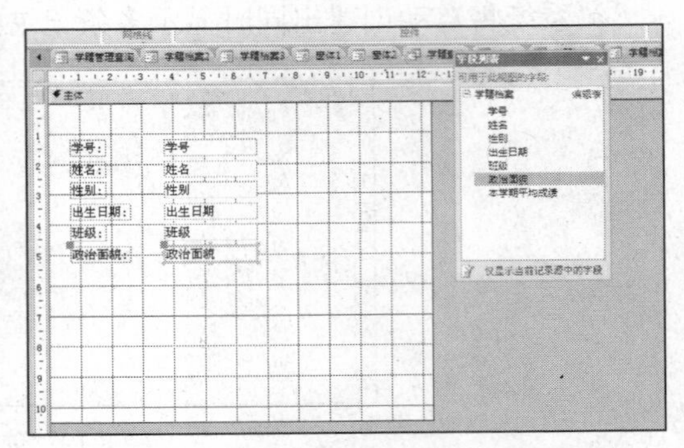

图 8.23 把需要字段拖动到窗体中

③ 当把需要的字段都放到窗体后，单击界面右下方视图栏中的“窗体视图”按钮，就可以查看窗体中的内容了。

（7）对窗体的操作。

用户可以对窗体进行操作，主要是指对控件的操作和对记录的操作。在窗体中的文本框、图像及标签等对象被称为控件，用于显示数据和执行操作，可以通过控件来查看信息和调整窗体中信息的布局。利用窗体还可以查看数据源中的任何记录，也可以对数据源中的记录进行插入、修改等操作。

① 控件操作。

控件操作主要包括调整控件的高度、宽度，添加控件、删除控件等。这些操作可以通过单击界面右下方视图栏中的“布局视图”按钮在布局视图中进行，还可以单击“设计视图”按钮在设计视图中进行。

② 记录操作。

记录操作主要包括浏览记录、插入记录、修改记录、复制及删除记录等，通过这些操作就可以对数据源中的信息进行查看和编辑，这些操作通过窗体下方的记录选择器来完成，如图 8.24 所示。

记录: ◂◂ ◂ 第 2 项(共 10 项 ▸ ▸▸ ▸✱ | 无筛选器 | 搜索

图 8.24 记录选择器

- 浏览记录：选择记录选择器中的◂或▸按钮，就可以查看所有记录；选择◂◂或▸▸按钮，就可以查看第一条记录或最后一条记录。
- 插入记录：选择记录选择器中的▸✱按钮，就会在表的末尾插入一个空白的新记录。
- 修改记录：选择文本框控件中的数据，输入新的内容。
- 复制记录：选择窗体左侧的▸按钮，选择需要复制的记录，单击鼠标右键，在弹出的快捷菜单中选择“复制”命令；切换到目标记录，还是在窗体左侧右键单击，在弹出的快捷菜单中选择“粘贴”命令。这样，源记录中每个控件的值都被复制到目标记录的对应控件中。
- 删除记录：选择窗体左侧的▸按钮，选择要删除的整条记录，按“Delete”键或者单击“开始”选项卡中“记录”栏中的“删除”按钮。

2．报表

创建报表的方法如下。

（1）快速创建报表。

选择要用于创建报表的数据库文件，选择“创建”选项卡，单击“报表”栏中的“报表”按钮，系统就会自动创建出报表。

（2）创建空报表。

创建空报表方法很简单，具体如下。

① 打开要创建报表的数据库文件，选择“创建”选项卡，单击“报表”栏中的“空报表”按钮。

② 系统创建出没有任何内容的空报表，可以按照在空白窗体中添加字段的方法为其添加字段，如图 8.25 所示。

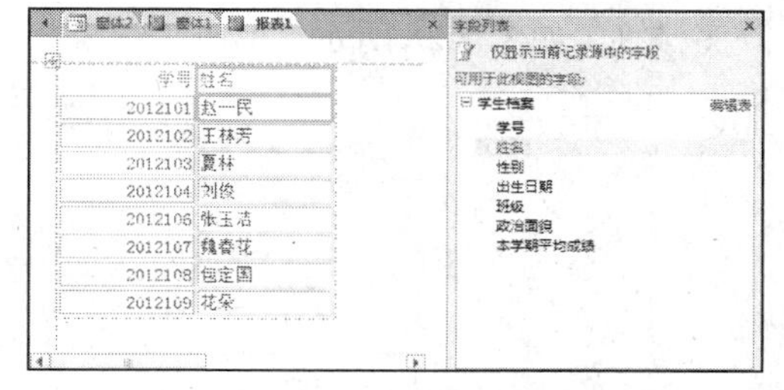

图 8.25　添加了两个字段的报表

（3）通过向导创建报表。

通过向导创建报表的方法如下。

① 打开要创建报表的数据库文件，选择“创建”选项卡，单击“报表”栏中的“报表向导”按钮。

② 在弹出的“报表向导”对话框中，在“可用字段”中选择需要的字段添加到“选定字段”中，单击“下一步”按钮，打开如图 8.26 所示的对话框。

③ 左侧的列表框中选择字段，单击 > 按钮将其添加到右侧的列表框中，这样，选择的字段就出现在右侧列表框中的最上面，如图 8.27 所示。

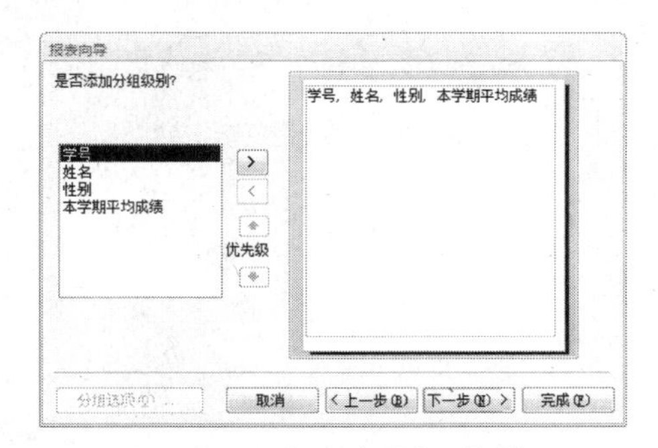

图 8.26　“报表向导”对话框

图 8.27　“是否添加分组级别”对话框

④ 单击“下一步”按钮，打开“选择排序字段”对话框。

⑤ 在打开的对话框中选择合适的布局方式和方向，单击“下一步”按钮。

⑥ 在打开的“请确定报表的布局方式”对话框中选择合适的样式，单击“下一步”按钮。在打开的“请为报表指定标题”对话框中输入文本，单击“完成”按钮，完成报表的创建。

（4）在设计视图中创建报表。

在设计视图中创建报表的方法如下。

① 打开要创建报表的数据库文件，选择“创建”选项卡，单击“报表”栏中的“报表设计”按钮，系统就会创建出带有网格线的窗体。

② 在窗体右侧出现“字段列表”窗格，从“字段列表”窗格中把需要的字段拖动到带有网格线的报表中。

③ 添加完后，单击视图栏中的“报表视图”按钮，切换到报表视图中就可以查看报表。

五、实验要求

（1）创建“学籍管理”数据库，其表结构如实验一中的表 8.1 所示。

（2）对学籍管理数据库创建窗体：任选上述方法中的一种来创建窗体。

（3）对学籍管理数据库创建合适的报表，在报表向导对话框中将要显示的“学号”、“姓名”、“性别”、“成绩”选中后单击两次“下一步”按钮后，在所处对话框中选择按“本学期平均成绩”降序排列，如图 8.28 所示，单击“完成”后即可显示出报表结果。将该报表保存，并可打印输出。

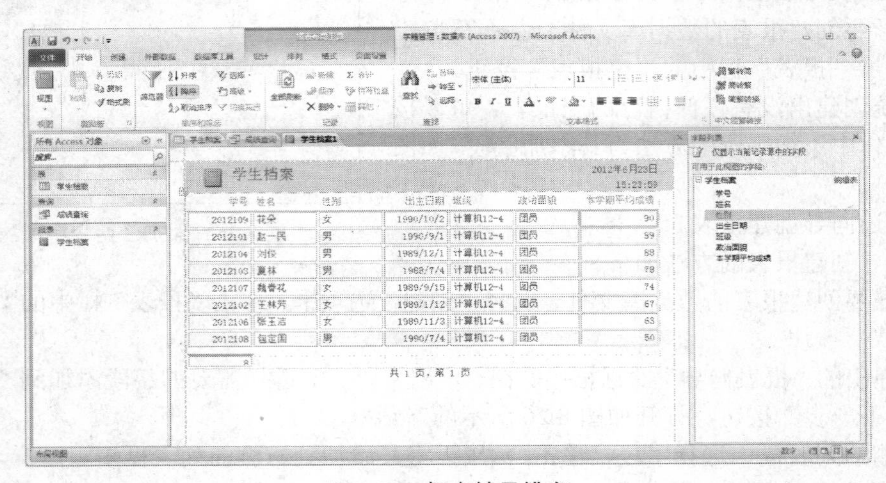

图 8.28　报表结果排序

第 9 章

程序设计基础

实验一　Visual Basic 6.0 程序设计初步

一、实验学时：2 学时

二、实验目的

- 学会使用 Visual Basic 6.0 的开发环境
- 掌握如何建立、编辑、运行一个简单的 Visual Basic 应用程序的全过程
- 掌握变量的概念及使用
- 掌握并理解各种控件的使用环境，并能够熟练设置控件的各种属性
- 通过程序实践结合课堂例子，理解类、对象的概念，掌握属性、事件、方法的应用

三、相关知识

Visual Basic 采用的是事件驱动的编程机制，即对各个对象需要响应的事件分别编写出程序代码。这些事件可以是用户鼠标和键盘的操作，也可以是系统内部通过时钟计时产生，甚至由程序运行或窗口操作触发产生，因此，它们产生的次序是无法事先预测的。所以在编写 Visual Basic 事件过程时，没有先后关系，不必像传统的面向过程的应用程序那样，要考虑对整个程序运行过程的控制。完成应用程序的设计后，在其中增加或减少一些对象不会对整个程序的结构造成影响。例如，在一个窗体中增加或删除一个控件对象，对整个窗体的运行不会带来影响。

由于 Visual Basic 应用程序的运行是事件驱动模式，是通过执行响应不同事件的程序代码进行运行的，因此，就每个事件过程的程序代码来说，一般比较短小简单，调试维护也比较容易。

用 Visual Basic 6.0 进行开发应用程序的基本步骤如下。

（1）建立用户界面。

（2）设置属性。

（3）对象事件过程编写代码。

进入代码窗口方法有以下几种：

① 双击当前窗体（或某一控件）；

② 单击工程窗口的“查看代码”按钮；

③ 选择“视图”菜单中的“代码窗口”命令。

（4）保存和运行程序。

四、实验范例

用 Visual Basic 6.0 设计一个简单的用户登录界面，如图 9.1 所示。编写相应的代码，能够进行用户名和密码的录入，并进行程序的保存、装入和运行。

实验步骤如下。

（1）启动 Visual Basic 6.0。选择“开始”|“程序”|“Microsoft Visual Basic 6.0 中文版”|“Microsoft Visual Basic 6.0”启动 Visual Basic，即可进入到 Visual Basic 集成开发环境的界面。

（2）在 form1 中画出登录窗口：两个标签 Lable1、Lable2，两个文本框 Text1、Text2 和两个命令按钮 Command1、Command2。

（3）设置 6 个控件的属性如表 9.1 所示。

（4）编写两个命令按钮 Command1 和 Command2 的 click 事件的代码如下：

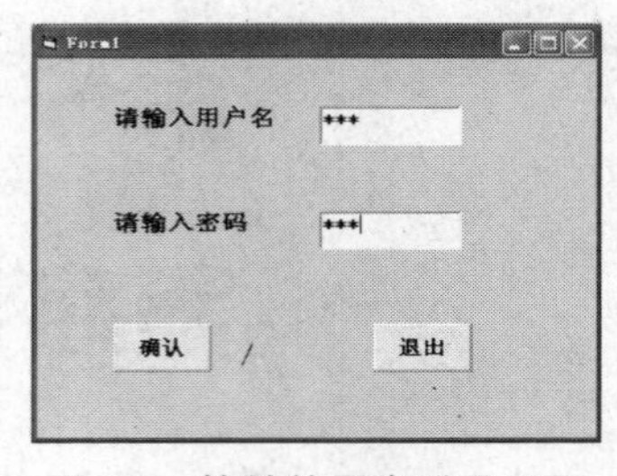

图 9.1　简单的用户登录界面

```
Private Sub Command1_Click()
    If Text1.Text = "ABC" And Text2.Text = "123" Then
        MsgBox "欢迎使用本系统！"
    Else
        MsgBox "输入错误！请重新输入！"
        Text1.Text = ""
        Text2.Text = ""
        Text1.SetFocus
    End If
End Sub
Private Sub Command2_Click()
    End
End Sub
```

表 9.1　控件属性设置

控　件	属　性	值
Label1	caption	请输入用户名：
	font	宋体，粗体，小四
	autosize	true
	BackStyle	0-transparent
Label2	caption	请输入密码：
	font	宋体，粗体，小四
	autosize	true
	BackStyle	0-transparent
Text1	text	空
	font	宋体，粗体，小四
Text2	text	空
	Font	宋体，粗体，小四
Command1	caption	确认
	font	宋体，粗体，小四
Command2	caption	取消
	font	宋体，粗体，小四

（5）保存程序。选择“文件”菜单中的“保存”命令（或单击工具栏上的“保存工程”按钮）。

保存完所有的窗体文件和标准模块文件后，显示“工程另存为”对话框，在该对话框中输入工程文件名。单击“保存”按钮或按回车键。

（6）装入程序。选择“文件”菜单中的“打开工程”命令，显示“打开工程”对话框，单击该对话框中的“最新”（或现存）选项卡。找到要打开的工程文件后，双击该文件。Visual Basic 就将文件装入内存，此时在工程资源管理器窗口中显示出当前程序的工程名和窗体名。

在工程资源管理器窗口选择窗体名字，单击窗口中的“查看对象”按钮，将显示窗体窗口；如果单击“查看代码”按钮，则显示程序代码窗口。

（7）运行程序。从菜单栏中选择“运行”菜单的“启动”命令，或按<F5>键，或者从工具栏中选择“启动”图标，均可开始程序的运行。

如果想终止程序的运行，可从菜单栏中选择“运行”菜单的“结束”命令，或从工具栏中选择“结束”图标。

五、实验要求

（1）熟悉 Visual Basic 开发环境的标题栏、菜单栏、工具栏、窗体窗口、属性窗口、工程资源管理器窗口、代码窗口、立即窗口、窗体布局窗口、工具箱窗口的位置以及用法。

（2）能够进行建立用户界面对象并进行对象属性的设置。

（3）能够进行变量的定义。

（4）能够对对象事件编程，并进行程序的保存和运行。

（5）能够运用 Visual Basic 6.0 进行程序开发，实现下述功能。

创建一个工程，在窗体 Form 上画一个文本框 Text1 和两个命令按钮 C1、C2，把两个命令按钮的标题分别设置为“隐藏文本框”和“显示文本框”，并在文本框中显示“VB 程序设计”（字体大小为 16）。

实验二　程序设计基础

一、实验学时：4 学时

二、实验目的

- 了解程序设计过程
- 熟悉 3 种基本程序结构
- 使用 Visual Basic 6.0 编译环境进行程序设计

三、相关知识

结构化程序设计提出了顺序结构、选择（分支）结构和循环结构 3 种基本程序结构。一个程序无论大小都可以由 3 种基本结构搭建而成。

1．顺序结构

顺序结构要求程序中的各个操作按照它们出现的先后顺序执行。这种结构的特点是：程序从入口点开始，按顺序执行所有操作，直到出口点处。顺序结构是一种简单的程序设计结构，它是最基本、最常用的结构，是任何从简单到复杂的程序的主体基本结构。

2．选择结构

选择结构（也叫分支结构）是指程序的处理步骤出现了分支，它需要根据某一特定的条件选择其中的一个分支执行。它包括两路分支选择结构和多路分支选择结构。其特点是：根据所给定的选择条件的真（分支条件成立，常用 Y 或 True 表示）与假（分支条件不成立，常用 N 或 False 表示），来决定从不同的分支中执行某一分支的相应操作，并且任何情况下都有“无论分支多寡，必择其一；纵然分支众多，仅选其一”的特性。

选择结构语句有两种：if 结构条件语句和 select 语句。

3．循环结构

所谓循环，是指一个客观事物在其发展过程中，从某一环节开始有规律地反复经历相似的若干环节的现象。循环的各子环节具有“同处同构”的性质，即它们“出现位置相同，构造本质相同”。程序设计中的循环，是指在程序设计中，从某处开始有规律地反复执行某一操作块（或程序块）的现象，并称重复执行的该操作块（或程序块）为它的循环体。

循环语句可以分为 3 种：“当”型循环语句、“直到”型循环语句和“步长”型循环语句。

四、实验范例

1．顺序结构

给定春、夏、秋、冬四幅图片，制作一个用户界面，界面由一个图片框和 4 个按钮——春、夏、秋、冬构成，如图 9.2 所示。在按下 4 个按钮中的任何一个的时候能够在图片框中显示出对应的季节图片，如图 9.3 所示。

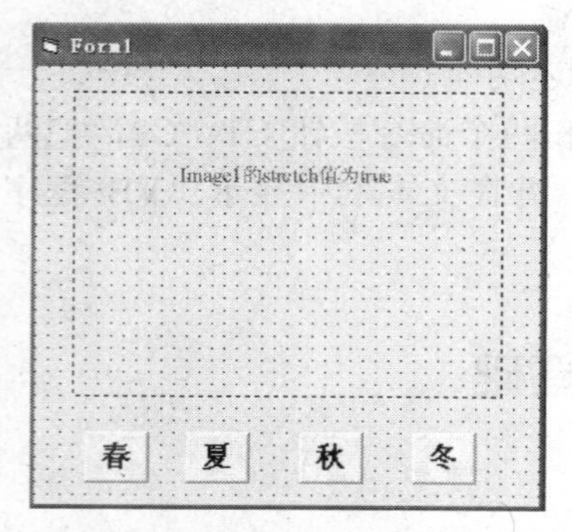

图 9.2 form 窗口的组成图

图 9.3 运行界面图

4 个按钮的 click 事件的程序代码参考如下：

```
Private Sub Command1_Click()
  Image1.Picture = LoadPicture("H:\VB\图片\春.jpg")
End Sub
Private Sub Command2_Click()
    Image1.Picture = LoadPicture("H:\VB\图片\夏.jpg")
End Sub
Private Sub Command3_Click()
     Image1.Picture = LoadPicture("H:\VB\图片\秋.jpg")
End Sub
Private Sub Command4_Click()
     Image1.Picture = LoadPicture("H:\VB\图片\冬.jpg")
End Sub
```

2．选择结构（一）——if 语句

输入 3 个数 a、b、c，输出三者之中的最大者。

用户设计一个由两个按钮（开始、退出）构成的Form窗口，如图9.4所示。

运行后，当用户按下开始键的时候，屏幕弹出窗口，要求用户依次输入3个数字，并在输入完成后在原有窗口显示用户输入的3个数字及3个数字的最大值。运行界面如图9.5所示。

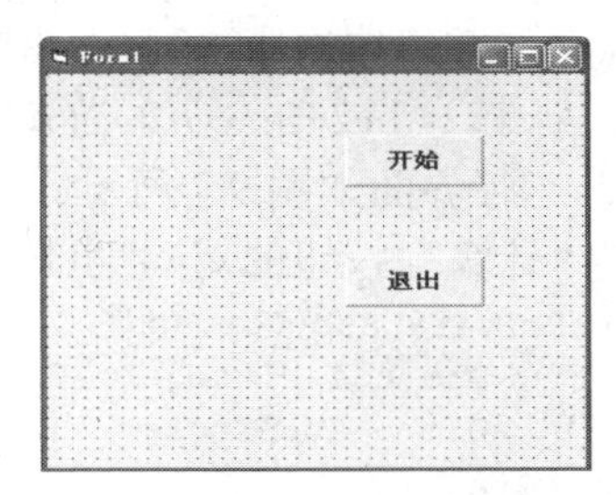

图9.4　form窗口的组成图

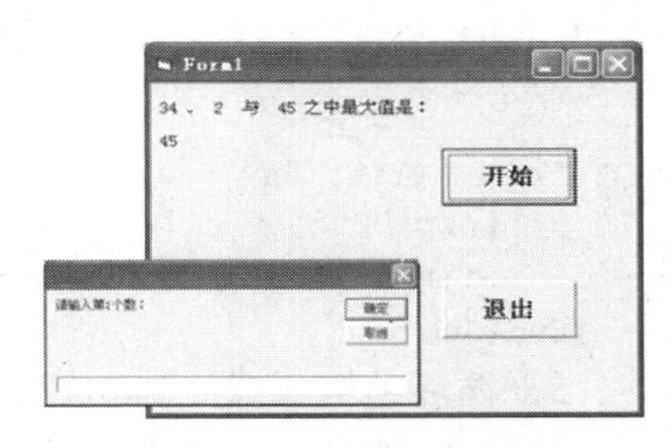

图9.5　运行界面图

两个按钮的click事件的程序代码参考如下：

```
Private Sub Command1_Click()
   Dim m!, n!, p!, max!
   m = Val(InputBox("请输入第 1 个数："))
   n = Val(InputBox("请输入第 2 个数："))
   p = Val(InputBox("请输入第 3 个数："))
   max = m
   If n > max Then max = n
   If p > max Then max = p
   Print
   Print m; "、"; n; " 与 "; p; "之中最大值是："
   Print
   Print max
End Sub

Private Sub Command2_Click()
   Image1.Picture = LoadPicture("H:\VB\图片\冬.jpg")
End Sub
```

3．选择结构（二）——select语句

从键盘上输入一个0～6的整数，然后在窗体中显示用中文表示的星期几。如果输入0，显示“星期日”；输入1，显示“星期一”等。运行界面如图9.6所示。

程序代码参考如下：

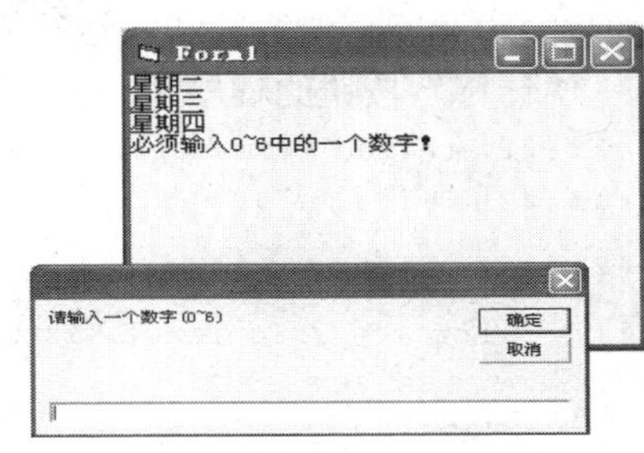

图9.6　运行界面图

```
Private Sub Form_Click()
    Dim var
    var = InputBox("请输入一个数字(0～6)")
    If var <> "" Then
        Select Case Val(var)
            Case 0
                Print "星期日"
            Case 1
                Print "星期一"
            Case 2
                Print "星期二"
            Case 3
                Print "星期三"
            Case 4
                Print "星期四"
            Case 5
                Print "星期五"
            Case 6
                Print "星期六"
            Case Else
                Print "必须输入 0～6 中的一个数字！"
        End Select
```

```
    End If
End Sub
```

4．循环结构（一）——“直到”型循环

计算 s=1+2+3…+n，当 n 等于几的时候，s 超过 10。

运行界面如图 9.7 所示。

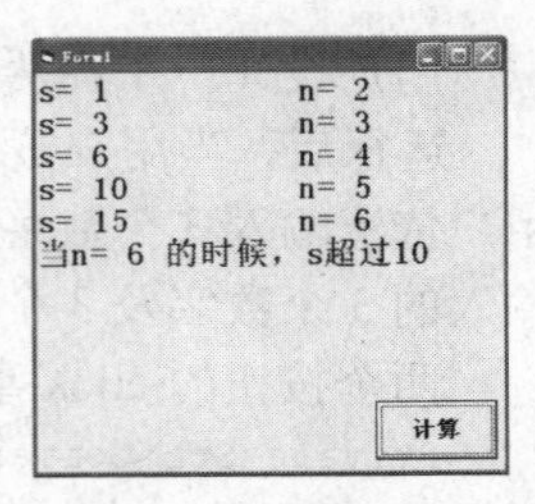

图 9.7 运行界面图

“计算”按钮的 click 事件的程序代码参考如下：

```
Private Sub Command1_Click()
    Dim n As Integer
    Dim s As Single
    n = 1
    s = 0
    Do
        s = s + n
        n = n + 1
        Print "s="; s, "n="; n
    Loop Until s > 10
    Print "当n="; n; "的时候，s超过10"
End Sub
```

5．循环结构（二）——步长型循环

计算 1～N 的奇、偶数之和。

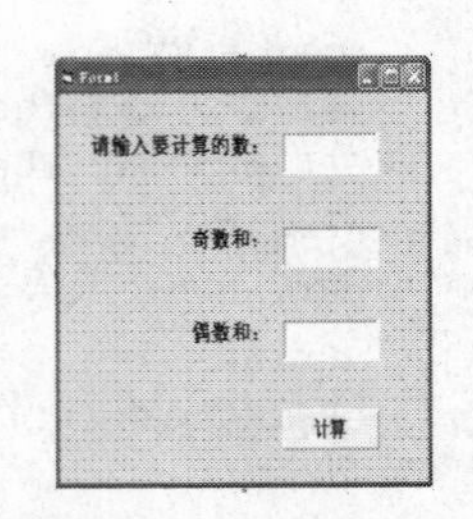

图 9.8 form 窗口的组成图

设计一个由 3 个 Lable 框（“请输入要计算的数”、“奇数和”、“偶数和”）、3 个 Text 框和一个命令按钮（“计算”）构成的 Form 窗口，如图 9.8 所示。运行后，允许用户向“请输入要计算的数”后的 Text 框输入要计算的最大的整数 N，单击“计算”按钮后，在“奇数和”和“偶数和”后的 Text 框中分别显示出 1～用户输入的 N 之间的所有奇数的和及所有偶数的和。运行界面如图 9.9 所示。

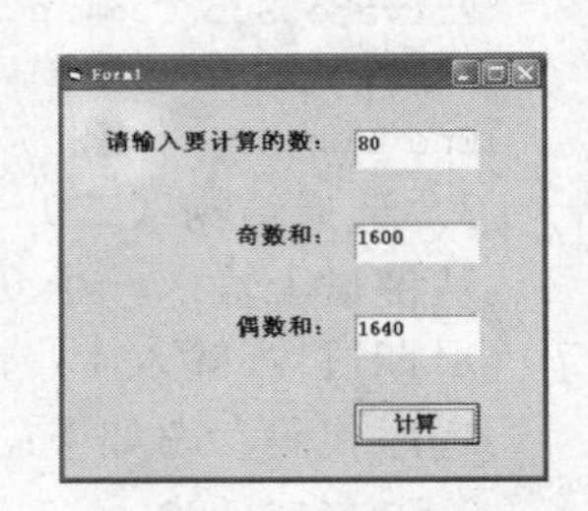

图 9.9 运行界面图

“计算”按钮的程序代码参考如下：

```
Private Sub Command1_Click()
    Dim i%, s1%, s2%
    s1 = 0
    s2 = 0
    For i = 2 To Text1.Text Step 2
        s2 = s2 + i
    Next i
    For i = 1 To Text1.Text Step 2
        s1 = s1 + i
    Next i
    Text2.Text = s1
    Text3.Text = s2
End Sub
```

五、实验要求

（1）熟悉 Visual Basic 开发环境的标题栏、菜单栏、工具栏、窗体窗口、属性窗口、工程资源管理器窗口、代码窗口、立即窗口、窗体布局窗口、工具箱窗口的位置以及用法。

（2）能够进行建立用户界面对象并进行对象属性的设置。

（3）熟悉各种控件的使用，并熟练掌握控件的属性的设置。

（4）能够进行变量的定义。

（5）能够对对象事件编程，并进行程序的保存和运行。

（6）熟悉程序设计中的 3 种程序结构，能够针对不同的应用选择相应的程序结构语句，编写程序代码。

（7）能够熟练运用程序设计中的 3 种结构来进行程序设计，独立完成下列任务。

① 编写程序，实现对用户输入的正整数 n 的阶乘的计算，并显示结果。

要求：用户界面由两个标签 Label1 和 Label2（caption 属性分别为“请用户输入正整数：”和“该正整数的阶乘＝”）、两个文本框 Text1 和 Text2（Text 属性为空）和两个命令按钮 Command1 和 Command2（caption 属性分别为“计算”和“退出”）。运行时，用户在“请用户输入正整数：”后的文本框中输入一个正整数，单击“计算”按钮，能够在“该正整数的阶乘＝”后的文本框中显示出计算的结果，如图 9.10 所示。

② 建立如图 9.11 所示的应用程序用户界面，由用户输入的某职工的应发工资 x，计算各种票额钞票总张数最少的付款方法。

③ 建立如图 9.12 所示的应用程序用户界面。若基本工资大于等于 1600 元，增加工资 20%；若小于 1600 元，且大于等于 1200 元，则增加工资的 15%；若小于 1200 元，则增加工资的 10%。根据用户输入的基本工资，计算出增加后的工资。

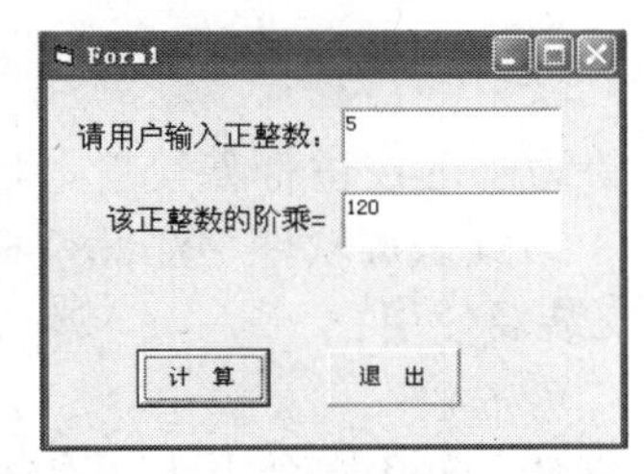

图 9.10　计算正整数的阶乘

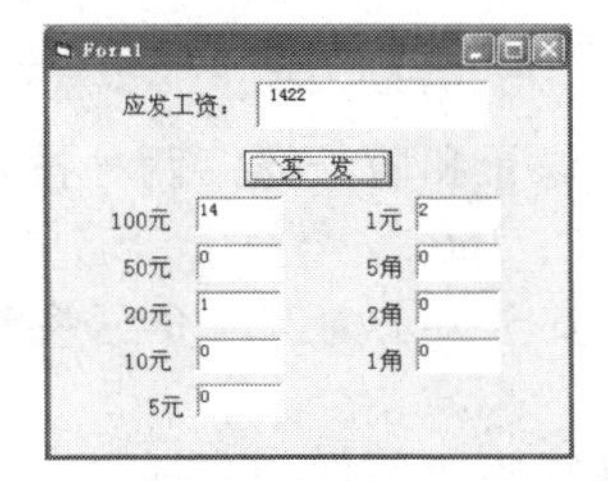

图 9.11　计算各种面额钞票张数

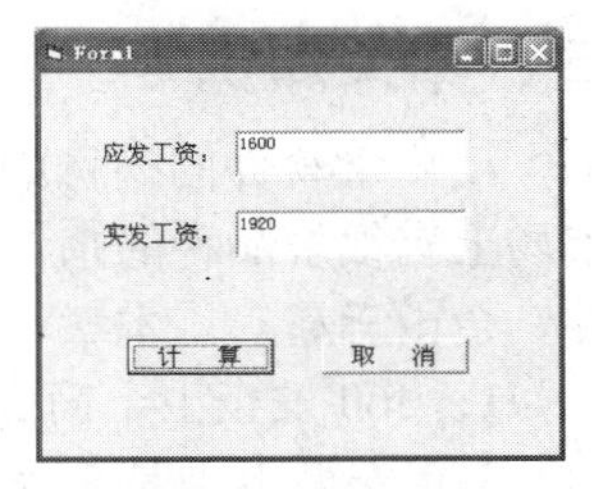

图 9.12　计算实发工资

第 10 章
信息安全与职业道德

实验一　安装并使用杀毒软件

一、实验学时：2 学时

二、实验目的

- 安装杀毒软件及杀毒软件的启动和退出
- 使用杀毒软件对计算机进行杀毒操作保护计算机安全

三、相关知识

反病毒软件同病毒的关系就像矛和盾一样，两种技术，两种势力永远在进行着较量。目前市场上有很多品种的杀毒软件，如 360 安全卫士、瑞星杀毒软件、诺顿杀毒软件、江民杀毒软件、金山毒霸等。本章将以 360 安全卫士为例，介绍杀毒软件的安装及使用。

1．360 安全卫士简介

360 安全卫士是奇虎自主研发的软件，一款计算机安全辅助软件。360 安全卫士拥有查杀木马、清理插件、修复漏洞、电脑体检等多种功能，并独创了“木马防火墙”功能，依靠抢先侦测和云端鉴别，可全面、智能地拦截各类木马，保护用户的账号、隐私等重要信息。目前，木马威胁之大已远超病毒，360 安全卫士运用云安全技术，在拦截和查杀木马的效果、速度以及专业性上表现出色，能有效防止个人数据和隐私被木马窃取，被誉为“防范木马的第一选择”。360 安全卫士自身非常轻巧，同时还具备开机加速、垃圾清理等多种系统优化功能，可大大加快计算机运行速度，内含的 360 软件管家还可以帮助用户轻松下载、升级和强力卸载各种应用软件。

360 安全卫士主要功能更新如下。

【电脑门诊】在顶部的导航条上，能非常方便地运行电脑门诊解决电脑问题，并快捷地修复各类电脑问题，受到很多用户的喜爱。

【电脑清理】“一键清理”可以清理插件，同时把“清理插件”功能移放到了“电脑清理”下面，并可以和电脑中的垃圾文件、使用电脑产生的痕迹以及注册表中的多余项目一起进行一键清理，更方便优化系统。

【云查杀】优化主动防御服务的安装和开启速度。

2．360 安全卫士的安装

（1）启动 IE 浏览器。

双击桌面上的 IE 浏览器图标，或者选择“开始”|“所有程序”|“Internet Explorer”快捷方式，打开 IE 浏览器窗口。

（2）浏览网页信息。

在浏览器的“地址栏”中输入网络地址，访问指定的网站，这里请输入 http://www.360.cn，进入 360 安全中心的产品网站。360 网站界面如图 10.1 所示。

（3）找到 360 安全卫士，单击“免费下载”，在弹出的对话框中选择“保存”，把下载的杀毒软件的安装程序保存到本地磁盘上，完成软件的下载。该软件下载名称为 instbaidu.exe。

（4）下载完成后，进入“计算机”，找到下载的程序文件，双击杀毒软件的安装程序，安装该软件，如图 10.2 所示。

图 10.1　360 网站界面

图 10.2　安装 360 杀毒软件

加载完成后，即出现如图 10.3 所示的界面。

如果单击“快速安装”则将该软件安装在默认位置上，如果用户想自己指定安装位置，需要单击“自定义”按钮，出现如图 10.4 所示的界面，通过“浏览”按钮指定软件的安装位置。然后依次单击“下一步”即开始安装，如图 10.5、图 10.6 所示。安装结束，出现如图 10.7 所示的界面。

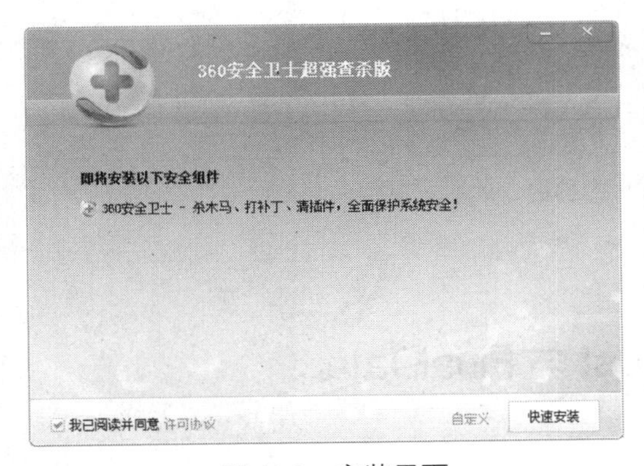

图 10.3　安装界面

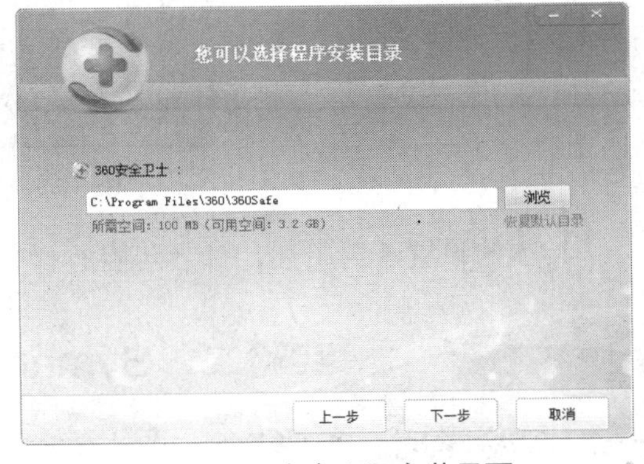

图 10.4　“自定义”安装界面

如果以前曾经安装过该软件的其他版本，则会出现如图 10.8 所示“覆盖安装”的界面。

安装完成后在桌面的右下角出现了一个“360 安全卫士”的图标，双击这个图标即可打开 360 安全卫士软件，如图 10.9 所示，此时便可以对计算机进行快速扫描、全盘扫描及电脑门诊操作了。

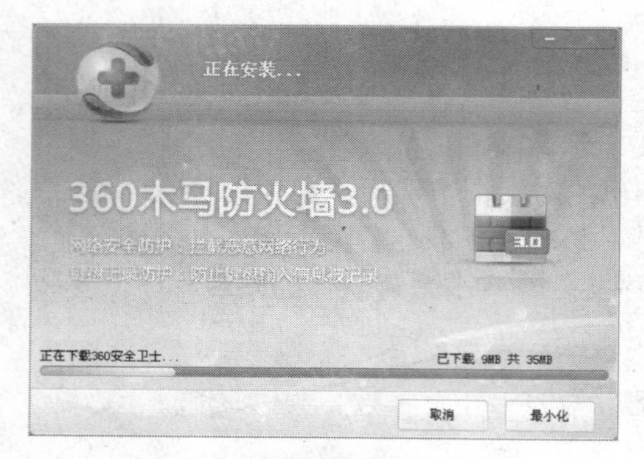

图 10.5　安装过程界面（一）

图 10.6　安装过程界面（二）

图 10.7　杀毒软件安装完毕

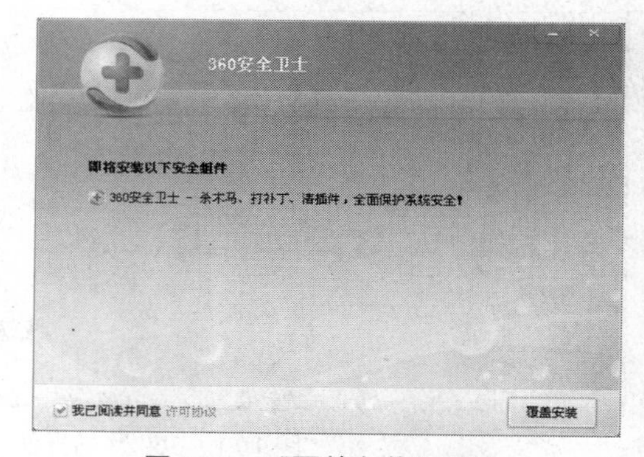

图 10.8　“覆盖安装”界面

图 10.9　360 安全卫士主界面

具体的设置不再赘述，读者可自行操作并体会。

实验二　Symantec Ghost 与 FinalData

一、实验学时：1 学时

二、实验目的

- 熟悉一键 GHOST V2011.07.01 的使用方式
- 能够使用一键 GHOST V2011.07.01 进行系统盘的一键备份和一键恢复
- 能够使用一键 GHOST V2011.07.01 进行硬盘克隆与备份以及分区备份

- 能够使用一键 GHOST V2011.07.01 还原备份
- 熟悉数据恢复工具 FinalData 的使用方法
- 能够使用数据恢复工具 FinalData 进行文件扫描
- 能够使用数据恢复工具 FinalData 进行文件恢复、邮件恢复等
- 能够使用数据恢复工具 FinalData 的文件恢复向导

三、相关知识

GHOST 是 Symantec 公司推出的一个用于系统、数据备份与恢复的工具，是备份系统常用的工具。它可以把一个磁盘上的全部内容复制到另外一个磁盘上，也可以把磁盘内容复制为一个磁盘的镜像文件，以后可以用镜像文件创建一个原始磁盘的拷贝。它可以最大限度地减少安装操作系统的时间，并且多台配置相似的计算机可以共用一个镜像文件。

FinalData 是一款威力非常强大的数据恢复工具，当文件被误删除（并从回收站中清除）、FAT 表或者磁盘根区被病毒侵蚀造成文件信息全部丢失、物理故障造成 FAT 表或者磁盘根区不可读，以及磁盘格式化造成的全部文件信息丢失之后，FinalData 都能够通过直接扫描目标磁盘抽取并恢复出文件信息（包括文件名、文件类型、原始位置、创建日期、删除日期、文件长度等），用户可以根据这些信息方便地查找和恢复自己需要的文件。甚至在数据文件已经被部分覆盖以后，专业版 FinalData 也可以将剩余部分文件恢复出来。

四、实验范例

1．一键 GHOST V2011.07.01 的使用

（1）下载并安装一键 GHOST V2011.07.01 并运行。

从网站下载一键 GHOST V2011.07.01 硬盘版，安装后双击桌面上的“一键 GHOST”图标，弹出“一键备份系统”对话框。

（2）使用一键 GHOST V2011.07.01 进行系统的备份和恢复：一键备份系统与一键恢复系统。

（3）使用一键 GHOST V2011.07.01 进行手动备份操作系统，分别对整个硬盘和分区硬盘进行备份，以熟悉该软件的使用。

（4）使用一键 GHOST V2011.07.01 进行还原操作。

具体操作方式请参阅配套主教材。

2．数据恢复工具 FinalData 的使用

（1）下载安装 FinalData 并运行。

用户可以通过其官方网站 www.finaldata.com 下载最新版本。安装后，打开软件弹出 FinalData 用户界面。

（2）使用数据恢复工具 FinalData 进行文件扫描。

（3）使用数据恢复工具 FinalData 进行文件恢复、邮件恢复等。

（4）使用数据恢复工具 FinalData 的文件恢复向导。

具体操作方式请参阅配套主教材。

五、实验要求

（1）能够独立操作一键 GHOST V2011.07.01 软件与 FinalData 完成上述实验。

（2）通过实验，区分在使用一键 GHOST V2011.07.01 软件进行备份和恢复时一键操作与手动操作的不同之处。

（3）通过对数据恢复工具 FinalData 的使用，了解各种数据恢复方法的操作方式及使用环境，熟练掌握其操作方式。

实验三 WinRAR

一、实验学时：1 学时

二、实验目的

- 学会使用 WinRAR 进行文件的压缩
- 学会使用 WinRAR 进行文件的解压缩

三、相关知识

WinRAR 是当前流行的压缩工具，其压缩文件格式为 RAR，完全兼容 ZIP 压缩文件格式，压缩比例比 ZIP 文件要高出 30%左右，同时可解压 CAB、ARJ、LZH、TAR、GZ、ACE、UUE、BZ2、JAR、ISO 等多种类型的压缩文件。WinRAR 的功能包括强力压缩、分卷、加密、自解压模块、备份简易。

安装完后，执行“开始”|“程序”|“WinRAR”|“WinRAR”命令，即可以打开程序。

四、实验范例

本实验将以 WinRAR 为例，介绍文件的压缩、解压缩方式。

WinRAR 4.11 版大小为 1.6MB。

下载（或从其他渠道复制）的 WinRAR 4.11 版安装程序是一个自解压程序。双击它运行后，出现如图 10.10 所示的窗口。

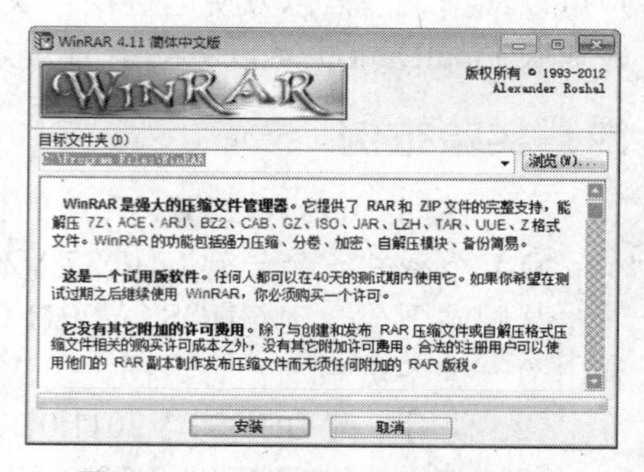

图 10.10 WinRAR 的安装窗口一

可以在上边选择安装的文件夹位置，默认（不选择）位置为 C:\Program Files\WinRAR，单击“安装”按钮，在出现的安装选项窗口中单击“确定”按钮，如图 10.11 所示。再在出现的注册窗口中单击“完成”按钮，如图 10.12 所示，就可以把程序解压缩到指定的文件夹中了，安装完毕。

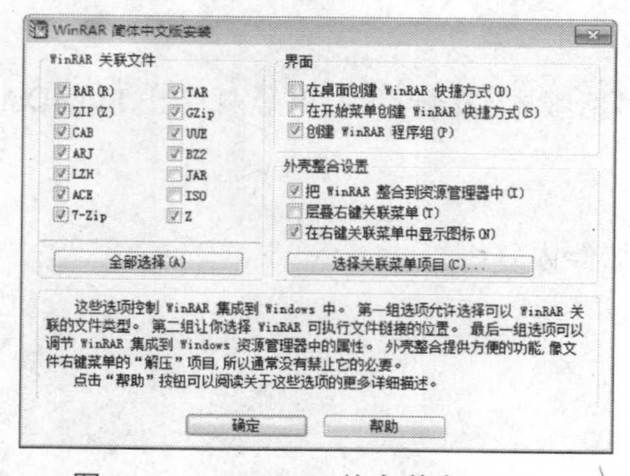

图 10.11 WinRAR 的安装窗口二

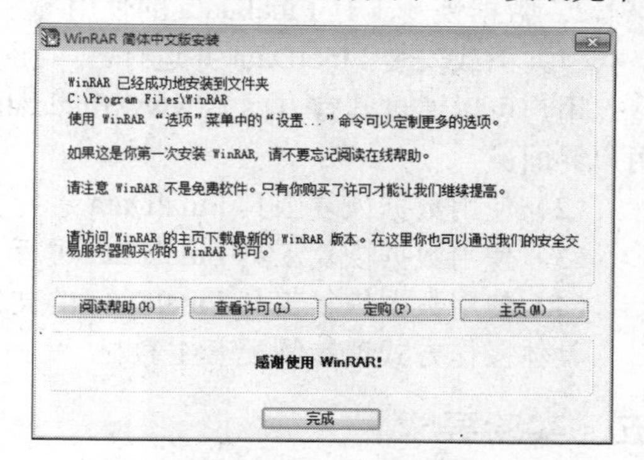

图 10.12 WinRAR 的安装窗口三

具体操作步骤如下。

（1）单击“所有程序”里的“WinRAR”下的“WinRAR”图标，即可进入 WinRAR 运行主界面，如图 10.13 所示。

（2）压缩文件。

① 选择“命令”菜单中的“添加文件到压缩文件中”或单击工具栏上的“添加”按钮，屏幕将出现如图 10.14 所示的“压缩文件名和参数”对话框。

② 在“常规”选项卡“压缩文件名”下的文本框中直接输入压缩后的文件名，则压缩后的文件以该文件名保存在默认文件夹中。也可以通过“浏览”按钮选择保存路径。以在桌面上保存“十二五规划教材.rar”为例，如图 10.15 所示。

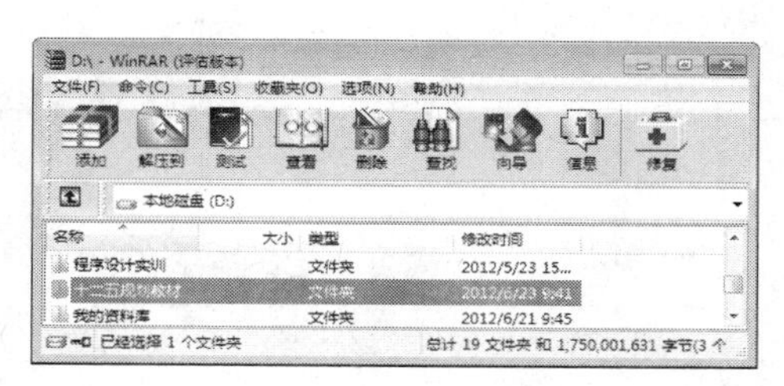

图 10.13　WinRAR 主界面

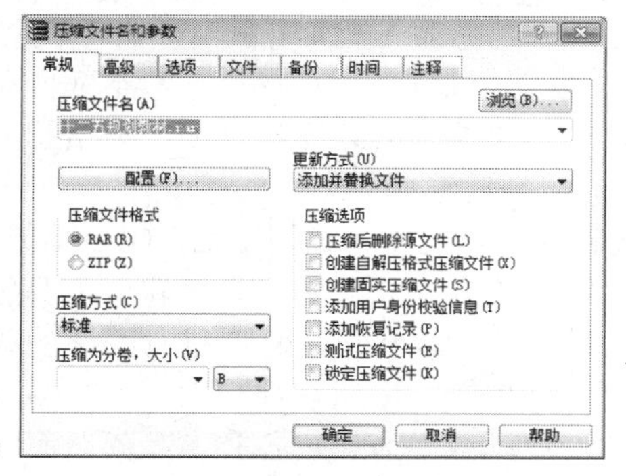

图 10.14　“压缩文件名和参数”对话框

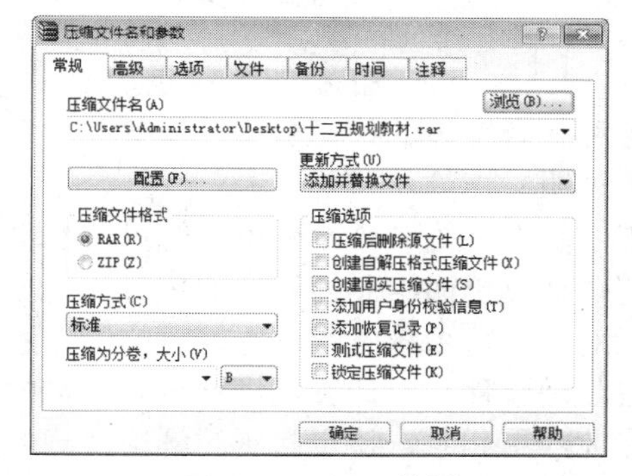

图 10.15　设置范例

③ 单击“确定”按钮，则开始压缩，中间过程如图 10.16 所示，压缩结束则在桌面上有一个“十二五规划教材.rar”文件。

（3）解压缩文件。

① 首先选中要解压的文件并双击，再选择“命令”菜单中的“解压到指定文件夹”或单击工具栏中的“解压到”按钮，屏幕将出现如图 10.17 所示的“解压路径和选项”对话框。

② 系统在“目标路径”中输入默认的解压路径，可以在文本框中输入文件存放路径，也可在右边的窗口中进行选择，单击“确定”按钮即可。

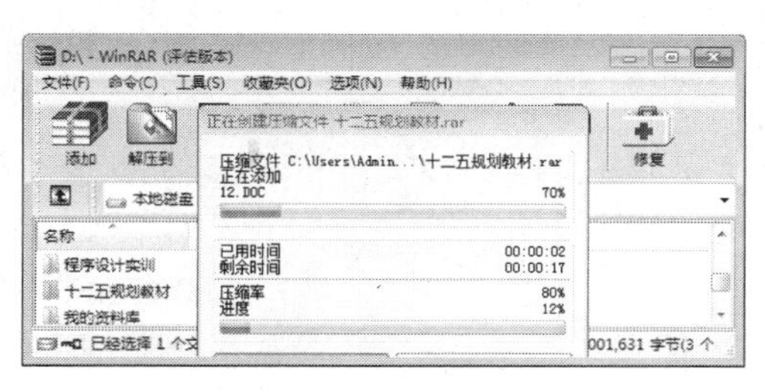

图 10.16　压缩过程

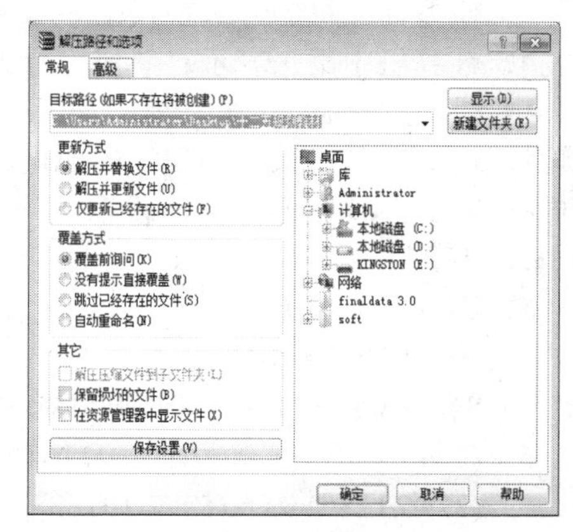

图 10.17　“解压路径和选项”对话框

五、实验要求

能够独立使用 WinRAR 进行文件的压缩和解压缩。

第二部分

习题解答

第 1 章　计算机与信息技术习题参考答案

1．一个完整的微机系统包括硬件系统和软件系统两大部分。硬件包括计算机的基本部件和各种具有实体的计算机相关设备；软件则包括用各种计算机语言编写的计算机程序、数据和应用说明文档等。

软件系统可分为系统软件和应用软件两大部分。系统软件是为使用者能方便地使用、维护、管理计算机而编制的程序的集合，它与计算机硬件相配套，也称之为软设备。系统软件主要包括对计算机系统资源进行管理的操作系统软件，对各种汇编语言和高级语言程序进行编译的语言处理软件和对计算机进行日常维护的系统服务程序或工具软件等。应用软件则主要面向各种专业应用和某一特定问题的解决，一般指操作者在各自的专业领域中为解决各类实际问题而编制的程序。在计算机科学中将连接各部件的信息通道称为系统总线（BUS，简称总线），并把通过总线连接各部件的形式称为计算机系统的总线结构，分为单总线结构和多总线结构两大类。

2. 存储器分为 3 层：主存储器（Memory）、辅助存储器（Storage）和高速缓冲存储器（Cache）。主存储器又称内存，CPU 可以直接访问它，其容量一般为 2～4GB，新产品的存取速度可达 6ns（1ns 为十亿分之一秒），主要存放将要运行的程序和数据。微机的主存采用半导体存储器，其体积小，功耗低，工作可靠，扩充灵活。辅助存储器属外部设备，又称为外存，常用的有磁盘、光盘、磁带等。通过更换盘片，容量可视作无限，主要用来存放后备程序、数据和各种软件资源。但因其速度低，CPU 必须先将其信息调入内存，再通过内存使用其资源。

3．微型计算机的升级换代主要有两个标志，微处理器的更新和系统组成的变革。

4．计算机中用来表示存储器容量大小的最基本单位是字节（Byte）。1B 需要一个地址，那么一根地址总线访存容量为 2B，两根地址总线访存容量为 2 的 2 次方，即 4B，一个 CPU 有 N 根地址线，则可以说这个 CPU 的地址总线的宽度为 N。这样的 CPU 最多可以寻找 2 的 N 次方个内存单元。KB 指千字节，即 1KB=1024B；MB 指兆字节，即 1MB=1024KB；GB 指 G 字节，即 1GB=1024MB。

5．其真值为−10

+1100101B=101D

8421BCD 码为：0001 0000 0001

6．$(2746.12851)_{10} = (101010111010.00100)_2$；

$(2746.12851)_{10} = (5272.10163)_8$；

$(2746.12851)_{10} = (ABA.20E60)_{16}$。

7．+102

二进制：1100110　原码：01100110 反码：　01100110　补码：01100110

−103

二进制：−1100111 原码：11100111 反码：10011000 补码：10011001

8．$(123.625)_{10}=(0.1111011101\times2111)_2$

浮点格式：000001110 1111011101000000000000000

9．$(-110.0101)_2=(-0.1100101\times2-011)_2$

浮点格式：1111110110011011000000000000000000

10．汉字在计算机内部存储、传输和检索的代码称为汉字内码，汉字输入码到该代码的变换由代码转换程序来完成。

第2章　操作系统与 Windows 7 习题参考答案

一、选择题

1．B　　2．A　　3．B　　4．C　　5．B

二、填空题

1．还原　　2．复制　　3．Ctrl　　4．.txt

三、思考题

1．定义：操作系统不但是计算机硬件与其他软件的接口，而且也是用户和计算机的接口。

作用：操作系统作为计算机系统的管理者，它的主要功能是对系统所有的软硬件资源进行合理而有效的管理和调度，提高计算机系统的整体性能。

2．DOS（Disk Operating System）即磁盘操作系统，从 1983 年到 1998 年，美国 Microsoft 公司先后推出了 Windows 1.0、Windows 2.0、Windows 3.10、Windows3.21、Windows NT、Windows 95、Windows 98 等系列操作系统，2001 年，Microsoft 公司推出了 Windows XP，2000 年，Microsoft 公司推出了 Windows 2000 的英文版，2005 年，Microsoft 公司又在 Windows XP 的基础上推出了 Windows Vista，2009 年 10 月 22 日微软于美国正式发布 Windows 7 作为微软新的操作系统。

3．目前，Windows 7 的安装盘有很多版本，不同安装盘的安装方法也不一样。一般是用光盘启动计算机，然后根据屏幕的提示即可进行安装。

4．中文 Windows 7 的启动：打开电源，系统自动启动 Windows 7，启动后在屏幕上会出现一个对话框，等待输入用户名和口令。输入正确后，按回车键即可进入 Windows 7 操作系统。中文 Windows 7 的关闭：选择桌面左下角的“开始”按钮，然后选择“关闭”，即开始关机过程。在关闭过程中，若系统中有需要用户进行保存的程序，Windows 会询问用户是否强制关机或者取消关机。

5．桌面由桌面背景、图标、任务栏、“开始”按钮、语言栏和通知区域组成。桌面上放置有各式各样的图标，如“我的文档”、“我的电脑”、“网上邻居”、“回收站”和“Internet Explorer”图标。

6．（1）复制文件

方法一：先选择“编辑”|“复制”（也可用<Ctrl>+<C>组合键），然后转换到目标位置，选择“编辑”|“粘贴”（也可用<Ctrl>+<V>组合键）。

方法二：用鼠标直接把文件拖动到目标位置松开即可（如果是在同一个磁盘内进行复制的，则在拖动的同时按住<Ctrl>键）。

方法三：如果把文件从硬盘复制到软盘、U 盘或活动硬盘则可右键单击文件，在弹出的快捷菜单中选择“发送到”，然后选择一个盘符即可。

（2）移动文件

方法一：先选择“编辑”|“剪切”（也可用<Ctrl>+<X>组合键），然后转换到目标位置，选择“编辑”|“粘贴”命令（也可用<Ctrl>+<V>组合键）。

方法二：用鼠标直接把文件拖动到目标位置松开即可（如果是在不同盘之间进行移动的，则在拖动的同时按住<Shift>键）。

（3）文件的改名

方法一：右键单击图标，从快捷菜单中选择“重命名”，然后输入新的文件名即可。

方法二：选择“文件”|“重命名”命令，然后输入新的文件名即可。

方法三：单击图标标题，然后输入新的文件名即可。

方法四：按<F2>键，输入新的文件名即可。

7. 如果采用普通的删除方法（直接按<Delete>键；右键单击图标，从快捷菜单中选择“删除”命令；选择“文件”|“删除”命令），则文件被放入回收站，可以恢复；如果在删除文件的同时按住 Shift 键，文件则被直接彻底删除，无法恢复。

8. 对于键盘操作，可以用<Ctrl>+<Space>组合键来启动或关闭中文输入法，使用<Ctrl>+<Space>组合键在英文及各种中文输入法之间进行轮流切换。在切换的同时，任务栏右边的“语言指示器”在不断地变化，以指示当前正在使用的输入法。输入法之间的切换还可以用鼠标进行，具体方法是：单击任务栏上的“语言指示器”，再选择一种输入方法即可。

全/半角的切换键是<Ctrl>+<Space>组合键。

9. 作用：在 Windows 7 中进行外观设置，相关软硬件设置以及功能的启用，软件和硬件设置等管理工作。

10. 在控制面板中选择添加硬件，计算机开始搜索新安装的硬件，根据提示安装驱动程序，即可完成安装。

11. 在控制面板中，单击“用户账户”工具项，在“用户账户”窗口中单击“创建一个新账户”命令，即可进入相关的向导创建一个新账户。

12. ①单击“开始”|“网上邻居”菜单项，打开“网上邻居”对话框，窗口中将显示所在网络上的计算机。

② 单击“其他位置”下的“Microsoft Windows Network”，则会在右侧窗格内显示工作组网络名。

③ 双击要访问的工作组网络名，再双击要访问的计算机名，即可查看其中的内容。

如果没有找到要访问的计算机，则可用“搜索”的方法来查找计算机。

第 3 章 文字处理 Word 2010 参考答案

一、选择题

1. B　2. D　3. C　4. B　5. A　6. C　7. C　8. D　9. C　10. C

二、简答题

1. Word 2010 工作窗口主要包括标题栏、快速访问工具栏、“文件”按钮、功能区、标尺栏、文档编辑区和状态栏。标题栏主要显示正在编辑的文档名称及编辑软件名称信息；快速访问工具栏主要显示用户日常工作中频繁使用的命令，其默认显示“保存”、“撤销”和“重复”命令按钮项；“文件”按钮是一个类似于菜单的按钮，单击“文件”按钮将打开“文件”面板，包含“打开”、“关闭”、“保存”、“信息”、“最近所用文件”、“新建”、“打印”等常用命令；功能区由选项卡、组和命令 3 个基本组件组成，其将 Word 2010 中的所有功能选项巧妙地集中在一起，以便于用户查找使用；Word 2010 具有水平标尺和垂直标尺，用于对齐文档中的文本、图形、表格等，也可用来设置所选段落的缩进方式和距离；文档编辑区是用户使用 Word 2010 进行文档编辑排版的主要工作区域；状态栏用来显示当前文档的信息以及编辑信息等。

2．使用格式刷可以快速地将某文本的格式设置应用到其他文本上，步骤如下：选中要复制样式的文本，单击功能区中“开始”选项卡中“剪贴板”组中的“格式刷”按钮，之后将鼠标移动到文本编辑区，会看到鼠标旁出现一个小刷子的图标，用格式刷扫过（即按下鼠标左键拖动）需要应用样式的文本即可。单击“格式刷”按钮，使用一次后格式刷功能就自动关闭了。如果需要将某文本的格式连续应用多次，则需双击“格式刷”按钮，之后直接用格式刷扫过不同的文本就可以了。要结束使用格式刷功能，再次单击“格式刷”按钮或按<Esc>键均可。

三、上机题（略）

第 4 章　电子表格 Excel 2010 习题参考答案

一、选择题

1. C　2. B　3. A　4. D　5. C　6. D　7. B　8. B　9. D　10. C

二、操作题

1．操作结果如图 1、图 2 所示。

G4　=SUM(C4:E4)

成绩统计表

学号	姓名	数学	计算机	英语	平均成绩	总成绩	名次
90203001	李莉	78	92	93	87.7	263	1
90203002	张斌	58	67	43	56.0	168	5
90203003	魏娜	91	87	83	87.0	261	2
90203004	郝仁	68	78	92	79.3	238	3
90203005	程功	88	56	79	74.3	223	4
各科及平均成绩不及格人数:		1	1	1	1		
各科与平均成绩最高分:		91	92	93	87.7		
平均成绩优秀比例:		40.0%					

图 1

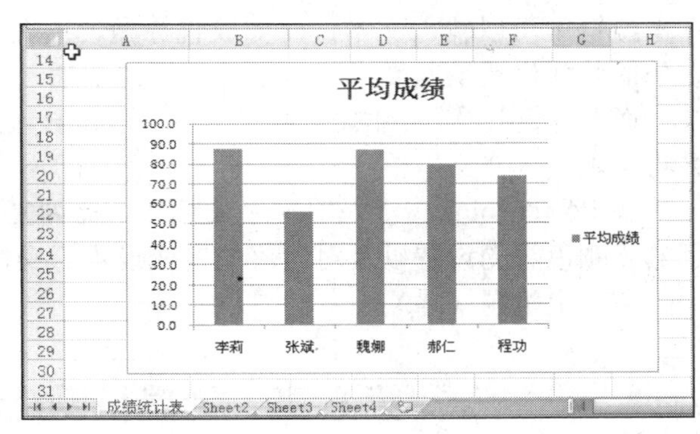

图 2

2．操作结果如图 3、图 4、图 5 所示。

F4　=SUM(D4:E4)

工资汇总表

编号	部门	姓名	基本工资	补助工资	应发工资
rs001	人事处	张三	1068.56	680.46	1749.02
jw001	教务处	李四	2035.38	869.30	2904.68
jw002	教务处	王五	1625.50	766.65	2392.15
rs002	人事处	赵六	2310.23	1012.00	3322.23
jw003	教务处	田七	890.22	640.50	1530.72

图 3

F6　=SUM(D6:E6)

工资汇总表

编号	部门	姓名	基本工资	补助工资	应发工资
jw001	教务处	李四	2035.38	869.30	2904.68
jw002	教务处	王五	1625.50	766.65	2392.15
jw003	教务处	田七	890.22	640.50	1530.72
rs001	人事处	张三	1068.56	680.46	1749.02
rs002	人事处	赵六	2310.23	1012.00	3322.23

图 4

工资汇总表

编号	部门	姓名	基本工资	补助工资	应发工资
jw001	教务处	李四	2035.38	869.30	2904.68
jw002	教务处	王五	1625.50	766.65	2392.15
jw003	教务处	田七	890.22	640.50	1530.72
	教务处 汇总				6827.55
rs001	人事处	张三	1068.56	680.46	1749.02
rs002	人事处	赵六	2310.23	1012.00	3322.23
	人事处 汇总				5071.25
	总计				11898.80

图 5

第 5 章　演示文稿 PowerPoint 2010 习题参考答案

一、选择题

1. A　2. D　3. A　4. C　5. B　6. A　7. C

二、简答题

1. （1）准备素材；（2）创建新的演示文稿；（3）设置演示文稿：输入文本，编辑图形图表，应用合适的幻灯片主题，幻灯片版式，设置背景，设置动画，添加需要的多媒体；（4）保存文件。

2. 在 PowerPoint 中添加文字，一般方式就是直接将文本输入到幻灯片的占位符和文本框中，在占位符中可以输入文本，比如放置标题、正文、图表、表格、图片等对象。如果要在占位符之外的其他位置输入文本，可以在幻灯片中插入文本框。

而 Word 中没有占位符，输入文本一般是直接输入在文档中，只在需要的时候才加一文本框，并将文本输入在文本框中。

在 PowerPoint 中涉及对文字的编排，比如复制、粘贴、删除、移动的操作和对文字字体、字号、颜色等的设置以及对段落的格式设置等操作，均与 Word 中的相关操作类似。

三、上机题（略）

第 6 章　计算机网络基础习题参考答案

1. ① 主机：通常把 CPU、内存和输入/输出接口以及在一起构成的子系统称为主机。主机中包含了除输入/输出设备以外的所有电路部件，是一个能够独立工作的系统。这里主机是指放在能够提供服务器托管业务单位的机房的服务器，通过它实现与 Internet 的连接，从而省去用户自行申请专线连接到 Internet 的麻烦。数网公司是一个提供服务器托管业务的单位，拥有 ChinaNet 的接入中心，所以被托管的服务器可以通过 100MB 的网络接口连接 Internet。

② TCP/IP：包含了一系列构成 Internet 通信基础的通信协议。这些协议最早发源于美国国防部的 DARPA 互联网项目。TCP/IP 代表了两个协议：TCP （Transmission Control Protocol）和 IP（Internet Protocol），中译名为传输控制协议/因特网互联协议，又名网络通信协议，是 Internet 最基本的协议，Internet 国际互联网络的基础，由网络层的 IP 协议和传输层的 TCP 协议组成。TCP/IP 定义了电子设备如何连入因特网，以及数据如何在它们之间传输的标准。协议采用了 4 层的层级结构，每一层都呼叫它的下一层所提供的网络来完成自己的需求。通俗而言：TCP 负责发现传输的问题，一有问题就发出信号，要求重新传输，直到所有数据安全正确地传输到目的地。而 IP 是给

因特网的每一台计算机规定一个地址。

③ IP 地址：尽管 Internet 上连接了无数的服务器和计算机，但它们并不是处在杂乱无章的无序状态，而是每一个主机都有唯一的地址，作为该主机在 Internet 上的唯一标识，这个标识就称为 IP 地址（Internet Protocol Address）。它是分配给主机的 32 位地址，是一串 4 组由圆点分割的数字组成的，其中每一个数字都为 0～255，如 202.196.14.222 就是一个 IP 地址，它标识了在网络上的一个节点，并且指定了在一个互连网络上的路由信息。

Internet 上的每台主机（HOST）都有一个唯一的 IP 地址。

④ 域名：IP 地址是 Internet 上互连的若干主机进行内部通信时，区分和识别不同主机的数字型标志，这种数字型标志对于上网的广大一般用户而言有很大的缺点，它既无简明的含义，又不容易被用户很快记住。因此，为解决这个问题，人们又规定了一种字符型标志，称之为域名。如同每个人的姓名和每个单位的名称一样，域名是 Internet 上互连的若干主机（或称网站）的名称。广大网络用户能够很方便地用域名访问 Internet 上自己感兴趣的网站。

从技术上讲，域名只是一个 Internet 中用于解决地址对应问题的一种方法，可以说只是一个技术名词。但是，由于 Internet 已经成为了全世界人的 Internet，域名也自然地成为了一个社会科学名词。

从社会科学的角度看，域名已成为 Internet 文化的组成部分。

⑤ URL：统一资源定位符（Uniform Resource Locator）也被称为网页地址，是因特网上标准的资源地址。它最初是由蒂姆•伯纳斯－李发明用来作为万维网的地址的，现在它已经被万维网联盟编制为因特网标准 RFC1738 了。

统一资源定位符（URL）是用于完整地描述 Internet 上网页和其他资源的地址的一种标识方法。Internet 上的每一个网页都具有一个唯一的名称标识，通常称之为 URL 地址，这种地址可以是本地磁盘，也可以是局域网上的某一台计算机，更多的是 Internet 上的站点。简单地说，URL 就是 Web 地址，俗称“网址”。

⑥ 网关：顾名思义，网关（Gateway）就是一个网络连接到另一个网络的“关口”，又称网间连接器、协议转换器，实质上是一个网络通向其他网络的 IP 地址。网关在传输层上以实现网络互连，是最复杂的网络互连设备，仅用于两个高层协议不同的网络互连。网关既可以用于广域网互连，也可以用于局域网互连。网关是一种充当转换重任的计算机系统或设备。在使用不同的通信协议、数据格式或语言，甚至体系结构完全不同的两种系统之间，网关是一个翻译器。与网桥只是简单地传达信息不同，网关对收到的信息要重新打包，以适应目的系统的需求。同时，网关也可以提供过滤和安全功能。大多数网关运行在 OSI 7 层协议的顶层——应用层。

2.（1）Internet 发展史：因特网是 Internet 的中文译名，它的前身是美国国防部高级研究计划局（ARPA）主持研制的 ARPAnet。

20 世纪 60 年代末，正处于冷战时期。当时美国军方为了自己的计算机网络在受到袭击时，即使部分网络被摧毁，其余部分仍能保持通信联系，便由美国国防部的高级研究计划局（ARPA）建设了一个军用网，叫做“阿帕网”（ARPAnet）。阿帕网于 1969 年正式启用，当时仅连接了 4 台计算机，供科学家们进行计算机联网实验用。这就是因特网的前身。

到 20 世纪 70 年代，ARPAnet 已经有了好几十个计算机网络，但是每个网络只能在网络内部的计算机之间互联通信，不同计算机网络之间仍然不能互通。为此，ARPA 又设立了新的研究项目，支持学术界和工业界进行有关的研究。研究的主要内容就是想用一种新的方法将不同的计算机局域网互联，形成“互联网”。研究人员称之为“Internetwork”，简称“Internet”。这个名词就一直沿用到现在。

在研究实现互联的过程中，计算机软件起了主要的作用。1974 年，出现了连接分组网络的协议，其中就包括了 TCP/IP——著名的网际互联协议 IP 和传输控制协议 TCP。这两个协议相互配合，其中，IP 是基本的通信协议，TCP 是帮助 IP 实现可靠传输的协议。

TCP/IP 有一个非常重要的特点，就是开放性，即 TCP/IP 的规范和 Internet 的技术都是公开的。目的就是使任何厂家生产的计算机都能相互通信，使 Internet 成为一个开放的系统。这正是后来 Internet 得到飞速发展的重要原因。

ARPA 在 1982 年接受了 TCP/IP，选定 Internet 为主要的计算机通信系统，并把其他的军用计算机网络都转换到 TCP/IP。1983 年，ARPAnet 分成两部分：一部分军用，称为 MILNET；另一部分仍称 ARPAnet，供民用。

1986 年，美国国家科学基金组织（NSF）将分布在美国各地的 5 个为科研教育服务的超级计算机中心互联，并支持地区网络，形成 NSFnet。1988 年，NSFnet 替代 ARPAnet 成为 Internet 的主干网。NSFnet 主干网利用了在 ARPAnet 中已证明是非常成功的 TCP/IP 技术，准许各大学、政府或私人科研机构的网络加入。1989 年，ARPAnet 解散，Internet 从军用转向民用。

Internet 的发展引起了商家的极大兴趣。1992 年，美国 IBM、MCI、MERIT 三家公司联合组建了一个高级网络服务公司（ANS），建立了一个新的网络，叫做 ANSnet，成为 Internet 的另一个主干网。它与 NSFnet 不同，NSFnet 是由国家出资建立的，而 ANSnet 则是 ANS 公司所有，从而使 Internet 开始走向商业化。

1995 年 4 月 30 日，NSFnet 正式宣布停止运作。而此时 Internet 的骨干网已经覆盖了全球 91 个国家，主机已超过 400 万台。在最近几年，因特网更以惊人的速度向前发展，很快就达到了今天的规模。

（2）Internet 提供的服务：①万维网（WWW）；②信息搜索；③电子邮件；④文件传输协议（FTP）；⑤远程登录（Telnet）；⑥电子公告牌系统（BBS）。

（3）接入 Internet 的方式：①普通拨号方式；②一线通（ISDN）；③ADSL ；④DSL；⑤VDSL ；⑥光纤接入网；⑦FTTX+LAN 接入方式；⑧ISDN。

3．Internet 与物联网、云计算、三网融合之间的关系：随着信息技术的发展，现在的一些旧技术已经跟不上这个时代的发展。庞大的用户数字充斥着网络，给 ISP 的运营带来了商机，但是也带来了问题。如何让用户能高速地连接分享资源，成为了各级服务商和设备提供商的一个必须解决的课题。3G、Wi-fi 等技术的相继出现，一定程度缓解了客户和服务商的供求关系，但是还不能真正满足用户。所以又出现了云计算、物联网等新一代技术。 物联网是指通过各种信息传感设备传递信息。它的核心依然是互联网，是在互联网上拓展和延伸，但是它的用户端则依靠物与物进行信息传递，所以可以定义为通过射频识别（RFID）、红外感应器、全球定位系统、激光扫描器等信息传递设备按约定协议，把任何物体与互联网相连，进行信息交换和通信，以实现物体的智能化识别、定位、跟踪、监控、管理的一种网络。云计算是基于因特网的一种超级计算模式，在远程的数据中心里，成千上万的计算机和服务器连成一片电脑云。因此云计算有时可以让用户感受高速运算的速度，拥有强大的计算能力可以模拟一些实验，使普通计算机达到大型机的要求。

4．WWW 是环球信息网（World Wide Web ）的缩写，也可以简称为 Web，中文名字为“万维网”。万维网是一个资料空间。在这个空间中：一种有用的事物，称为一种“资源”，并且由一个全域“统一资源标识符”（URL）标识。这些资源通过超文本传输协议（Hypertext Transfer Protocol）传送给使用者，而后者通过单击链接来获得资源。

FTP（File Transfer Protocol）是用于 Internet 上的控制文件的双向传输协议，同时也是一个应用程序。用户可以通过它把自己的 PC 与世界各地所有运行 FTP 协议的服务器相连，访问服务器上的大量程序和信息。FTP 是在 TCP/IP 网络和 Internet 上最早使用的协议之一，它属于网络协议组的应用层。为了更好地运用网络资源，FTP 客户机可以给服务器发出命令来下载文件、上传文件、创建或改变服务器上的目录，让用户与用户之间实现资源共享。

5. IP 地址就是给每个连接在 Internet 上的主机分配一个在全世界范围唯一的 32bit 地址。IP 地址的结构使用户可以在 Internet 上很方便地寻址。Internet 依靠 TCP/IP，在全球范围内实现不同硬件结构、不同操作系统、不同网络系统的互联。在 Internet 上，每一个节点都依靠唯一的 IP 地址互相区分和相互联系。IP 地址通常用更直观的、以圆点分隔的 4 个十进制数字表示，每一个数字对应于 8 个二进制的比特串，用于标识 TCP/IP 宿主机。每个 IP 地址都包含两部分：网络 ID 和主机 ID。网络 ID 标识在同一个物理网络上的所有宿主机，主机 ID 标识该物理网络上的每一个宿主机，于是整个 Internet 上的每个计算机都依靠各自唯一的 IP 地址来标识。例如，某一台主机的 IP 地址为：202.196.13.241。

Internet IP 地址由 Inter NIC（Internet 网络信息中心）统一负责全球地址的规划、管理；同时由 Inter NIC、APNIC、RIPE 三大网络信息中心具体负责美国及其他地区的 IP 地址分配。通常每个国家需成立一个组织，统一向有关国际组织申请 IP 地址，然后再分配给客户。

域名在因特网上用来代替 IP 地址，因为 IP 地址没有实际含义，人们不容易记住，所以用有含义的英文字母来代替。在网络上，专门有 DNS（域名服务器）来进行域名与 IP 的相互转换，人们输入域名，在 DNS 上转换为 IP，才能找到相应的服务器，打开相应的网页。

6. ① www.microsoft.com：顶级域名 com 指的是商业公司，Microsoft 指的是微软公司，这个 URL 指向微软公司的网站。

②www.itat.com.cn：顶级域名 cn 指的是中国，子域名 com 指的是商业公司，子域名 itat 指的是信息技术应用培训教育工程，这个 URL 指向全国信息技术应用培训教育工程的网站。

③ www.gdut.edu.cn：顶级域名 cn 指的是中国，子域名 edu 指的是教育机构，gdut 指的是广东工业大学，这个 URL 指向广东工业大学的网站。

7. Web 服务使用的是 HTTP 协议。

Web 服务是 SOAP（Simple Object Access Protocol）即简单对象访问协议的一个主要应用，通过建立 Web 服务，远程用户就可以通过 http 访问远程的服务。

Web 浏览器是用于通过 URL 来获取并显示 Web 网页的一种软件工具，Web 表现为 3 种形式，即超文本（hypertext）、超媒体（hypermedia）、超文本传输协议（HTTP），主要用来浏览 html 写的网站。WWW 的工作基于客户机/服务器计算模型，由 Web 浏览器（客户机）和 Web 服务器（服务器）构成，两者之间采用超文本传送协议（HTTP）进行通信。在 Windows 环境中较为流行的 Web 浏览器为 Netscape Navigator 和 Internet Explorer。

8. 计算机网络是指将有独立功能的多台计算机，通过通信设备线路连接起来，在网络软件的支持下，实现彼此之间资源共享和数据通信的整个系统。根据其覆盖范围可分为局域网、城域网和广域网。计算机网络的基本功能是数据通信和资源共享。资源共享包括硬件、软件和数据资源的共享。

涉及的技术有软件方面的、硬件方面的、安全方面的、远程方面的、运营方面的、语音方面的、网站方面的和网络编程方面的。

3 个基本功能：① 信息交换：信息交换是计算机网络最基本的功能，主要完成计算机网络中各个节点之间的系统通信。用户可以在网上传送电子邮件、发布新闻消息、进行电子购物、电子贸易、远程电子教育等。② 资源共享：所谓的资源是指构成系统的所有要素，包括软硬件资源，如计算处理能力、大容量磁盘、高速打印机、绘图仪、通信线路、数据库、文件和其他计算机上的有关信息。由于受经济和其他因素的制约，这些资源并非（也不可能）所有用户都能独立拥有，所以网络上的计算机不仅可以使用自身的资源，也可以共享网络上的资源。因而增强了网络上计算机的处理能力，提高了计算机软硬件的利用率。③ 分布式处理：一项复杂的任务可以划分成许多部分，由网络内各计算机分别协作并行完成有关部分，使整个系统的性能大为增强。

9．按地理范围分类：①局域网（Local Area Network，LAN）。局域网地理范围一般几百米到 10km 之内，属于小范围内的连网，如一个建筑物内、一个学校内、一个工厂的厂区内等。局域网的组建简单、灵活，使用方便。②城域网（Metropolitan Area Network，MAN）。城域网地理范围可从几十千米到上百千米，可覆盖一个城市或地区，是一种中等形式的网络。③广域网（Wide Area Network，WAN）。广域网地理范围一般在几千千米左右，属于大范围联网，如几个城市，一个或几个国家，是网络系统中的最大型的网络，能实现大范围的资源共享，如国际性的 Internet 网络。

10．常见的 Internet 接入方式主要有 4 种：拨号接入方式、专线接入方式、无线接入方式和局域网接入方式。

（1）拨号接入方式：普通 Modem 拨号方式，ISDN 拨号接入方式，ADSL 虚拟拨号接入方式。

（2）专线接入方式：Cable Modem 接入方式，DDN 专线接入方式，光纤接入方式。

（3）无线接入方式：GPRS 接入技术，蓝牙技术（在手机上的应用比较广泛）。

（4）局域网接入方式：代理服务器。

一般的因特网连接方式有：调制解调器（模拟线路）拨入、ISDN（综合业务数字网）、线缆调制解调器（Cable Modem）、ADSL 以及 DirectPC，ADSL PPPoE， LAN to LAN 等方式。

11．网络拓扑结构是指用传输媒体互连各种设备的物理布局，就是用什么方式把网络中的计算机等设备连接起来。

拓扑图给出网络服务器、工作站的网络配置和相互间的连接，它的结构主要有星型拓扑结构、环型拓扑结构、总线拓扑结构、分布式拓扑结构、树型拓扑结构、网状拓扑结构、蜂窝状拓扑结构等。

12．网络适配器又称网卡或网络接口卡（NIC），英文名 Network Interface Card。网络适配器的内核是链路层控制器，该控制器通常是实现许多链路层服务的单个特定目的的芯片，这些服务包括成帧、链路接入、流量控制、差错检测等。网络适配器是使计算机联网的设备，平常所说的网卡就是将 PC 和 LAN 连接的网络适配器。网卡（NIC）插在计算机主板插槽中，负责将用户要传递的数据转换为网络上其他设备能够识别的格式，通过网络介质传输。它的基本功能为：从并行到串行的数据转换、包的装配和拆装、网络存取控制、数据缓存和网络信号。

网络适配器的主要作用：① 它是主机与介质的桥梁设备；② 实现主机与介质之间的电信号匹配；③ 提供数据缓冲能力；④ 控制数据传送的功能。网卡一方面负责接收网络上传过来的数据包，解包后，将数据通过总线传输给本地计算机；另一方面它将本地计算机上的数据打包后送入网络。

网卡工作在 OSI 的最后两层：物理层和数据链路层。物理层定义了数据传送与接收所需要的电与光信号、线路状态、时钟基准、数据编码和电路等，并向数据链路层设备提供标准接口。物理层的芯片称之为 PHY。数据链路层则提供寻址机构、数据帧的构建、数据差错检查、传送控制、向网络层提供标准的数据接口等功能。以太网卡中数据链路层的芯片称之为 MAC 控制器。很多网卡的这两个部分是做到一起的。它们之间的关系是PCI总线接MAC总线，MAC接PHY，PHY接网线（当然也不是直接接上的，还有一个变压装置）。

13．在检索之前先考虑清楚自己要找的是什么，并且把它用纸笔记下来，最好以一些问题的形式，它能明确自己信息需求的界限，不至于在后面的检索中迷失目标。

根据自己对检索主题的已知部分和需要检索部分的了解，可以从几种不同类型的网络检索工具开始。检索是以找到某个问题的精确答案为目标，还是希望通过检索扩展自己在某个领域的知识？检索的是否是一个非常特殊的主题，还是检索时会返回大量无关信息的宽泛主题？检索词是否存在同义、近义词？思考这些问题将有助于准确定位自己的检索起点。

对一些常见的信息需求和适合这些需求的检索工具进行总结如下。

① 希望快速找到少量的精确匹配关键词的结果，类似于做填空题的信息需求，如已知歌词查歌名，查霍金的著作列表等。适合的工具：Google、All The Web、百度。

② 感兴趣的是比较宽泛的学术性主题，希望从一些该领域的权威站点获得参考。适合的工具：Librarians' Index to Internet（http://lii.org/），被称为"思考者的Yahoo"，比Yahoo的资源目录更适合学术性的检索，每周更新。InfoMine（http://infomine.ucr.edu/Main.html），由图书馆员精选的网络资源目录，有非常全面的检索功能。

③ 大众化的或者商业性的主题适合的工具：Yahoo 在这方面无疑是比较好的，只要是Internet上有一定知名度的主题，它都有收录。

④ 易混淆的主题词（如检索总统Bush，但有灌木bush的干扰）或搜索引擎的停用词（如痞子蔡的新作"to be or not to be"，里面全是搜索引擎停用词）。适合的工具：前者可用Alta Vista的高级检索功能（http://www.altavista.com/web/adv），全大写字母的单词专指人名；后者可用Google的词组检索（使用双引号）。

⑤ 不知道某个字（词）的读音、拼写或翻译，适合的工具：找本词典就可以了。网上也有online的词典，如词霸在线（http://www.iciba.net），yourdictionary（http://www. yourdictionary.com/）等。如果有两种写法不知道哪一个正确的话，也可以分别用它们在Google上检索，一般结果较多的那一个就是正确的。

⑥ 不知道检索从何入手，希望有个检索模板。适合的工具：AllTheWeb和AltaVista的高级检索页面都提供了这样的模板。

⑦ 希望得到的检索结果不是简单的超链接的罗列，而是经过组织加工的，浏览起来更方便也更容易接受的信息。适合的工具：Vivisimo（http://vivisimo.com/），将检索结果自动聚类，并以类似Windows文件夹的方式按等级逐层排列；Altavista，支持Focus Words技术，每次检索之后会从结果中自动提取出几个最常见的关键词供用户参考，这样可以挑选这些关键词中的一个或几个，再在结果中二次检索，以缩小检索范围；Surf Wax（http://www.surfwax.com），采用SiteSnap技术，能猜测实际信息需求，将"最有希望"的检索结果单独提取出来。

⑧ 并没有非常明确的检索要求，希望在检索中扩展自己的思路，或者说想得到一些意外收获。适合的工具：Kartoo（http://www.kartoo.com），可视化检索的先驱，很有趣的元搜索引擎，将检索结果用地图的形式展现，能够直观地发现主题之间的联系；Web Brain（http://www.webbrain.com/html/default_win.html），另一个优秀的可视化的检索工具，使用TheBrain技术，类似于大不列颠百科全书电子版中的Knowledge Navigation，以动画的形式展示知识体系的分类层次。

14．迅雷提供了批量下载功能，可以方便地创建多个包含共同特征的下载任务。启动迅雷7，单击主界面右上角的小三角，在出现的选项菜单中选择"新建下载"，会弹出"新建任务"窗口，这时可以在“输入下载 URL”文本框中输入想要下载的 URL 地址下载单个任务，也可单击“按规则添加批量任务”，进行批量下载。迅雷批量下载可使用通配符填空机制。

单击了“按规则添加批量任务”后弹出“批量任务”对话框，填写完成后，在示意窗口会显示第一个和最后一个任务的具体链接地址，用户可以检查是否正确，然后单击确定后选择需要下载的文件即可。

第 7 章　多媒体技术及应用习题参考答案

一、简答题

1．多媒体一词译自英文 Multimedia，而该词又是由 multiple 和 media 复合而成的，核心词是媒体。媒体（Medium，复数 Media）又称媒介、媒质，通常指大众信息传播的手段，如报纸、杂志、电视等。多媒体技术，即计算机交互式综合处理多媒体信息——文本、图形、图像和声音，使多种信息建立逻辑连接，集成为一个系统并具有交互性。简言之，多媒体技术就是具有集成性、实时性和交互性的计算机综合处理声、文、图等信息的技术。

2．多媒体计算机系统是一个能处理多媒体信息的计算机系统。它是计算机和视觉、听觉等多种媒体系统的综合。一个完整的多媒体计算机系统由硬件和软件两部分组成，其核心是一台计算机，外围主要是视听等多种媒体设备。因此，简单地说，多媒体系统的硬件是计算机主机及可以接收和播放多媒体信息的各种输入/输出设备，其软件是音频/视频处理核心程序、多媒体操作系统及各种多媒体工具软件和应用软件。

3．若要用计算机对音频信息进行处理，就要将模拟信号（如语音、音乐等）转换成数字信号，这一转换过程称为模拟音频的数字化。模拟音频数字化过程涉及音频的采样、量化和编码。

4．计算机声音有两种产生途径：一种是通过数字化录制直接获取，另一种是利用声音合成技术实现，后者是计算机音乐的基础。声音合成技术使用微处理器和数字信号处理器代替发声部件，模拟出声音波形数据，然后将这些数据通过数模转换器转换成音频信号并发送到放大器，合成出声音或音乐。乐器生产商利用声音合成技术生产出各种各样的电子乐器。

5．在计算机中，图形（Graphics）与图像（Image）是一对既有联系又有区别的概念。它们都是一幅图，但图的产生、处理、存储方式不同。图形一般是指通过绘图软件绘制的由直线、圆、圆弧、任意曲线等图元组成的画面，以矢量图形文件形式存储。矢量图文件中存储的是一组描述各个图元的大小、位置、形状、颜色、维数等属性的指令集合，通过相应的绘图软件读取这些指令，可将其转换为输出设备上显示的图形。因此，矢量图文件的最大优点是对图形中的各个图元进行缩放、移动、旋转而不失真，而且它占用的存储空间小。

图像是由扫描仪、数字照相机、摄像机等输入设备捕捉的真实场景画面产生的映像，数字化后以位图形式存储。位图图像又称为光栅图像或点阵图像，是由一个个像素点（能被独立赋予颜色和亮度的最小单位）排成矩阵组成的，位图文件中所涉及的图形元素均由像素点来表示，这些点可以进行不同的排列和染色以构成图样。位图文件中存储的是构成图像的每个像素点的亮度、颜色，位图文件的大小与分辨率和色彩的颜色种类有关，放大和缩小要失真，由于每一个像素都是单独染色的，因此位图图像适于表现逼真照片或要求精细细节的图像，占用的空间比矢量文件大。

6．MP3 是 MPEG Audio Layer 3 音乐格式的缩写，属于 MPEG-1 标准的一部分。利用该技术可以将声音文件以 1:12 的压缩率压缩成更小的文档，同时还保持高品质的效果。

7．随着多媒体技术的发展，特别是音频和视觉媒体数字化后巨大的数据量使数据压缩技术的研究受到人们越来越多的重视。近年来随着计算机网络技术的广泛应用，为了满足信息传输的需要，更促进了数据压缩相关技术和理论的研究和发展。

在多媒体应用中，常用的压缩方法有：PCM（脉冲编码调制）、预测编码、变换编码、插值和外推法、统计编码、矢量量化和子带编码等，混合编码是近年来广泛采用的方法。新一代的数据压缩方法，如基于模型的压缩方法、分形压缩和小波变换方法等也已接近实用化水平。

8．Authorware 是一种基于图标和流程的多媒体开发工具。它把多媒体素材交由其他软件处理，本身主要进行素材的集成和组织工作，即使是非专业人员也能方便地创作出交互式多媒体程序。Authorware 在开发应用方面具有如下特点：

① 直观易用的开发界面；

② 具有文本、图形图像、视频、音频等多媒体素材的集成功能；

③ 多样化的交互功能及交互控制；

④ 强劲的数据处理能力；

⑤ 提供强大的代码编辑、调试功能和 Javascript 支持；

⑥ 提供对 DVD 高清晰电影的支持。

Authorware 7.0 是一种基于主流线和设计图标结构的多媒体框架编程开发平台，属于第四代编程软件开发工具。

9．设计窗口最左侧的图示为程序的流程线，主流程线两端为两个小矩形标记，分别为文件的起始标记和文件的结尾标记。在流线图上可以对任意一个图标进行编辑。媒体对象和交互事件都用不同的图标（icon）表示，这些图标被组织在一个结构化框架或过程中，把需要的媒体和控制按流程图的方式放在相应的位置即可实现可视化编程，这种工具适宜于复杂的导航结构。流线或图标控制的优点是调试方便，根据需要可将图标放于流线图上的任何位置，并可任意调整图标的位置，对每一图标都可命以不同的名字以便对图标进行管理。

10．HyperSnap-DX 是 Windows 下专业的图像捕捉软件，它可以轻松、快速地捕捉桌面上的所有图像（甚至包括难以捕捉的 DirectX、Direct3D 游戏屏幕、网页图像），支持 BMP、GIF、TIFF 等 20 多种图片文件格式，并可以用热键或者自动计时器从屏幕上抓图。功能还包括：在所抓的图像中显示鼠标轨迹，收集工具，有调色板功能并能设置分辨率，还能选择从 TWAIN 装置中（扫描仪和数码相机）抓图。

二、上机题（略）

第 8 章　数据库基础习题参考答案

1．数据库（DB）是存储在计算机内、有组织、可共享的数据集合，它将数据按一定的数据模型组织、描述和储存，具有较小的冗余度，较高的数据独立性和易扩展性，可被多个不同的用户共享。

数据库管理系统（DBMS）是专门用于管理数据库的计算机系统软件。数据库管理系统能够为数据库提供数据的定义、建立、维护、查询、统计等操作功能，并具有对数据的完整性、安全性进行控制的功能。

数据库系统是指带有数据库并利用数据库技术进行数据管理的计算机系统。一个数据库系统应由计算机硬件、数据库、数据库管理系统、数据库应用系统和数据库管理员 5 部分构成。数据库系统的体系由支持系统的计算机硬件设备、数据库及相关的计算机软件系统、开发管理数据库系统的人员 3 部分组成。

2．关系模式是型，关系是它的值。关系模式是表态的、稳定的，而关系是动态的、随时间不断变化的，因为关系操作在不断地更新着数据库中的数据。但在实际当中，常常把关系模式和关系统称为关系。用二维表结构来表示实体及实体间联系的模型称为关系模型，其结构即为关系。

关系中的每个元素是关系中的元组（Tuple），通常用 t 表示。实际当中，在二维表中的行（记录的值），称为元组；元组的集合称为关系。

关系中不同列可以对应相同的域，为了加以区分，必须对每列起一个名字，即二维表中的列（字段、数据项）称为属性；列值称为属性值；属性值的取值范围称为值域。

在关系的诸多属性中，能够用来唯一标识实体的属性称为关键字或候选码，即关系中的元组由关键字的值来唯一确定。关系中的任意两个元组都不允许同时在码属性上具有相同的值。在一个关系中，关键字的值不能为空，即关键字的值为空的元组在关系中是不允许存在的。在最简单的情况下，候选码只包含一个属性，称为全码。主码：若一个关系有多个候选码，则选定其中一个为主码。关系中，候选码的属性称为主属性，不包含在任何候选码中的属性称为非码属性。

3．数据结构　数据操作　数据约束。

4．组织数据　创建查询　生成窗体　打印报表　共享数据　支持超级链接　创建应用系统。

5．略

第 9 章　程序设计基础习题参考答案

一、选择题

1. C　2. C　3. B　4. C　5. C　6. C　7. D　8. C　9. B　10. C

二、简答题

1．程序就是完成或解决某一问题的方法和步骤，是为了解决某一特定问题而用某种计算机程序设计语言编写出的代码序列。为了使计算机达到预期目的，就要先得到解决问题的步骤，并根据对该步骤的数学描述编写计算机能够接受和执行的指令序列——程序，然后运行程序得到所要的结果，这就是程序设计。

程序设计的步骤：（1）分析问题，确定解决方案；（2）建立数学模型；（3）确定算法（算法设计）；（4）编写源程序；（5）程序调试。

2．结构化程序设计方法的主要原则可以概括为“自顶向下、逐步细化，模块化和尽量少用 GOTO 语句”。

3．对象是指具有某些特性的具体事物的抽象。在一个面向对象的系统中，对象是运行期的基本实体。在面向对象程序设计中，问题的分析一般以对象及对象间的自然联系为依据。对象具有以下一些基本特征：模块性、继承性和类比性、动态连接性、易维护性。

类是指具有相似性质的一组对象。类是用户定义的数据类型。一个具体的对象称为类的“实例”。

4．算法是程序设计的精髓，可以把它定义成在有限步骤内求解某一问题所使用的一组定义明确的规则。在计算机科学中，算法要用计算机算法语言描述，算法代表用计算机解决一类问题的精确、有效的方法。通俗点说，就是计算机解题的过程。

5．结构化程序设计提出了顺序结构、选择（分支）结构和循环结构 3 种基本程序结构。一个程序无论大小都可以由 3 种基本结构搭建而成。

6．由二进制代码形式组成的规定计算机动作的符号叫做计算机指令，这样一些指令的集合就是机器语言。机器语言是计算机硬件唯一可以直接识别和执行的语言，因而机器语言执行速度最快。但机器语言依赖于具体的机型，不能通用，也不能在不同机型间移植。

在汇编语言中，用“助记符”代替操作码，用“地址符号”或“标号”代替地址码，也就是用“符号”代替了机器语言的二进制码，所以汇编语言也被称为符号语言。用汇编语言编制的程序输入计算机后，计算机不能像用机器语言编写的程序一样直接被识别和执行，必须通过预先放入计算机中的“汇编程序”的加工和翻译，才能变成能够被计算机识别和处理的二进制代码程序。这种起翻译作用的程序叫汇编程序。汇编语言仍然依赖于具体的机型，不能通用，也不能在不同机型之间移植。但是汇编语言的优点还是很明显的，例如，它比机器语言易于读写、易于调试和修改，执行速度快，占内存空间少，能准确发挥计算机硬件的功能和特长，程序精炼且质量高等。

高级语言是接近数学语言或自然语言，同时又不依赖于计算机硬件，编出的程序能在所有机器上通用的语言。高级语言最主要特点是不依赖于机器的指令系统，与具体计算机无关，是一种能方便描述算法过程的计算机程序设计语言。用高级语言设计的程序比低级语言设计的程序简短、易修改、编写程序的效率高。

7．Visual Basic 是一种可视化的、面向对象和采用事件驱动方式的结构化高级程序设计语言，可用于开发 Windows 环境下的各类应用程序。它简单易学、效率高，且功能强大。

三、上机题

1．程序代码参考如下。

```
Dim n As Long
Dim i As Integer
i = 1
n = 7
Do
    If n Mod 2 = 1 And n Mod 3 = 2 And n Mod 5 = 4 And n Mod 6 = 5 And n Mod 7 = 0 Then
        MsgBox("台阶至少有" + Str(n) + "阶")
        Exit Do
    Else
        i = i + 1
        n = 7 * i
    End If
Loop
```

2．程序代码参考如下。

```
Dim n, h As Long
n = 0
h = 4
Do While h <= 8844430
    n = n + 1
    h = h * 2
Loop
MsgBox("这张纸需要对折" + Str(n) + "次以后可以超过珠穆朗玛峰的高度")
```

或者：

```
Dim n, h As Long
n = 0
h = 4
```

```
    Do
        n = n + 1
        h = h * 2
    Loop Until h > 8844430
MsgBox("这张纸需要对折" + Str(n) + "次以后可以超过珠穆朗玛峰的高度")
```

3. 设置的对象属性如下表所示。

对　象	属　性	属 性 值
Label1	caption	演示程序
Frame1	caption	字体
Option1	caption	宋体
Option2	caption	黑体
Option3	caption	隶书
Option4	caption	华文行楷
Frame2	caption	字号
Option5	caption	10
Option6	caption	20
Option7	caption	30
Option8	caption	40
Command1	caption	关闭

程序代码参考如下。

```
Private Sub Option1_Click()
    Label1.FontName="宋体"
End Sub
Private Sub Option2_Click()
    Label1.FontName="黑体"
End Sub
Private Sub Option3_Click()
    Label1.FontName="隶书"
End Sub
Private Sub Option4_Click()
    Label1.FontName="华文行楷"
End Sub
Private Sub Option5_Click()
    Label1.FontSize=10
End Sub
Private Sub Option6_Click()
    Label1.FontSize=20
End Sub
Private Sub Option7_Click()
    Label1.FontSize=30
End Sub
Private Sub Option8_Click()
    Label1.FontSize=40
End Sub
Private Sub Command1_Click()
```

```
    End
End Sub
```

第 10 章　信息安全与职业道德习题参考答案

一、选择题

1. A　2. B　3. A　4. A　5. A　6. C　7. D　8. A

二、简答题

1. 信息安全是指保护信息和信息系统不被未经授权的访问、使用、泄露、中断、修改和破坏，为信息和信息系统提供保密性、完整性、可用性、可控性和不可否认性。

信息安全本身包括的范围很大，大到国家军事政治等机密安全，小到如防范商业企业机密泄露、防范青少年对不良信息的浏览、个人信息的泄露等。网络环境下的信息安全体系是保证信息安全的关键，包括计算机安全操作系统、各种安全协议、安全机制（数字签名、信息认证、数据加密等），直至安全系统，其中任何一个安全漏洞都可以威胁全局安全。信息安全服务至少应该包括支持信息网络安全服务的基本理论，以及基于新一代信息网络体系结构的网络安全服务体系结构。

2. 信息安全的基本属性主要表现在 5 个方面：可用性（availability）、可靠性（controllability）、完整性（integrity）、保密性（confidentiality）、不可否认性（non-repudiation）。具体含义如下。

可用性：保证信息及信息系统确实为授权使用者所用，防止由于计算机病毒或其他人为因素造成的系统拒绝服务或为敌手所用。

可靠性：对信息及信息系统实施安全监督管理。

完整性：防止信息被未经授权的人（实体）篡改，保证真实的信息从真实的信源无失真地到达真实的信宿。

保密性：保证信息不泄露给未经授权的人。

不可否认性：保证信息行为人不能否认自己的行为。

信息安全还有更多的一些属性也用于描述信息安全的不同的特性，如合法性、实用性、占有性、唯一性、生存性、稳定性、特殊性等。

3. ISO7498-2 标准确定了 5 大类安全服务：鉴别服务、访问控制服务、数据加密服务、数据完整性和禁止否认服务。

ISO7498-2 标准确定了 8 大类安全机制：加密机制、数字签名机制、数据完整性机制、鉴别交换机制、业务填充机制、认证机制、路由控制机制和公证机制。

4. 信息安全技术是一门综合的学科，它涉及信息论、计算机科学和密码学等多方面知识，它的主要任务是研究计算机系统和通信网络内信息的保护方法，以实现系统内信息的安全、保密、真实和完整。其中，信息安全的核心是密码技术。

随着计算机网络不断渗透到各个领域，密码学的应用也随之扩大。数字签名、身份鉴别等都是由密码学派生出来的新技术和应用。

5. 密码体制从原理上可分为单钥密码体制和双钥密码体制这两大类。

单钥密码算法，又称对称密码算法，是指加密密钥和解密密钥为同一密钥的密码算法。因此，信息的发送者和信息的接收者在进行信息的传输与处理时，必须共同持有该密码（称为对称密码）。在对称密钥密码算法中，加密运算与解密运算使用同样的密钥。通常，使用的加密算法比较简便高效，密钥简短，破译极其困难。由于系统的保密性主要取决于密钥的安全性，所以，在公开的计算机网络上安全地传送和保管密钥是一个严峻的问题。最典型的是 DES（Data Encryption Standard）算法。

双钥密码算法，又称公钥密码算法，是指加密密钥和解密密钥为两个不同密钥的密码算法。双钥密码算法不同于单钥密码算法，它使用了一对密钥：一个用于加密信息，另一个则用于解密信息，通信双方无需事先交换密钥就可进行保密通信。其中加密密钥不同于解密密钥，加密密钥公之于众，谁都可以用；解密密钥只有解密人自己知道。这两个密钥之间存在着相互依存关系：即用其中任一个密钥加密的信息只能用另一个密钥进行解密。若以公钥作为加密密钥，以用户专用密钥（私钥）作为解密密钥，则可实现多个用户加密的信息只能由一个用户解读；反之，以用户私钥作为加密密钥而以公钥作为解密密钥，则可实现由一个用户加密的信息而多个用户解读。前者可用于数字加密，后者可用于数字签名。

6. 实现数字签名有很多方法，目前数字签名采用较多的是公钥加密技术。

① 用非对称加密算法进行数字签名 RSA。RSA 同时有两把钥匙，公钥与私钥，分别用于对数据的加密和解密，即如果用公开密钥对数据进行加密，只有对应的私有密钥才能进行解密；如果用私有密钥对数据进行加密，则只有对应的公钥才能解密。同时支持数字签名。数字签名的意义在于，对传输过来的数据进行校验。确保数据在传输工程中不被修改。

② 用对称加密算法进行数字签名。对称加密算法是应用较早的加密算法，技术成熟。在对称加密算法中，数据发信方将明文（原始数据）和加密密钥一起经过特殊加密算法处理后，使其变成复杂的加密密文发送出去。收信方收到密文后，若想解读原文，则需要使用加密用过的密钥及相同算法的逆算法对密文进行解密，才能使其恢复成可读明文。在对称加密算法中，使用的密钥只有一个，发收信双方都使用这个密钥对数据进行加密和解密，这就要求解密方事先必须知道加密密钥。

7. 访问控制是网络安全防范和保护的主要策略，它的主要任务是保证网络资源不被非法使用和访问。它是保证网络安全最重要的核心策略之一。访问控制涉及的技术也比较广，包括入网访问控制、网络权限控制、目录级控制以及属性控制等多种手段。

（1）入网访问控制

入网访问控制为网络访问提供了第一层访问控制。它控制哪些用户能够登录到服务器并获取网络资源，控制准许用户入网的时间和准许他们在哪台工作站入网。

（2）权限控制

网络的权限控制是针对网络非法操作所提出的一种安全保护措施。用户和用户组被赋予一定的权限。网络控制用户和用户组可以访问哪些目录、子目录、文件和其他资源。可以指定用户对这些文件、目录、设备能够执行哪些操作。

（3）目录级安全控制

网络应允许控制用户对目录、文件、设备的访问。用户在目录一级指定的权限对所有文件和子目录有效，用户还可进一步指定对目录下的子目录和文件的权限。对目录和文件的访问权限一般有 8 种：系统管理员权限、读权限、写权限、创建权限、删除权限、修改权限、文件查找权限、访问控制权限。

（4）属性安全控制

当用文件、目录和网络设备时，网络系统管理员应给文件、目录等指定访问属性。属性安全在权限安全的基础上提供更进一步的安全性。网络上的资源都应预先标出一组安全属性。

（5）服务器安全控制

网络允许在服务器控制台上执行一系列操作。用户使用控制台可以装载和卸载模块，可以安装和删除软件等操作。网络服务器的安全控制包括可以设置口令锁定服务器控制台，以防止非法用户修改、删除重要信息或破坏数据；可以设定服务器登录时间限制、非法访问者检测和关闭的时间间隔。

8．防火墙技术虽然出现了很多，但总体来说可分为以下两种。

（1）分组过滤型防火墙

分组过滤或包过滤，是一种通用、廉价、有效的安全手段。包过滤在网络层和传输层起作用，它根据分组包的源、宿地址，端口号及协议类型、标志确定是否允许分组包通过，所根据的信息来源于 IP、TCP 或 UDP 包头。只有满足过滤条件的数据包才被转发到相应的目的地，其余数据包则从数据流中丢弃。包过滤的优点是不用改动客户机和主机上的应用程序，因为它工作在网络层和传输层，与应用层无关。但其弱点也是明显的：据以过滤判别的只有网络层和传输层的有限信息，因而各种安全要求不可能充分满足；在许多过滤器中，过滤规则的数目是有限制的，且随着规则数目的增加，性能会受到很大地影响；由于缺少上下文关联信息，不能有效地过滤如 UDP、RPC 一类的协议；另外，大多数过滤器中缺少审计和报警机制，且管理方式和用户界面较差；对安全管理人员素质要求高，建立安全规则时，必须对协议本身及其在不同应用程序中的作用有较深入的理解。因此，过滤器通常和应用网关配合使用，共同组成防火墙系统。

（2）应用代理型防火墙

应用代理型防火墙是内部网与外部网的隔离点，起着监视和隔绝应用层通信流的作用。它工作在 OSI 模型的最高层，即应用层。其特点是完全“阻隔”了网络通信流，通过对每种应用服务编制专门的代理程序，实现监视和控制应用层通信流的作用。

由于对更高安全性的要求，常把基于包过滤的方法与基于应用代理的方法结合起来，形成复合型防火墙产品。

9．计算机病毒（Computer Virus）是一个程序，一段可执行码。就像生物病毒一样，计算机病毒有独特的复制能力。计算机病毒可以很快地蔓延，又常常难以根除。它们能把自身附着在各种类型的文件上。当文件被复制或从一个用户传送到另一个用户时，它们就随同文件一起蔓延开来。

除复制能力外，某些计算机病毒还有其他一些共同特性：一个被污染的程序能够传送病毒载体。当你看到病毒载体似乎仅仅表现在文字和图像上时，它们可能也已毁坏了文件，或格式化了你的硬盘驱动或引发了其他类型的灾害。若是病毒并不寄生于一个污染程序，它仍然能通过占据存储空间给你带来麻烦，并降低计算机的全部性能。

所以，计算机病毒就是能够通过某种途径潜伏在计算机存储介质（或程序）里，能够自我复制，当达到某种条件时即被激活的具有对计算机资源进行破坏作用的一组程序或指令集合，具有破坏性，复制性和传染性。

10．计算机病毒具有以下几个特点。

（1）寄生性

计算机病毒寄生在其他程序之中，当执行这个程序时，病毒就起破坏作用，而在未启动这个程序之前，它是不易被人发觉的。

（2）传染性

计算机病毒不但本身具有破坏性，更有害的是具有传染性，一旦病毒被复制或产生变种，其速度之快令人难以预防。

（3）潜伏性

有些病毒像定时炸弹一样，让它什么时间发作是预先设计好的。比如黑色星期五病毒，不到预定时间一点都觉察不出来，等到条件具备的时候一下子就爆炸开来，对系统进行破坏。

（4）隐蔽性

计算机病毒具有很强的隐蔽性，有的可以通过病毒软件检查出来，有的根本就查不出来，有的时隐时现、变化无常，这类病毒处理起来通常很困难。

（5）破坏性

计算机中毒后，可能会导致正常的程序无法运行，把计算机内的文件删除或受到不同程度的损坏。

（6）可触发性：计算机病毒绝大部分会设定发作条件。这个条件可以是某个日期、键盘的点击次数或是某个文件的调用。其中，以日期作为条件的病毒居多，例如，CIH 病毒的发作条件是 4 月 26 日，“欢乐时光”病毒的发作条件是“月+日=13”等。

（7）非授权可执行性：病毒都是先获取了系统的操控权，在没有得到用户许可的时候就运行，开始了破坏行动。

11．检测病毒方法有：特征代码法、校验和法、行为监测法、软件模拟法，这些方法依据的原理不同，实现时所需开销不同，检测范围不同，各有所长。

（1）特征代码法

特征代码法是使用最为普遍的病毒检测方法，国外专家认为特征代码法是检测已知病毒的最简单、开销最小的方法。

（2）校验和法

将正常文件的内容，计算其校验和，写入文件中保存。定期检查文件的校验和与原来保存的校验和是否一致，可以发现文件是否感染病毒，这种方法叫校验和法，它既可发现已知病毒又可发现未知病毒。

（3）行为监测法

利用病毒的特有行为特征性来监测病毒的方法，称为行为监测法。通过对病毒多年的观察、研究，有一些行为是病毒的共同行为，而且比较特殊。当程序运行时，监视其行为，如果发现了病毒行为，立即报警。

（4）软件模拟法，以后演绎为虚拟机查毒，启发式查毒技术，是相对成熟的技术。

12．知识产权是指公民、法人或者其他组织在科学技术方面或文化艺术方面，对创造性的劳动所完成的智力成果依法享有的专有权利。这个定义包括 3 点含义。

① 知识产权的客体是人的智力成果，属于一种无形财产或无体财产。

② 权利主体对智力成果为独占的、排他的利用。

③ 权利人从知识产权取得的利益既有经济性质的，也有非经济性的。这两方面结合在一起，不可分。因此，知识产权既与人格权亲属权（其利益主要是非经济的）不同，也与财产权（其利益主要是经济的）不同。

知识产权的特点主要有 5 个：一是一种无形资产；二是具备时间性的特点；三是具备地域性的特点；四是知识产权的获得必须经过法定的程序，即必须由法律来确认，对于知识成果的支配权的种类由法律来规定，以及知识产权所有人在行使支配权时必须依靠法律的保护；五是知识产权是一种专有性的民事权利，即对于知识产权的权利人来说，对知识成果依法享有独占、排他的权利，未经其同意，任何人不能享有或使用该项权利，对于同一项知识成果，不允许有两个以上的知识产权并存。

13．软件著作权人享有如下权利：

① 发表权，即决定软件是否公之于众的权利；

② 署名权，即表明开发者身份，在软件上署名的权利；

③ 修改权，即对软件进行增补、删节，或者改变指令、语句顺序的权利；

④ 复制权，即将软件制作一份或者多份的权利；

⑤ 发行权，即以出售或者赠予方式向公众提供软件的原件或者复制件的权利；

⑥ 出租权，即有偿许可他人临时使用软件的权利，但是软件不是出租的主要标的的除外；

⑦ 信息网络传播权，即以有线或者无线方式向公众提供软件，使公众可以在其个人选定的时间和地点获得软件的权利；

⑧ 翻译权，即将原软件从一种自然语言文字转换成另一种自然语言文字的权利；

⑨ 应当由软件著作权人享有的其他权利；

⑩ 软件著作权人可以许可他人行使其软件著作权，并有权获得报酬；

⑪ 软件著作权人可以全部或者部分转让其软件著作权，并有权获得报酬。

14．计算机道德的十条戒律如下。

① 不应使用计算机危害他人。

② 不应干涉他人的计算机工作。

③ 不应窥探他人的计算机文件。

④ 不应使用计算机进行盗窃活动。

⑤ 不应使用计算机做伪证。

⑥ 不应复制或使用没有付费的版权所有软件。

⑦ 不应在未经授权或在没有适当补偿的情况下使用他人的计算机资源。

⑧ 不应挪用他人的智力成果。

⑨ 应该注意编写的程序或设计的系统所造成的社会后果。

⑩ 使用计算机时应该总是考虑到他人并尊重他们。

15．工具软件功能强大，针对性强，实用性好且使用方便，能帮助人们更方便、更快捷地操作计算机，使计算机发挥出更大的效能。

三、上机题（略）

第三部分 全国计算机等级考试大纲（2013 年版）

一级 MS Office 考试大纲

基本要求：

1．具有微型计算机的基础知识（包括计算机病毒的防治常识）。

2．了解微型计算机系统的组成和各部分的功能。

3．了解操作系统的基本功能和作用，掌握 Windows 的基本操作和应用。

4．了解文字处理的基本知识，熟练掌握文字处理 MS Word 的基本操作和应用，熟练掌握一种汉字（键盘）输入方法。

5．了解电子表格软件的基本知识，掌握电子表格软件 Excel 的基本操作和应用。

6. 了解多媒体演示软件的基本知识，掌握演示文稿制作软件 PowerPoint 的基本操作和应用。

7. 了解计算机网络的基本概念和因特网（Internet）的初步知识，掌握 IE 浏览器软件和 Outlook Express 软件的基本操作和使用。

考试内容：

一、计算机基础知识

1．计算机的发展、类型及其应用领域。

2．计算机中数据的表示、存储与处理。

3．多媒体技术的概念与应用。

4．计算机病毒的概念、特征、分类与防治。

5．计算机网络的概念、组成和分类；计算机与网络信息安全的概念和防控。

6．因特网网络服务的概念、原理和应用。

二、操作系统的功能和使用

1．计算机软、硬件系统的组成及主要技术指标。

2．操作系统的基本概念、功能、组成及分类。

3．Windows 操作系统的基本概念和常用术语，文件、文件夹、库等。

4．Windows 操作系统的基本操作和应用：

（1）桌面外观的设置，基本的网络配置。

（2）熟练掌握资源管理器的操作与应用。

（3）掌握文件、磁盘、显示属性的查看、设置等操作。

（4）中文输入法的安装、删除和选用。

（5）掌握检索文件、查询程序的方法。

（6）了解软、硬件的基本系统工具。

三、文字处理软件的功能和使用

1．Word 的基本概念，Word 的基本功能和运行环境，Word 的启动和退出。

2．文档的创建、打开、输入、保存等基本操作。

3．文本的选定、插入与删除、复制与移动、查找与替换等基本编辑技术；多窗口和多文档的编辑。

4．字体格式设置、段落格式设置、文档页面设置、文档背景设置和文档分栏等基本排版技术。

5．表格的创建、修改；表格的修饰；表格中数据的输入与编辑；数据的排序和计算。

6．图形和图片的插入；图形的建立和编辑；文本框、艺术字的使用和编辑。

7．文档的保护和打印。

四、电子表格软件的功能和使用

1．电子表格的基本概念和基本功能，Excel 的基本功能、运行环境、启动和退出。

2．工作簿和工作表的基本概念和基本操作，工作簿和工作表的建立、保存和退出；数据输入和编辑；工作表和单元格的选定、插入、删除、复制、移动；工作表的重命名和工作表窗口的拆分和冻结。

3．工作表的格式化，包括设置单元格格式、设置列宽和行高、设置条件格式、使用样式、自动套用模式和使用模板等。

4．单元格绝对地址和相对地址的概念，工作表中公式的输入和复制，常用函数的使用。

5．图表的建立、编辑和修改以及修饰。

6．数据清单的概念，数据清单的建立，数据清单内容的排序、筛选、分类汇总，数据合并，数据透视表的建立。

7．工作表的页面设置、打印预览和打印，工作表中链接的建立。

8．保护和隐藏工作簿和工作表。

五、PowerPoint 的功能和使用

1．中文 PowerPoint 的功能、运行环境、启动和退出。

2．演示文稿的创建、打开、关闭和保存。

3．演示文稿视图的使用，幻灯片基本操作（版式、插入、移动、复制和删除）。

4．幻灯片基本制作（文本、图片、艺术字、形状、表格等插入及其格式化）。

5．演示文稿主题选用与幻灯片背景设置。

6．演示文稿放映设计（动画设计、放映方式、切换效果）。

7．演示文稿的打包和打印。

六、因特网（Internet）的初步知识和应用

1．了解计算机网络的基本概念和因特网的基础知识，主要包括网络硬件和软件，TCP/IP 协议的工作原理，以及网络应用中常见的概念，如域名、IP 地址、DNS 服务等。

2．能够熟练掌握浏览器、电子邮件的使用和操作。

考试方式：

1．采用无纸化考试，上机操作。考试时间为 90 分钟。

2．软件环境：Windows 7 操作系统，Microsoft Office 2010 办公软件。

3．在指定时间内，完成下列各项操作：

（1）选择题（计算机基础知识和网络的基本知识）。（20 分）

（2）Windows 操作系统的使用。（10 分）

（3）Word 操作。（25 分）

（4）Excel 操作。（20 分）

（5）PowerPoint 操作。（15 分）

（6）浏览器（IE）的简单使用和电子邮件收发。（10 分）

一级 WPS Office 考试大纲

基本要求：

1．具有微型计算机的基础知识（包括计算机病毒的防治常识）。

2．了解微型计算机系统的组成和各部分的功能。

3．了解操作系统的基本功能和作用，掌握 Windows 的基本操作和应用。

4．了解文字处理的基本知识，熟练掌握文字处理 WPS 文字的基本操作和应用，熟练掌握一种汉字（键盘）输入方法。

5．了解电子表格软件的基本知识，掌握 WPS 表格的基本操作和应用。

6．了解多媒体演示软件的基本知识，掌握演示文稿制作软件 WPS 演示的基本操作和应用。

7. 了解计算机网络的基本概念和因特网（Internet）的初步知识，掌握 IE 浏览器软件和 Outlook Express 软件的基本操作和使用。

考试内容：

一、计算机基础知识

1．计算机的发展、类型及其应用领域。

2．计算机中数据的表示、存储与处理。

3．多媒体技术的概念与应用。

4．计算机病毒的概念、特征、分类与防治。

5．计算机网络的概念、组成和分类；计算机与网络信息安全的概念和防控。

6．因特网网络服务的概念、原理和应用。

二、操作系统的功能和使用

1．计算机软、硬件系统的组成及主要技术指标。

2．操作系统的基本概念、功能、组成及分类。

3．Windows 操作系统的基本概念和常用术语，文件、文件夹、库等。

4．Windows 操作系统的基本操作和应用：

（1）桌面外观的设置，基本的网络配置。

（2）熟练掌握资源管理器的操作与应用。

（3）掌握文件、磁盘、显示属性的查看、设置等操作。

（4）中文输入法的安装、删除和选用。

（5）掌握检索文件、查询程序的方法。

（6）了解软、硬件的基本系统工具。

三、WPS 文字处理软件的功能和使用

1．文字处理软件的基本概念，WPS 文字的基本功能、运行环境、启动和退出。

2．文档的创建、打开和基本编辑操作，文本的查找与替换，多窗口和多文档的编辑。

3．文档的保存、保护、复制、删除、插入。

4．字体格式、段落格式和页面格式设置等基本操作，页面设置和打印预览。

5．WPS 文字的图形功能，图形、图片对象的编辑及文本框的使用。

6．WPS 文字表格制作功能，表格结构、表格创建、表格中数据的输入与编辑及表格样式的使用。

四、WPS 表格软件的功能和使用

1．电子表格的基本概念，WPS 表格的功能、运行环境、启动与退出。

2．工作簿和工作表的基本概念，工作表的创建、数据输入、编辑和排版。

3．工作表的插入、复制、移动、更名、保存等基本操作。

4．工作表中公式的输入与常用函数的使用。

5．工作表数据的处理，数据的排序、筛选、查找和分类汇总，数据合并。

6．图表的创建和格式设置。

7．工作表的页面设置、打印预览和打印。

8．工作簿和工作表数据安全、保护及隐藏操作。

五、WPS 演示软件的功能和使用

1．演示文稿的基本概念，WPS 演示的功能、运行环境、启动与退出。

2．演示文稿的创建、打开和保存。

3．演示文稿视图的使用，演示页的文字编排、图片和图表等对象的插入，演示页的插入、删除、复制以及演示页顺序的调整。

4．演示页版式的设置、模板与配色方案的套用、母版的使用。

5．演示页放映效果的设置、换页方式及对象动画的选用，演示文稿的播放与打印。

六、因特网（Internet）的初步知识和应用

1．了解计算机网络的基本概念和因特网的基础知识，主要包括网络硬件和软件，TCP/IP 协议的工作原理，以及网络应用中常见的概念，如域名、IP 地址、DNS 服务等。

2．能够熟练掌握浏览器、电子邮件的使用和操作。

考试方式：

1．采用无纸化考试，上机操作。考试时间为 90 分钟。

2．软件环境：Windows 7 操作系统，WPS Office 2012 办公软件。

3．在指定时间内，完成下列各项操作：

（1）选择题（计算机基础知识和网络的基本知识）。（20 分）

（2）Windows 操作系统的使用。（10 分）

（3）WPS 文字的操作。（25 分）

（4）WPS 表格的操作。（20 分）

（5）WPS 演示软件的操作。（15 分）

（6）浏览器（IE）的简单使用和电子邮件收发。（10 分）

一级 Photoshop 考试大纲

基本要求：

1．掌握微型计算机的基础知识（包括计算机病毒的防治常识）。

2．了解数字图像的基础知识。

3．了解 Photoshop CS5 软件的工作环境和界面操作。

4．掌握选区创建、编辑与基本应用的方法。

5．掌握绘图工具的基本使用方法和图像色调的调整方法。

6．掌握图层及蒙版的基本知识，熟练使用图层样式。

7．掌握文字效果的基本制作方法。

考试内容：

一、计算机基础知识

1．计算机的概念、类型及其应用领域；计算机系统的配置及主要技术指标。

2．计算机中数据的表示：二进制的概念，整数的二进制表示，西文字符的ASCII码表示，汉字及其编码（国标码），数据的存储单位（位、字节、字）。

3．计算机病毒的概念和病毒的防治。

4．计算机硬件系统的组成和功能：CPU、存储器（ROM、RAM） 以及常用的输入/输出设备的功能。

5．计算机软件系统的组成和功能：系统软件和应用软件，程序设计语言（机器语言、汇编语言、高级语言）的概念。

二、数字图像的基础知识

1．色彩的概念及基本配色原理。

2．像素、分辨率；矢量图形、位图图像等概念。

3．颜色模式、位深度的概念及基本应用。

4．常用图像文件格式的特点。

三、Photoshop 软件的工作界面与基本操作

1．Photoshop 工作界面（工具箱、菜单、面板、文档窗口等）的功能。

2．文件菜单的基本使用。

四、选区的创建、编辑与基本应用

1．选区工具及其选项设置。

2．选择菜单的使用。

3．选区的基本应用，包括拷贝、粘贴、填充、描边、变换和定义图案等。

五、图像的绘制、编辑与修饰

1．绘图工具（包括画笔工具、橡皮擦工具、渐变工具、油漆桶工具等）的使用。

2．图章工具（仿制图章工具和图案图章工具）和修复工具（污点修复工具、修复画笔工具、修补工具和红眼工具）的使用。

3．修饰工具（包括涂抹工具、模糊工具、锐化工具、海绵工具、减淡工具、加深工具）的使用。

4．图像菜单的基本使用，包括模式、图像大小、亮度/ 对比度、色阶、曲线、色相/ 饱和度、色彩平衡、替换颜色、裁剪、裁切。

六、图层及蒙版的基本操作与应用

1．图层菜单和图层面板的基本使用。

2．图层蒙版的基本使用。

3．图层样式的使用。

七、文字效果

1．横排文字工具和直排文字工具的使用。

2．字符面板和段落面板的使用。

3．文本图层的样式使用。

考试方式：

上机考试，考试时长 90 分钟，满分 100 分。

1．题型及分值

单项选择题 55 分（含计算机基础知识部分 20 分，Photoshop 知识与操作部分 35 分）。

Photoshop 操作题 45 分（含 3 道题目，每题 15 分）。

2．考试环境

操作系统 Windows 7，图像软件 Adobe Photoshop CS5（典型方式安装）。

二级公共基础知识考试大纲

基本要求：

1．掌握算法的基本概念。

2．掌握基本数据结构及其操作。

3．掌握基本排序和查找算法。

4．掌握逐步求精的结构化程序设计方法。

5．掌握软件工程的基本方法，具有初步应用相关技术进行软件开发的能力。

6．掌握数据库的基本知识，了解关系数据库的设计。

考试内容：

一、基本数据结构与算法

1．算法的基本概念；算法复杂度的概念和意义（时间复杂度与空间复杂度）。

2．数据结构的定义；数据的逻辑结构与存储结构；数据结构的图形表示；线性结构与非线性结构的概念。

3．线性表的定义；线性表的顺序存储结构及其插入与删除运算。

4．栈和队列的定义；栈和队列的顺序存储结构及其基本运算。

5．线性单链表、双向链表与循环链表的结构及其基本运算。

6．树的基本概念；二叉树的定义及其存储结构；二叉树的前序、中序和后序遍历。

7．顺序查找与二分法查找算法；基本排序算法（交换类排序，选择类排序，插入类排序）。

二、程序设计基础

1．程序设计方法与风格。

2．结构化程序设计。

3．面向对象的程序设计方法、对象、方法、属性及继承与多态性。

三、软件工程基础

1．软件工程基本概念，软件生命周期概念，软件工具与软件开发环境。

2．结构化分析方法，数据流图，数据字典，软件需求规格说明书。

3．结构化设计方法，总体设计与详细设计。

4．软件测试的方法，白盒测试与黑盒测试，测试用例设计，软件测试的实施，单元测试、集成测试和系统测试。

5．程序的调试，静态调试与动态调试。

四、数据库设计基础

1．数据库的基本概念：数据库，数据库管理系统，数据库系统。

2．数据模型，实体联系模型及 E-R 图，从 E-R 图导出关系数据模型。

3．关系代数运算，包括集合运算及选择、投影、连接运算，数据库规范化理论。

4．数据库设计方法和步骤：需求分析、概念设计、逻辑设计和物理设计的相关策略。

考试方式：

1．公共基础知识不单独考试，与其他二级科目组合在一起，作为二级科目考核内容的一部分。

2．考试方式为上机考试，10 道选择题，占 10 分。

二级 C 语言程序设计考试大纲

基本要求：

1．熟悉 Visual C++ 6. 0 集成开发环境。

2．掌握结构化程序设计的方法，具有良好的程序设计风格。

3．掌握程序设计中简单的数据结构和算法并能阅读简单的程序。

4．在 Visual C++ 6. 0 集成环境下，能够编写简单的 C 程序，并具有基本的纠错和调试程序的能力。

考试内容：

一、C 语言程序的结构

1．程序的构成，main 函数和其他函数。

2．头文件，数据说明，函数的开始和结束标志以及程序中的注释。

3．源程序的书写格式。

4．C 语言的风格。

二、数据类型及其运算

1．C 的数据类型（基本类型，构造类型，指针类型，无值类型）及其定义方法。

2．C 运算符的种类、运算优先级和结合性。

3．不同类型数据间的转换与运算。

4．C 表达式类型（赋值表达式，算术表达式，关系表达式，逻辑表达式，条件表达式，逗号表达式）和求值规则。

三、基本语句

1．表达式语句，空语句，复合语句。

2．输入输出函数的调用，正确输入数据并正确设计输出格式。

四、选择结构程序设计

1．用 if 语句实现选择结构。

2．用 switch 语句实现多分支选择结构。

3．选择结构的嵌套。

五、循环结构程序设计

1．for 循环结构。

2．while 和 do-while 循环结构。

3．continue 语句和 break 语句。

4．循环的嵌套。

六、数组的定义和引用

1．一维数组和二维数组的定义、初始化和数组元素的引用。

2．字符串与字符数组。

七、函数

1. 库函数的正确调用。

2. 函数的定义方法。

3. 函数的类型和返回值。

4. 形式参数与实在参数，参数值的传递。

5. 函数的正确调用，嵌套调用，递归调用。

6. 局部变量和全局变量。

7. 变量的存储类别（自动，静态，寄存器，外部），变量的作用域和生存期。

八、编译预处理

1. 宏定义和调用（不带参数的宏，带参数的宏）。

2. "文件包含"处理。

九、指针

1. 地址与指针变量的概念，地址运算符与间址运算符。

2. 一维、二维数组和字符串的地址以及指向变量、数组、字符串、函数、结构体的指针变量的定义。通过指针引用以上各类型数据。

3. 用指针作函数参数。

4. 返回地址值的函数。

5. 指针数组，指向指针的指针。

十、结构体（即"结构"与共同体（即"联合"）

1. 用 typedef 说明一个新类型。

2. 结构体和共用体类型数据的定义和成员的引用。

3. 通过结构体构成链表，单向链表的建立，结点数据的输出、删除与插入。

十一、位运算

1. 位运算符的含义和使用。

2. 简单的位运算。

十二、文件操作

只要求缓冲文件系统（即高级磁盘 I/O 系统），对非标准缓冲文件系统（即低级磁盘 I/O 系统）不要求。

1. 文件类型指针（FILE 类型指针）。

2. 文件的打开与关闭（fopen，fclose）。

3. 文件的读写（fputc，fgetc，fputs，fgets，fread，fwrite，fprintf，fscanf 函数的应用），文件的定位（rewind，fseek 函数的应用）。

考试方式：

上机考试，考试时长 120 分钟，满分 100 分。

1. 题型及分值

单项选择题 40 分（含公共基础知识部分 10 分）、操作题 60 分（包括填空题、改错题及编程题）。

2. 考试环境

Visual C++ 6. 0。

二级 Visual FoxPro 数据库程序设计考试大纲

基本要求：

1．具有数据库系统的基础知识。

2．基本了解面向对象的概念。

3．掌握关系数据库的基本原理。

4．掌握数据库程序设计方法。

5．能够使用 Visual FoxPro 建立一个小型数据库应用系统。

考试内容：

一、Visual FoxPro 基础知识

1．基本概念：

数据库，数据模型，数据库管理系统，类和对象，事件，方法。

2．关系数据库：

（1）关系数据库：关系模型，关系模式，关系，元组，属性，域，主关键字和外部关键字。

（2）关系运算：选择，投影，连接。

（3）数据的一致性和完整性：实体完整性，域完整性，参照完整性。

3．Visual FoxPro 系统特点与工作方式：

（1）Windows 版本数据库的特点。

（2）数据类型和主要文件类型。

（3）各种设计器和向导。

（4）工作方式：交互方式（命令方式，可视化操作）和程序运行方式。

4．Visual FoxPro 的基本数据元素：

（1）常量，变量，表达式。

（2）常用函数：字符处理函数，数值计算函数，日期时间函数，数据类型转换函数，测试函数。

二、Visual FoxPro 数据库的基本操作

1．数据库和表的建立、修改与有效性检验：

（1）表结构的建立与修改。

（2）表记录的浏览、增加、删除与修改。

（3）创建数据库，向数据库添加或移出表。

（4）设定字段级规则和记录级规则。

（5）表的索引：主索引，候选索引，普通索引，唯一索引。

2．多表操作：

（1）选择工作区。

（2）建立表之间的关联，一对一的关联，一对多的关联。

（3）设置参照完整性。

（4）建立表间临时关联。

3．建立视图与数据查询

（1）查询文件的建立、执行与修改。

（2）视图文件的建立、查看与修改。

（3）建立多表查询。
（4）建立多表视图。
三、关系数据库标准语言 SQL
1．SQL 的数据定义功能：
（1）CREATE TABLE-SQL。
（2）ALTER TABLE-SQL。
2．SQL 的数据修改功能：
（1）DELETE-SQL。
（2）INSERT-SQL。
（3）UPDATE-SQL。
3．SQL 的数据查询功能：
（1）简单查询。
（2）嵌套查询。
（3）连接查询。
内连接
外连接：左连接，右连接，完全连接
（4）分组与计算查询。
（5）集合的并运算。
四、项目管理器、设计器和向导的使用
1．使用项目管理器：
（1）使用“数据冶选项卡。
（2）使用“文档冶选项卡。
2．使用表单设计器：
（1）在表单中加入和修改控件对象。
（2）设定数据环境。
3．使用菜单设计器：
（1）建立主选项。
（2）设计子菜单。
（3）设定菜单选项程序代码。
4．使用报表设计器：
（1）生成快速报表。
（2）修改报表布局。
（3）设计分组报表。
（4）设计多栏报表。
5．使用应用程序向导。
6．应用程序生成器与连编应用程序。
五、Visual FoxPro 程序设计
1．命令文件的建立与运行：
（1）程序文件的建立。
（2）简单的交互式输入、输出命令。
（3）应用程序的调试与执行。

2．结构化程序设计：
（1）顺序结构程序设计。
（2）选择结构程序设计。
（3）循环结构程序设计。
3．过程与过程调用：
（1）子程序设计与调用。
（2）过程与过程文件。
（3）局部变量和全局变量，过程调用中的参数传递。
4．用户定义对话框（MESSAGEBOX）的使用。

考试方式：

上机考试，考试时长 120 分钟，满分 100 分。
1．题型及分值
单项选择题 40 分（含公共基础知识部分 10 分）、操作题 60 分（包括基本操作题、简单应用题及综合应用题）。
2．考试环境
Visual FoxPro 6. 0。

二级 Visual Basic 语言程序设计考试大纲

基本要求：

1．熟悉 Visual Basic 集成开发环境。
2．了解 Visual Basic 中对象的概念和事件驱动程序的基本特性。
3．了解简单的数据结构和算法。
4．能够编写和调试简单的 Visual Basic 程序。

考试内容：

一、Visual Basic 程序开发环境
1．Visual Basic 的特点和版本。
2．Visual Basic 的启动与退出。
3．主窗口：
（1）标题和菜单。
（2）工具栏。
4．其他窗口：
（1）窗体设计器和工程资源管理器。
（2）属性窗口和工具箱窗口。
二、对象及其操作
1．对象：
（1）Visual Basic 的对象。
（2）对象属性设置。
2．窗体：
（1）窗体的结构与属性。
（2）窗体事件。

3．控件：
（1）标准控件。
（2）控件的命名和控件值。
4．控件的画法和基本操作。
5．事件驱动。
三、数据类型及其运算
1．数据类型：
（1）基本数据类型。
（2）用户定义的数据类型。
2．常量和变量：
（1）局部变量与全局变量。
（2）变体类型变量。
（3）缺省声明。
3．常用内部函数。
4．运算符与表达式：
（1）算术运算符。
（2）关系运算符与逻辑运算符。
（3）表达式的执行顺序。
四、数据输入、输出
1．数据输出：
（1）Print 方法。
（2）与 Print 方法有关的函数（Tab，Spc，Space $）。
（3）格式输出（Format $）。
2．InputBox 函数。
3．MsgBox 函数和 MsgBox 语句。
4．字形。
5．打印机输出：
（1）直接输出。
（2）窗体输出。
五、常用标准控件
1．文本控件：
（1）标签。
（2）文本框。
2．图形控件：
（1）图片框，图像框的属性、事件和方法。
（2）图形文件的装入。
（3）直线和形状。
3．按钮控件。
4．选择控件：复选框和单选按钮。
5．选择控件：列表框和组合框。
6．滚动条。

7．计时器。
8．框架。
9．焦点与 Tab 顺序。
六、控制结构
1．选择结构：
（1）单行结构条件语句。
（2）块结构条件语句。
（3）IIf 函数。
2．多分支结构。
3．For 循环控制结构。
4．当循环控制结构。
5．Do 循环控制结构。
6．多重循环。
七、数组
1．数组的概念：
（1）数组的定义。
（2）静态数组与动态数组。
2．数组的基本操作：
（1）数组元素的输入、输出和复制。
（2）ForEach…Next 语句。
（3）数组的初始化。
3．控件数组。
八、过程
1．Sub 过程：
（1）Sub 过程的建立。
（2）调用 Sub 过程。
（3）通用过程与事件过程。
2．Function 过程：
（1）Function 过程的定义。
（2）调用 Function 过程。
3．参数传送：
（1）形参与实参。
（2）引用。
（3）传值。
（4）数组参数的传送。
4．可选参数与可变参数。
5．对象参数：
（1）窗体参数。
（2）控件参数。
九、菜单与对话框
1．用菜单编辑器建立菜单。

2．菜单项的控制：
（1）有效性控制。
（2）菜单项标记。
（3）键盘选择。
3．菜单项的增减。
4．弹出式菜单。
5．通用对话框。
6．文件对话框。
7．其他对话框（颜色，字体，打印对话框）。
十、多重窗体与环境应用
1．建立多重窗体应用程序。
2．多重窗体程序的执行与保存。
3．Visual Basic 工程结构：
（1）标准模块。
（2）窗体模块。
（3）SubMain 过程。
4．闲置循环与 DoEvents 语句。
十一、键盘与鼠标事件过程
1．KeyPress 事件。
2．KeyDown 与 KeyUp 事件。
3．鼠标事件。
4．鼠标光标。
5．拖放。
十二、数据文件
1．文件的结构和分类。
2．文件操作语句和函数。
3．顺序文件：
（1）顺序文件的写操作。
（2）顺序文件的读操作。
4．随机文件：
（1）随机文件的打开与读写操作。
（2）随机文件中记录的增加与删除。
（3）用控件显示和修改随机文件。
5．文件系统控件：
（1）驱动器列表框和目录列表框。
（2）文件列表框。
6．文件基本操作。

考试方式：

上机考试，考试时长 120 分钟，满分 100 分。
1．题型及分值
单项选择题 40 分（含公共基础知识部分 10 分）。

基本操作题 18 分。

简单应用题 24 分。

综合应用题 18 分。

2. 考试环境

Microsoft Visual Basic 6. 0。

二级 Access 数据库程序设计考试大纲

基本要求：

1. 具有数据库系统的基础知识。
2. 基本了解面向对象的概念。
3. 掌握关系数据库的基本原理。
4. 掌握数据库程序设计方法。
5. 能使用 Access 建立一个小型数据库应用系统。

考试内容：

一、数据库基础知识

1. 基本概念：

数据库，数据模型，数据库管理系统，类和对象，事件。

2. 关系数据库基本概念：

关系模型（实体的完整性，参照的完整性，用户定义的完整性），关系模式，关系，元组，属性，字段，域，值，主关键字等。

3. 关系运算基本概念：

选择运算，投影运算，连接运算。

4. SQL 基本命令：

查询命令，操作命令。

5. Access 系统简介：

（1）Access 系统的基本特点。

（2）基本对象：表，查询，窗体，报表，页，宏，模块。

二、数据库和表的基本操作

1. 创建数据库：

（1）创建空数据库。

（2）使用向导创建数据库。

2. 表的建立：

（1）建立表结构：使用向导，使用表设计器，使用数据表。

（2）设置字段属性。

（3）输入数据：直接输入数据，获取外部数据。

3. 表间关系的建立与修改：

（1）表间关系的概念：一对一，一对多。

（2）建立表间关系。

（3）设置参照完整性。

4. 表的维护：

（1）修改表结构：添加字段，修改字段，删除字段，重新设置主关键字。
（2）编辑表内容：添加记录，修改记录，删除记录，复制记录。
（3）调整表外观。
5．表的其他操作：
（1）查找数据。
（2）替换数据。
（3）排序记录。
（4）筛选记录。
三、查询的基本操作
1．查询分类：
（1）选择查询。
（2）参数查询。
（3）交叉表查询。
（4）操作查询。
（5）SQL查询。
2．查询准则：
（1）运算符。
（2）函数。
（3）表达式。
3．创建查询：
（1）使用向导创建查询。
（2）使用设计器创建查询。
（3）在查询中计算。
4．操作已创建的查询：
（1）运行已创建的查询。
（2）编辑查询中的字段。
（3）编辑查询中的数据源。
（4）排序查询的结果。
四、窗体的基本操作
1．窗体分类：
（1）纵栏式窗体。
（2）表格式窗体。
（3）主/子窗体。
（4）数据表窗体。
（5）图表窗体。
（6）数据透视表窗体。
2．创建窗体：
（1）使用向导创建窗体。
（2）使用设计器创建窗体：控件的含义及种类，在窗体中添加和修改控件，设置控件的常见属性。

五、报表的基本操作
1．报表分类：
（1）纵栏式报表。
（2）表格式报表。
（3）图表报表。
（4）标签报表。
2．使用向导创建报表。
3．使用设计器编辑报表。
4．在报表中计算和汇总。
六、页的基本操作
1．数据访问页的概念。
2．创建数据访问页：
（1）自动创建数据访问页。
（2）使用向导数据访问页。
七、宏
1．宏的基本概念。
2．宏的基本操作：
（1）创建宏：创建一个宏，创建宏组。
（2）运行宏。
（3）在宏中使用条件。
（4）设置宏操作参数。
（5）常用的宏操作。
八、模块
1．模块的基本概念：
（1）类模块。
（2）标准模块。
（3）将宏转换为模块。
2．创建模块：
（1）创建 VBA 模块：在模块中加入过程，在模块中执行宏。
（2）编写事件过程：键盘事件，鼠标事件，窗口事件，操作事件和其他事件。
3．调用和参数传递。
4．VBA 程序设计基础：
（1）面向对象程序设计的基本概念。
（2）VBA 编程环境：进入 VBE，VBE 界面。
（3）VBA 编程基础：常量，变量，表达式。
（4）VBA 程序流程控制：顺序控制，选择控制，循环控制。
（5）VBA 程序的调试：设置断点，单步跟踪，设置监视点。

考试方式：

上机考试，考试时长 120 分钟，满分 100 分。
1．题型及分值
单项选择题 40 分（含公共基础知识部分 10 分）、操作题 60 分（包括基本操作题、简单应用题及综合应用题）。

2．考试环境

Microsoft Office Access 2010

三级网络技术考试大纲

基本要求：

1．了解大型网络系统规划、管理方法；

2．具备中小型网络系统规划、设计的基本能力；

3．掌握中小型网络系统组建、设备配置调试的基本技术；

4．掌握企事业单位中小型网络系统现场维护与管理基本技术；

5．了解网络技术的发展。

考试内容：

一、网络规划与设计

1．网络需求分析。

2．网络规划设计。

3．网络设备及选型。

4．网络综合布线方案设计。

5．接入技术方案设计。

6．IP 地址规划与路由设计。

7．网络系统安全设计。

二、网络构建

1．局域网组网技术。

（1）网线制作方法。

（2）交换机配置与使用方法。

（3）交换机端口的基本配置。

（4）交换机 VLAN 配置。

（5）交换机 STP 配置。

2．路由器配置与使用。

（1）路由器基本操作与配置方法。

（2）路由器接口配置。

（3）路由器静态路由配置。

（4）RIP 动态路由配置。

（5）OSPF 动态路由配置。

3．路由器高级功能。

（1）设置路由器为 DHCP 服务器。

（2）访问控制列表的配置。

（3）配置 GRE 协议。

（4）配置 IPSec 协议。

（5）配置 MPLS 协议。

4．无线网络设备安装与调试。

三、网络环境与应用系统的安装调试

1．网络环境配置。

2．WWW 服务器安装调试。

3．E-mail 服务器安装调试。

4．FTP 服务器安装调试。

5．DNS 服务器安装调试。

四、网络安全技术与网络管理

1．网络安全。

（1）网络防病毒软件与防火墙的安装与使用。

（2）网站系统管理与维护。

（3）网络攻击防护与漏洞查找。

（4）网络数据备份与恢复设备的安装与使用。

（5）其他网络安全软件的安装与使用。

2．网络管理。

（1）管理与维护网络用户账户。

（2）利用工具软件监控和管理网络系统。

（3）查找与排除网络设备故障。

（4）常用网络管理软件的安装与使用。

五、上机操作

在仿真网络环境下完成以下考核内容：

1．交换机配置与使用。

2．路由器基本操作与配置方法。

3．网络环境与应用系统安装调试的基本方法。

4．网络管理与安全设备、软件安装、调试的基本方法。

考试方法：

上机考试，120 分钟，总分 100 分。

三级数据库技术考试大纲

基本要求：

1．掌握数据库技术的基本概念、原理、方法和技术。

2．能够使用 SQL 语言实现数据库操作。

3．具备数据库系统安装、配置及数据库管理与维护的基本技能。

4．掌握数据库管理与维护的基本方法。

5．掌握数据库性能优化的基本方法。

6．了解数据库应用系统的生命周期及其设计、开发过程。

7．熟悉常用的数据库管理和开发工具，具备用指定的工具管理和开发简单数据库应用系统的能力。

8．了解数据库技术的最新发展。

考试内容：

一、数据库应用系统分析及规划

1．数据库应用系统生命周期。
2．数据库开发方法与实现工具。
3．数据库应用体系结构。
二、数据库设计及实现
1．概念设计。
2．逻辑设计。
3．物理设计。
4．数据库应用系统的设计与实现。
三、数据库存储技术
1．数据存储与文件结构。
2．索引技术。
四、数据库编程技术
1．一些高级查询功能。
2．存储过程。
3．触发器。
4．函数。
5．游标。
五、事务管理
1．并发控制技术。
2．备份和恢复数据库技术。
六、数据库管理与维护
1．数据完整性。
2．数据库安全性。
3．数据库可靠性。
4．监控分析。
5．参数调整。
6．查询优化。
7．空间管理。
七、数据库技术的发展及新技术
1．对象数据库。
2．数据仓库及数据挖掘。
3．XML 数据库。
4．云计算数据库。
5．空间数据库。

考试方式

上机考试，120 分钟，满分 100 分。

第四部分

二级公共基础知识概述

第 1 章　数据结构与算法

1.1　算法

1.1.1　算法的基本概念

算法是指对解题方案的准确而完整的描述。简单地说，就是解决问题的操作步骤。

值得注意的是，算法不等于数学上的计算方法，也不等于程序。在用计算机解决实际问题时，往往先设计算法，用某种表达方式（如流程图）描述，然后再用具体的程序设计语言描述此算法（即编程）。在编程时由于要受到计算机系统运行环境的限制，因此，程序的编制通常不可能优于算法的设计。

1．算法的基本特征

一般来说，一个算法应具有以下 4 个基本特征。

（1）可行性（Effectiveness）：算法在特定的执行环境中执行，应当能够得出满意的结果，即必须有一个或多个输出。

（2）确定性（Definiteness）：算法中的每一个步骤都必须有明确的定义，不允许有模棱两可的解释和多义性。

（3）有穷性（Finiteness）：算法必须在有限时间内做完，即算法必须能在执行有限个步骤之后终止。

（4）拥有足够的情报：要使算法有效，必须为算法提供足够的情报。当算法拥有足够的情报时，此算法才是有效的；而当提供的情报不够时，算法可能无效。

2．算法的基本要素

通常，一个算法由两种基本要素组成。

- 对数据对象的运算和操作；
- 算法的控制结构（即运算或操作时间的顺序）。

（1）对数据对象的运算和操作。

通常，计算机可以执行的基本操作是以指令的形式描述的。一个计算机系统能执行的所有指令的集合，称为该计算机系统的指令系统。计算机程序就是按解题要求从计算机指令系统中选择合适的指令所组成的指令序列。

在一般的计算机系统中，基本的运算和操作有 4 类，如表 1-1 所示。

（2）算法的控制结构。

一个算法的功能不仅取决于所选用的操作，而且还与各操作之间的执行顺序有关。算法中各操作之间的执行顺序称为算法的控制结构。

表 1–1　　4 类基本的运算和操作

运算类型	操　作	实　例
算术运算	＋、－、×、÷	$a+b$、3－1
逻辑运算	与（&）、或（‖）、非（!）	!1、1‖0、1&1
关系运算	＞ ＜ ＝ ≠	$a>b$、$a=c$、$b\neq c$
数据传输	赋值、输入、输出	$a=0$、$b=3$

算法的控制结构给出了算法的基本框架，它不仅决定了算法中各操作的执行顺序，而且也直接反映了算法的设计是否符合结构化原则。描述算法的工具通常有传统流程图、N-S 结构化流程图、算法描述语言等。一个算法一般都可以用顺序、选择、循环 3 种基本控制结构组合而成。

3．算法设计的基本方法

虽然设计算法是一件非常困难的工作，但是算法设计也不是无章可循，人们经过实践，总结和积累了许多行之有效的方法。常用的几种算法设计方法有列举法、归纳法、递推法、递归法、减半递推技术和回溯法。

4．算法设计的基本要求

通常一个好的算法应达到如下目标。

（1）正确性（Correctness）。

正确性大体可以分为以下 4 个层次：

① 程序不含语法错误；

② 程序对于几组输入数据能够得出满足规格说明要求的结果；

③ 程序对于精心选择的典型、苛刻而带有刁难性的几组输入数据能够得出满足规格说明要求的结果；

④ 程序对于一切合法的输入数据都能产生满足规格说明要求的结果。

（2）可读性（Readability）。

算法主要是为了方便人的阅读与交流，其次才是其执行。可读性好有助于用户对算法的理解；晦涩难懂的程序易于隐藏较多错误，难以调试和修改。

（3）健壮性（Robustness）。

当输入数据非法时，算法也能适当地做出反应或进行处理，而不会产生莫名其妙的输出结果。

（4）效率与低存储量需求。

效率指的是程序执行时，对于同一个问题如果有多个算法可以解决，执行时间短的算法效率高；存储量需求指算法执行过程中所需要的最大存储空间。

1.1.2　算法的复杂度

算法的复杂度是算法效率的度量，是评价算法优劣的重要依据。

算法复杂度包括算法的时间复杂度和算法的空间复杂度。

1．算法的时间复杂度

算法的时间复杂度是指执行算法所需要的计算工作量。

为了能够比较客观地反映出一个算法的效率，在度量一个算法的工作量时，不仅应该与所使用的计算机、程序设计语言以及程序编制者无关，而且还应该与算法实现过程中的许多细节无关。

算法的计算工作量是用算法所执行的基本运算次数来度量的，而算法所执行的基本运算次数是问题规模（通常用整数 n 表示）的函数，即

$$算法的工作量=f(n)$$

例如，在 $N\times N$ 矩阵相乘的算法中，整个算法的执行时间与该基本操作（乘法）重复执行的次数 n^3 成正比，也就是时间复杂度为 n^3，即

$$f(n)=O(n^3)$$

在有的情况下，算法中的基本操作重复执行的次数还随问题的输入数据集不同而不同。例如，在起泡排序的算法中，当要排序的数组 a 初始序列为自小至大有序时，基本操作的执行次数为 0；当初始序列为自大至小有序时，基本操作的执行次数为 $n(n-1)/2$。对这类算法，可以采用平均性态和最坏情况复杂性两种方法来分析。

2．算法的空间复杂度

算法的空间复杂度是指执行这个算法所需要的内存空间。

一个算法所占用的存储空间包括算法程序所占的空间、输入的初始数据所占的存储空间以及算法执行过程中所需要的额外空间。其中额外空间包括算法程序执行过程中的工作单元以及某种数据结构所需要的附加存储空间。如果额外空间量相对于问题规模来说是常数，则称该算法是原地（in place）工作的。在许多实际问题中，为了减少算法所占的存储空间，通常采用压缩存储技术，以便尽量减少不必要的额外空间。

1.2 数据结构

1.2.1 数据结构的定义

数据结构是计算机科学与技术领域广泛使用的一个基本术语，用来反映数据的内部构成。在给出数据结构的定义之前，我们先弄清楚几个概念。

- 数据（data）：是对客观事物的符号表示，在计算机科学中是指所有能输入到计算机中并被计算机程序处理的符号的总称。
- 数据元素（data element）：是数据的基本单位，在计算机程序中通常作为一个整体进行考虑和处理。
- 数据对象（data object）：是性质相同的数据元素的集合，是数据的一个子集。

简单地说，数据结构（data structure）是指相互关联的数据元素的集合，即数据的组织形式。所谓结构，就是指数据元素之间的前后件关系（或称直接前驱与直接后继关系）。

例如，在考虑一日三餐的时间顺序关系时，“早餐”是“午餐”的前件（或直接前驱），而“午餐”是“早餐”的后件（或直接后继）；同样，“午餐”是“晚餐”的前件，“晚餐”是“午餐”的后件。

又例如，在考虑学历的顺序关系时，“小学”是“初中”的前件，而“初中”是小学的后件。同样，“初中”是“高中”的前件，“高中”是“初中”的后件。

前后件关系是数据元素之间的一个基本关系，但前后件关系所表示的实际意义随具体对象的不同而不同。一般来说，数据元素之间的任何关系都可以用前后件关系来描述。

数据结构的两个要素——“数据”和“结构”是紧密联系在一起的，“数据”是有结构的数据，而不是无关联的、松散的；而“结构”就是数据元素间的关系，是由数据的特性所决定的。

数据结构作为计算机的一门学科，主要研究和讨论以下 3 个方面。

（1）数据集合中各数据元素之间所固有的逻辑关系，即数据的逻辑结构。

（2）在对数据元素进行处理时，各数据元素在计算机中的存储关系，即数据的存储结构。

（3）对各种数据结构进行的运算。

讨论以上问题的目的是为了提高数据处理的效率，即提高数据处理的速度以及尽量节省在

数据处理过程中所占用的计算机存储空间。

1．数据的逻辑结构

由数据结构的定义可知，一个数据结构应包含以下两方面信息。

（1）表示数据元素的信息。

（2）表示各数据元素之间的前后件关系。

在此定义中，并没有考虑数据元素的存储，所以上述的数据结构实际上是数据的逻辑结构。

数据的逻辑结构是对数据元素之间的逻辑关系的描述，它可以用一个数据元素的集合和定义在此集合中的若干关系来表示。

数据的逻辑结构有两个要素：一是数据元素的集合，通常记为 D；二是 D 上的关系，它反映了数据元素之间的前后件关系，通常记为 R。一个数据结构可以表示成为

$$B=(D, R)$$

其中 B 表示数据结构。为了反映 D 中各数据元素之间的前后件关系，一般用二元组来表示。

例如，如果把一日三餐看作一个数据结构，则可表示为

$$B=(D, R)$$

$$D=\{早餐，午餐，晚餐\}$$

$$R=\{（早餐，午餐），（午餐，晚餐）\}$$

数据的逻辑结构包括线性结构图、树型结构图、网状结构图和集合图 4 种。

2．数据的存储结构

数据的逻辑结构在计算机存储空间中的存放形式称为数据的存储结构（也称数据的物理结构）。在进行数据处理时，被处理的各数据元素总是被存放在计算机的存储空间中，而且各数据元素在计算机存储空间中的位置关系与它们的逻辑关系可能不同。

由于数据元素在计算机存储空间中的位置关系可能与逻辑关系不同，因此，为了表示存放在计算机存储空间中的各数据元素之间的逻辑关系（即前后件关系），在数据的存储结构中，不仅要存放各数据元素的信息，还需要存放各数据元素之间的前后件关系的信息。

一种数据的逻辑结构根据需要可以表示成多种存储结构，常用的存储结构有顺序、链接、索引等存储结构。而采用不同的存储结构，其数据处理的效率是不同的。因此，在进行数据处理时，选择合适的存储结构是很重要的。

1.2.2　数据结构的图形表示

数据结构除了用二元关系表示外，还可以直观地用图形表示，如图 1-1 所示。

在数据结构的图形表示中，对于数据集合 D 中的每一个数据元素用中间标有元素值的方框表示，一般称之为数据结点，并简称为结点；为了进一步表示各数据元素之间的前后件关系，对于关系 R 中的每一个二元组，用一条有向线段从前件结点指向后件结点。

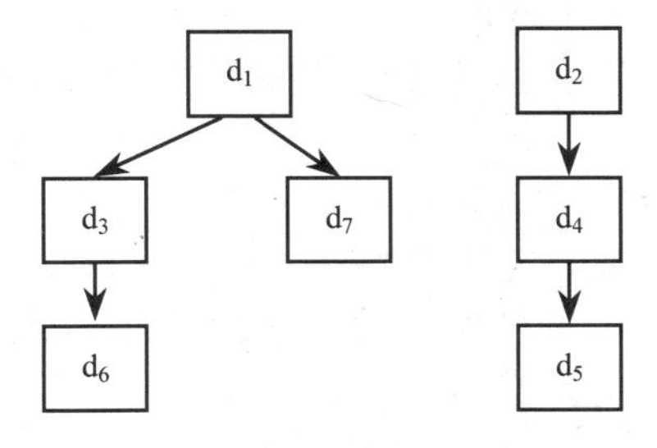

图 1-1　数据结构图形表示

在数据结构中，没有前件的结点称为根结点（d_1，d_2）；

没有后件的结点称为终端结点（也称为叶子结点）（d_5，d_6，d_7）。

一个数据结构中的结点可能是在动态变化的。根据需要或在处理过程中，可以在一个数据结构中增加一个新结点（称为插入运算），也可以删除数据结构中的某个结点（称为删除运算）。插入与删除是对数据结构的两种基本运算。除此之外，对数据结构的运算还有查找、分类、合并、分解、复制、修改等。

1.2.3 线性结构与非线性结构

如果在一个数据结构中一个数据元素都没有，则称该数据结构为空的数据结构。在只有一个数据元素的数据结构中，删除该数据元素，就得到一个空的数据结构；在一个空的数据结构中插入一个新的元素后变成非空。

根据数据结构中各数据元素之间前后件关系的复杂程度，一般将数据结构分为两大类型：线性结构与非线性结构。

如果一个非空的数据结构满足下列两个条件：

（1）有且只有一个根结点；

（2）每一个结点最多有一个前件，也最多有一个后件。

则称该数据结构为线性结构。

线性结构又称为线性表。由此可见，在线性结构中，各数据元素之间的前后件关系是很简单的。

需要特别说明的是，在一个线性表中插入或删除任何一个结点后还应是线性结构。

如果一个数据结构不是线性结构，则称之为非线性结构。在非线性结构中，各数据元素之间的前后件关系要比线性结构复杂。链式结构是常用的非线性结构。

线性结构与非线性结构都可以是空的数据结构。对于空的数据结构，如果对该数据结构的运算是按线性结构的规则来处理的，则属于线性结构；否则属于非线性结构。

1.3 线性表及其顺序存储结构

1.3.1 线性表的定义

线性表是$n(n\geqslant 0)$个元素构成的有限序列（a_1，a_2，…，a_n）。表中的每一个数据元素，除了第一个外，有且只有一个前件，除了最后一个外，有且只有一个后件。即线性表是一个空表，或可以表示为（a_1，a_2，…，a_n）。

其中，$a_i(i$=1，2，…，$n)$是属于数据对象的元素，通常也称其为线性表中的一个结点。每个元素可以简单到是一个字母或是一个数据，也可能是比较复杂的由多个数据项组成的。在复杂的线性表中，由若干数据项组成的数据元素称为记录（record），而由多个记录构成的线性表又称为文件（file）。在非空表中的每个数据元素都有一个确定的位置，如 a_1 是第一个元素，a_n 是最后一个数据元素，a_i 是第 i 个数据元素，称 i 为数据元素 a_i 在线性表中的位序。非空线性表有如下一些结构特征：

（1）有且只有一个根结点 a_1，它无前件；

（2）有且只有一个终端结点 a_n，它无后件；

（3）除根结点与终端结点外，其他所有结点有且只有一个前件，也有且只有一个后件。线性表中结点的个数 n 称为线性表的长度。当 n=0 时称为空表。

1.3.2 线性表的顺序存储结构

通常，线性表可以采用顺序存储和链式存储，本小节主要讨论顺序存储结构。

线性表的顺序存储指的是用一组地址连续的存储单元依次存储线性表的数据元素。

线性表的顺序存储结构具备如下两个基本特征：

（1）线性表中的所有元素所占的存储空间是连续的；

（2）线性表中各数据元素在存储空间中是按逻辑顺序依次存放的。

用顺序存储结构存储的线性表称为顺序表。在顺序表中，其前、后件两个元素在存储空间中是紧邻的，且前件元素一定存储在后件元素的前面。

例如，长度为 n 的线性表（a_1，a_2，…，a_i，…，a_n）的顺序存储如图 1-2 所示。

存储地址	数据元素在线性表中的序号	内存状态	空间分配
	…	…	
ADR(a_1)	1	a_1	占K个字节
ADR(a_1)+K	2	a_2	占K个字节
…	…	…	…
ADR(a_1)+(i-1)K	i	a_i	占K个字节
…	…	…	…
ADR(a_1)+(n-1)K	n	a_n	占K个字节
…	…	…	

图 1-2　线性表的顺序存储

在顺序表中，如果每个元素占有 K 个存储单元，则下标为 i+1 的元素的存储位置与下标为 i 的元素的存储位置之间，满足下列关系：

$$ADR(a_i+1)=ADR(a_i)+K$$

通常把顺序表中第 1 个数据元素的存储地址 ADR（a_1）称为线性表的首地址，线性表中第 i 个元素 a_i 的存储地址为

$$ADR(a_i)=ADR(a_1)+(i-1)K$$

例如，在顺序表中存储数据（14，23，25，78，15，68，27），每个数据元素占有 2 个存储单元，第 1 个数据元素 14 的存储地址是 200，则第 3 个数据元素 25 的存储地址是：

$$ADR(a_3)=ADR(a_1)+(3-1)\times 2=200+4=204$$

从这种表示方法可以看到，它是用元素在计算机内物理位置上的相邻关系来表示元素之间逻辑上的相邻关系。只要确定了首地址，线性表内任意元素的地址都可以方便地计算出来。

在程序设计语言中，通常定义一个一维数组来表示线性表的顺序存储空间。在用一维数组存放线性表时，该一维数组的长度通常要定义得比线性表的实际长度大一些，以便对线性表进行各种运算，特别是插入运算。在线性表的顺序存储结构下，可以对线性表做以下运算：

（1）在线性表的指定位置处加入一个新的元素（即线性表的插入）；

（2）在线性表中删除指定的元素（即线性表的删除）；

（3）在线性表中查找某个（或某些）特定的元素（即线性表的查找）；

（4）对线性表中的元素进行整序（即线性表的排序）；

（5）按要求将一个线性表分解成多个线性表（即线性表的分解）；

（6）按要求将多个线性表合并成一个线性表（即线性表的合并）；

（7）复制一个线性表（即线性表的复制）；

（8）逆转一个线性表（即线性表的逆转）等。

1.4 栈和队列

1.4.1 栈及其基本运算

1．栈的定义

栈（Stack）是一种特殊的线性表，它所有的插入与删除都限定在表的同一端进行。在栈中，一端是封闭的，既不允许进行插入元素，也不允许删除元素；另一端是开口的，允许插入和删除元素。

例如，枪械的子弹匣就可以用来形象地表示栈结构。如图 1-3（a）所示，子弹匣的一端是完全封闭的，最后被压入弹匣的子弹总是最先被弹出，而最先被压入的子弹最后才能被弹出。

在栈中，允许插入与删除的一端称为栈顶，不允许插入与删除的另一端称为栈底。当栈中没有元素时，称为空栈。例如，没有子弹的子弹匣为空栈。

通常用指针 top 来指示栈顶的位置，用指针 bottom 来指向栈底。

假设栈 $S=(a_1, a_2, \cdots, a_n)$，则称 a_1 为栈底元素，a_n 为栈顶元素。栈中元素按 a_1，a_2，…，a_n 的次序进栈，退栈的第一个元素应为栈顶元素 a_n。图 1-3（b）所示为栈的入栈、退栈示意图。

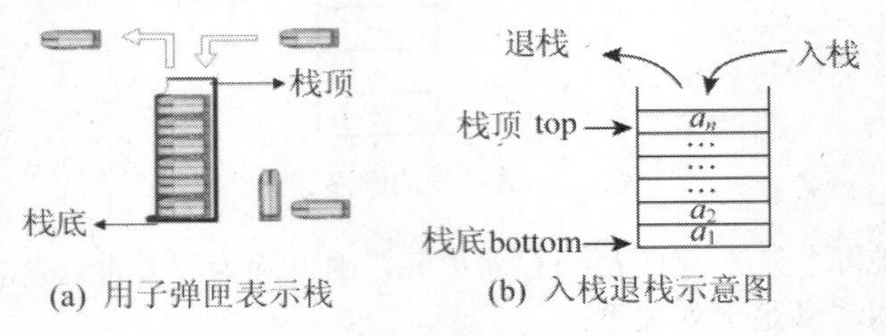

图 1-3 栈的表示

2．栈的特点

根据栈的上述定义，栈具有以下特点，如图 1-4 所示。

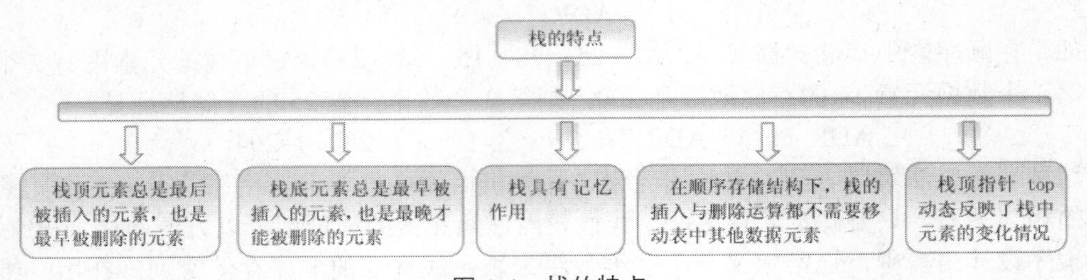

图 1-4 栈的特点

栈的修改原则是“后进先出”（Last In First Out，LIFO）或“先进后出”（First In Last Out，FILO），因此，栈也称为“后进先出”表或“先进后出”表。

3．栈的基本运算

栈的基本运算包括入栈、退栈和读栈顶元素。

（1）入栈运算。

入栈运算是指在栈顶位置插入一个新元素。首先将栈顶指针加 1（即 top 加 1），然后将新元素插入到栈顶指针指向的位置。当栈顶指针已经指向存储空间的最后一个位置时，说明栈空间已满，不可能再进行入栈操作。这种情况称为栈“上溢”错误。

（2）退栈运算。

退栈是指取出栈顶元素并赋予一个指定的变量。首先将栈顶元素（栈顶指针指向的元素）

赋予一个指定的变量，然后将栈顶指针减 1（即 top 减 1）。当栈顶指针为 0 时，说明栈空，不可进行退栈操作。这种情况称为栈的“下溢”错误。

（3）读栈顶元素。

读栈顶元素是指将栈顶元素赋予一个指定的变量。这个运算不删除栈顶元素，只是将它赋予一个变量，因此栈顶指针不会改变。当栈顶指针为 0 时，说明栈空，读不到栈顶元素。

图 1-5 所示为一个顺序表示的栈的动态示意图。随着元素的插入和删除，栈顶指针 top 反映了栈的状态不断地变化。

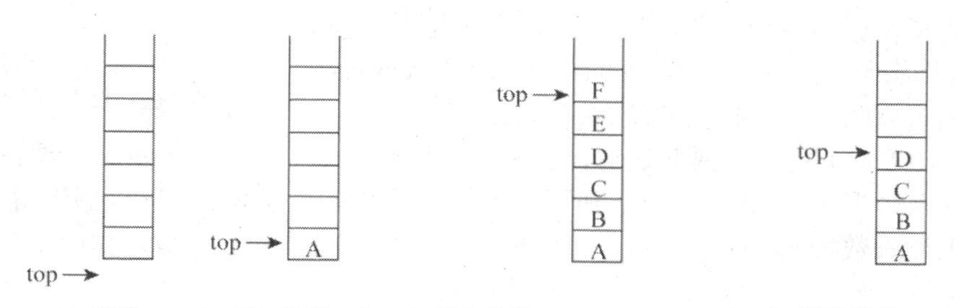

图 1-5 栈的动态示意图

1.4.2 队列及其基本运算

1. 队列的定义及运算

队列也是一种特殊的线性表。

队列是指允许在一端进行插入，而在另一端进行删除的线性表。允许进行删除运算的一端称为队头（或排头），允许进行插入运算的一端称为队尾。若有队列：

$$Q=（q_1，q_2，\cdots，q_n）$$

那么，q_1 为队头元素（排头元素），q_n 为队尾元素。队列中的元素是按照 q_1，q_2，…，q_n 的顺序进入的，退出队列也只能按照这个次序依次退出。也就是说，只有在 q_1，q_2，…，q_{n-1} 都退队之后，q_n 才能退出队列。因最先进入队列的元素将最先出队，所以队列具有“先进先出”的特性，体现“先来先服务”的原则。

队头元素 q_1 是最先被插入的元素，也是最先被删除的元素。队尾元素 q_n 是最后被插入的元素，也是最后被删除的元素。因此，与栈相反，队列又称为“先进先出”（First In First Out，FIFO）或“后进后出”（Last In Last Out，LILO）的线性表。

例如，火车进隧道，最先进隧道的是火车头，最后进的是火车尾，而火车出隧道的时候也是火车头先出，火车尾后出。

可以用顺序存储的线性表来表示队列，为了指示当前执行退队运算的队头位置，需要一个队头指针（排头指针）front，为了指示当前执行入队运算的队尾位置，需要一个队尾指针 rear。排头指针 front 总是指向队头元素的前一个位置，而队尾指针 rear 总是指向队尾元素。

往队列的队尾插入一个元素称为入队运算，从队列的排头删除一个元素称为退队运算。

2. 循环队列及其运算

在实际应用中，队列的顺序存储结构一般采用循环队列的形式。

所谓循环队列，就是将队列存储空间的最后一个位置绕到第一个位置，形成逻辑上的环状空间。

在循环队列中，用队尾指针 rear 指向队列中的队尾元素，用排头指针 front 指向排头元素的前一个位置。因此，从排头指针 front 指向的后一个位置直到队尾指针 rear 指向的位置之间所有的元素均为队列中的元素。

一维数组（1:m），最大存储空间为 m，数组（1:m）作为循环队列的存储空间时，循环队列的初始状态为空，即 front=rear=m。图 1-6 所示为循环队列初始状态的示意图。

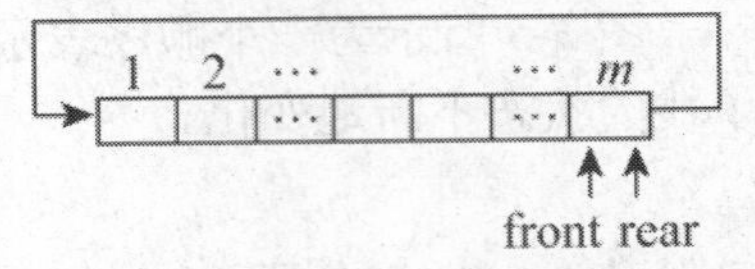

图 1-6　循环队列初始状态示意图

循环队列主要有两种基本运算：入队运算和退队运算。

（1）入队运算。

入队运算是指在循环队列的队尾加入一个新元素。首先将队尾指针进 1（即 rear=rear+1），并当 rear=m+1 时置 rear=1；然后将新元素插入到队尾指针指向的位置。

例如，在图 1-7（a）中进行入队运算，首先队尾指针进 1，此时 rear=m+1，置 rear=1，则在第 1 个位置上插入数据 a，如图 1-7（b）所示；当插入第 2 个数据 b 时，队尾指针进 1，rear=2，在第 2 个位置上插入数据 b，依此类推，直到把所有的数据元素插入完成，如图 1-7（c）所示。

（2）退队运算。

退队运算是指在循环队列的队头位置退出一个元素并赋给指定的变量。首先将队头指针进 1（即 front= front+1），并当 front=m+1 时，置 front=1；然后将排头指针指向的元素赋给指定的变量。

例如，在图 1-7（c）中进行退队运算时，排头指针进 1（即 front+1），此时 front=m+1，置 front=1，删除此位置的数据，即数据 a。

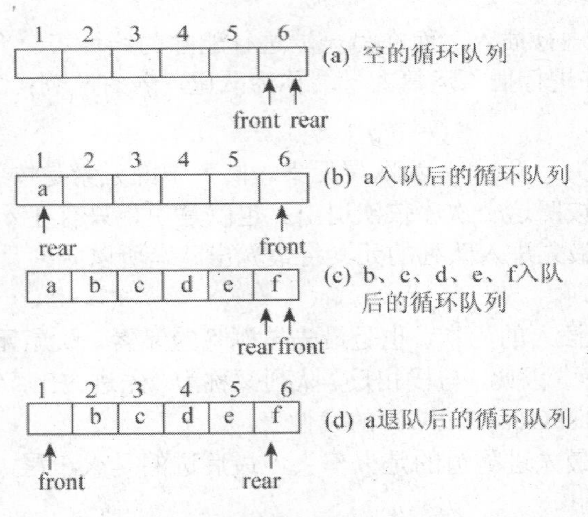

图 1-7　循环队列动态示意图

从图 1-7（a）和图 1-7（c）可以看出，循环队列在队列满时，和队列空时都有 front=rear，如何区分循环队列是空还是满的呢？在实际应用中，通常增加一个标志量 S，S 值的定义如下：

循环队列为空时 S=0

循环队列为非空时 S=1

由此可以判断队列空和队列满这两种情况。

当 S=0 时，循环队列为空，此时不能再进行退队运算，否则会发生“下溢”错误。

当 S=1 时，并且 front=rear 时，循环队列满。此时不能再进行入队运算，否则会发生“上溢”

错误。

在定义了 S 以后，循环队列初始状态为空，表示为：S=0，且 front=rear=*m*。

1.5　线性链表

1.5.1　线性单链表及其基本运算

1．什么是线性链表

（1）线性表顺序存储的缺点。

① 在一般情况下，要在顺序存储的线性表中插入一个新元素或删除一个元素时，为了保证插入或删除后的线性表仍然为顺序存储，则在插入或删除过程中需要移动大量的数据元素。因此采用顺序存储结构进行插入或删除的运算效率很低。

② 当为一个线性表分配顺序存储空间后，如果出现线性表的存储空间已满，但还需要插入新的元素时栈会发生“上溢”错误。

③ 计算机空间得不到充分利用，并且不便于对存储空间的动态分配。

（2）线性链表的基本概念。

在定义的链表中，若只含有一个指针域来存放下一个元素地址，称这样的链表为单链表或线性链表。

在链式存储方式中，要求每个结点由两部分组成：一部分用于存放数据元素值，称为数据域；另一部分用于存放指针，称为指针域。其中指针用于指向该结点的前一个或后一个结点（即前件或后件），如图 1-8 所示。

2．线性单链表的存储结构

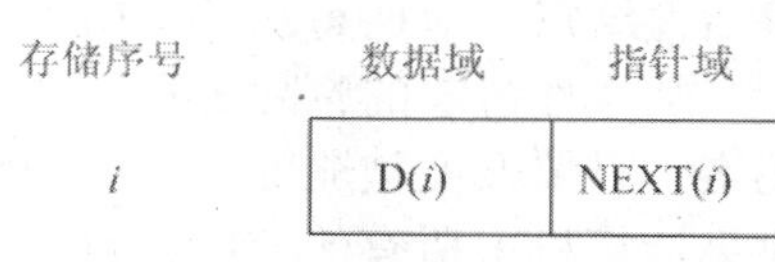

图 1-8　线性链表的一个存储结点

用一组任意的存储单元来依次存放线性表的结点，这组存储单元既可以是连续的，也可以是不连续的，甚至是零散分布在内存中的任意位置上的。因此，链表中结点的逻辑次序和物理次序不一定相同。为了能正确表示结点间的逻辑关系，在存储每个结点值的同时，还必须存储指示其后件结点的地址（或位置）信息，这个信息称为指针（pointer）或链（link）。这两部分组成了链表中的结点结构。

链表正是通过每个结点的链域将线性表的 *n* 个结点按其逻辑次序链接在一起。由于上述链表的每一个结点只有一个链域，故将这种链表称为单链表（Single Linked）。

显然，单链表中每个结点的存储地址是存放在其前驱结点 Next 域中，而开始结点无前驱，故应设头指针 Head 指向开始结点。同时，由于终端结点无后件，故终端结点的指针域为空，即 NULL。

3．带链的栈与队列

（1）栈也是线性表，也可以采用链式存储结构。在实际应用中，带链的栈可以用来收集计算机存储空间中所有空闲的存储结点，这种带链的栈称为可利用栈

（2）队列也是线性表，也可以采用链式存储结构，

1.5.2　线性链表的基本运算

1．在线性链表中查找指定元素

在对线性链表进行插入或删除的运算中，总是首先需要找到插入或删除的位置，这就需要对线性链表进行扫描查找，在线性链表中寻找包含指定元素的前一个结点。

在线性链表中，即使知道被访问结点的序号 a，也不能像顺序表中那样直接按序号 *i* 访问结点，而只能从链表的头指针出发，顺链域 Next 逐个结点往下搜索，直到搜索到第 *i* 个结点为止。

因此，链表不是随机存取结构。

在链表中，查找是否有结点值等于给定值 x 的结点，若有的话，则返回首次找到的其值为 x 的结点的存储位置；否则返回 NULL。查找过程从开始结点出发，顺着链表逐个将结点的值和给定值 x 作比较。

2．线性链表的插入

线性链表的插入是指在链式存储结构下的线性链表中插入一个新元素。

插入运算是将值为 X 的新结点插入到表的第 i 个结点的位置上，即插入到 a_{i-1} 与 a_i 之间。因此，我们必须首先找到 a_{i-1} 的存储位置 p，然后生成一个数据域为 x 的新结点*p，并令结点 p 的指针域指向新结点，新结点的指针域指向结点 a_i。

由线性链表的插入过程可以看出，由于插入的新结点取自于可利用栈，因此，只要可利用栈不空，在线性链表插入时总能取到存储插入元素的新结点，不会发生“上溢”的情况。而且，由于可利用栈是公用的，多个线性链表可以共享它，从而很方便地实现了存储空间的动态分配。另外，线性链表在插入过程中不发生数据元素移动的现象，只要改变有关结点的指针即可，从而提高了插入的效率。

3．线性链表的删除

线性链表的删除是指在链式存储结构下的线性链表中删除包含指定元素的结点。

删除运算是将表的第 i 个结点删去。因为在单链表中结点 a 的存储地址是在其直接前趋结点 a_{i-1}，的指针域 Next 中，所以我们必须首先找到 a_{i-1} 的存储位置 p。然后令 p->Next 指向 a_i 的直接后件结点，即把 a_i 从链上摘下。最后释放结点 a 的空间。

从线性链表的删除过程可以看出，从线性链表中删除一个元素后，不需要移动表中的数据元素，只要改变被删除元素所在结点的前一个结点的指针域即可。另外，由于可利用栈是用于收集计算机中所有的空闲结点，因此，当从线性链表中删除一个元素后，该元素的存储结点就变为空闲，应将空闲结点送回到可利用栈。

1.5.3　线性双向链表及其基本运算

1．什么是双向链表

在单链表中，从某个结点出发可以直接找到它的直接后件，时间复杂度为 O（1），但无法直接找到它的互接前件；在单循环链表中，从某个结点出发可以直接找到它的直接后件，时间复杂度仍为 O（1），直接找到它的直接前件，时间复杂度为 O（n）。有时，希望能快速找到一个结点的直接前件，这时，可以在单链表中的结点中增加一个指针域指向它的直接前件，这样的链表，就称为双向链表（一个结点中含有两个指针）。如果每条链构成一个循环链表，则会得到双向循环链表

2．双向链表的基本运算

（1）插入：在 Head 为头指针的双向链表中，在值为 Y 的结点之后插入值为 X 的结点，插入结点的指针会相应改变。

（2）删除：在以 Head 为头指针的双向链表中删除值为 X 的结点，删除算法的指针也会相应改变。

1.5.4　循环链表及其基本运算

单链表上的访问是一种顺序访问，从其中的某一个结点出发，可以找到它的直接后件，但无法找到它的直接前件。

在前面所讨论的线性链表中，其插入与删除的运算虽然比较方便，但还存在一个问题，在运算过程中对于空表和对第一个结点的处理必须单独考虑，使空表与非空表的运算不统一。

因此，我们可以考虑建立这样的链表，具有单链表的特征，但又不需要增加额外的存储空间，仅对表的链接方式稍做改变，使得对表的处理更加方便灵活。从单链表可知，最后一个结点的指针域为 NULL，表示单链表已经结束。如果将单链表最后一个结点的指针域改为存放链表中头结点（或第一个结点）的地址，就使得整个链表构成一个环，又没有增加额外的存储空间。

循环链表具有以下两个特点。

（1）在循环链表中增加了一个表头结点，其数据域为任意或者根据需要来设置，指针域指向线性表的第一个元素的结点。循环链表的头指针指向表头结点。

（2）循环链表中最后一个结点的指针域不是空，而是指向表头结点，即在循环链表中，所有结点的指针构成了一个环状链。

在循环链表中，只要指出表中任何一个结点的位置，就可以从它出发访问到表中其他所有的结点，而线性单链表做不到这一点。

由于在循环链表中设置了一个表头结点，因此，在任何情况下，循环链表中至少有一个结点存在，从而使空表的运算统一。

1.6　树与二叉树

1.6.1　树的定义

（1）树是由 $n(n\geqslant 0)$个结点组成的有限集合。若 $n=0$，称为空树；若 $n>0$，则：

① 有一个特定的称为根（root）的结点。它只有直接后件，但没有直接前件；

② 除根结点以外的其他结点可以划分为 $m(m\geqslant 0)$个互不相交的有限集合 T_0，T_1，…，T_{m-1}，每个集合 $T_i(i=0，1，…，m-1)$又是一棵树，称为根的子树，每棵子树的根结点有且仅有一个直接前件，但可以有 0 个或多个直接后件。

（2）树型结构具有如下特点：

① 每个结点只有一个前件，称为父结点，没有前件的结点只有一个，称为树的根结点，简称为树的根；

② 每一个结点可以有多个后件，它们都称为该结点的子结点。没有后件的结点称为叶子结点；

③ 一个结点所拥有的后件个数称为树的结点度；

④ 树的最大层次称为树的深度。

（3）在计算机中，可以用树结构来表示算术表达式，用树来表示算术表达式的原则是：

① 表达式中的每一个运算符在树中对应一个结点，称为运算符结点；

② 运算符的每一个运算对象在树中为该运算符结点的子树（在树中的顺序为从左到右）；

③ 运算对象中的单变量均为叶子结点。

树在计算机中通常用多重链表表示。

1.6.2　二叉树及其基本性质

1．二叉树的定义

二叉树（binary tree）是由 n（$n\geqslant 0$）个结点的有限集合构成，此集合或者为空集，或者由一个根结点及两棵互不相交的左右子树组成，并且左右子树都是二叉树。二叉树可以是空集合，根可以有空的左子树或空的右子树。二叉树不是树的特殊情况，它们是两个概念。

二叉树具有以下两个特点：

（1）非空二叉树只有一个根结点；

（2）每一个结点最多有两棵子树，且分别称为该结点的左子树和右子树。

二叉树的每个结点最多有两个孩子，或者说，在二叉树中，不存在度大于 2 的结点，并且二叉树是有序树（树为无序树），其子树的顺序不能颠倒，因此，二叉树有 5 种不同的形态，如图 1-9 所示。

图 1-9（a）表示空二叉树；图 1-9（b）是仅有根结点的二叉树，即左子树和右子树都为空二叉树；图 1-9（c）是左、右子树均非空的二叉树；图 1-9（d）是左子树非空，右子树为空的二叉树；图 1-9（e）是右子树非空，左子树为空的二叉树。

在二叉树中，当一个非根结点的结点，既没有右子树，也没有左子树时，该结点即是叶子结点。

2．二叉树的基本性质

二叉树具有以下几个性质。

性质 1：在二叉树的第 k 层上至多有 2^{k-1}（$k\geqslant1$）个结点。

性质 2：深度为 m 的二叉树至多有 2^m-1 个结点。

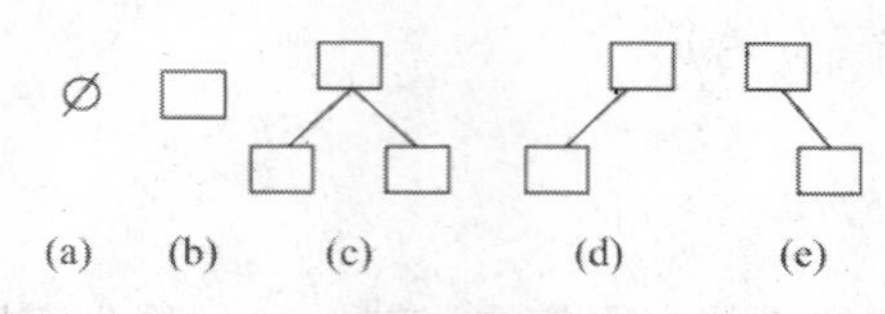

图 1-9　二叉树的 5 种基本形态

深度为 m 的二叉树表示该二叉树共有 m 层。根据性质 1，只要将第 1 层到第 m 层上的最大的结点数相加，就可以得到整个二叉树中结点数的最大值，及 $2^{1-1}+2^{2-1}+\cdots+2^{m-1}=2^m-1$。

性质 3：对任何一棵二叉树，度为 0 的结点（即叶子结点）总是比度为 2 的结点多一个。

证明：设一棵非空二叉树中有 n 个结点，叶子结点个数为 n_0，度为 1 的结点个数为 n_1，度为 2 的结点个数为 n_2。

所以：

$$n=n_0+n_1+n_2 \quad (1)$$

在二叉树中，除根结点外，其余每个结点都有且仅有一个前件（直接前驱）和一条从其前件结点指向它的边。假设边的总数为B，则二叉树中总的结点数为

$$n=B+1 \quad (2)$$

由于二叉树中的边都是由度为 1 和度为 2 的结点发出的。所以有

$$B=n_1+n_2\times2 \quad (3)$$

综合（1）、（2）、（3）式，可得：$n_0=n_2+1$

性质 4：具有 n 个结点的完全二叉树的深度至少为［$\log_2 n$］+1，其中［$\log_2 n$］表示 $\log_2 n$ 的整数部分。

3．满二叉树与完全二叉树

满二叉树和完全二叉树是两种特殊形态的二叉树。

（1）满二叉树。

满二叉树是指除最后一层外，每一层上的所有结点都有两个子结点。即在满二叉树的第 k 层上有 2^{k-1} 个结点。

从上面满二叉树定义可知，必须是二叉树每一层上的结点数都达到最大，否则就不是满二

叉树。深度为 m 的满二叉树有 2^{m-1} 个结点。

图 1-10 所示为两棵满二叉树。其中，图 1-10（a）所示为深度为 3 的满二叉树，图 1-10（b）所示为深度为 4 的满二叉树。

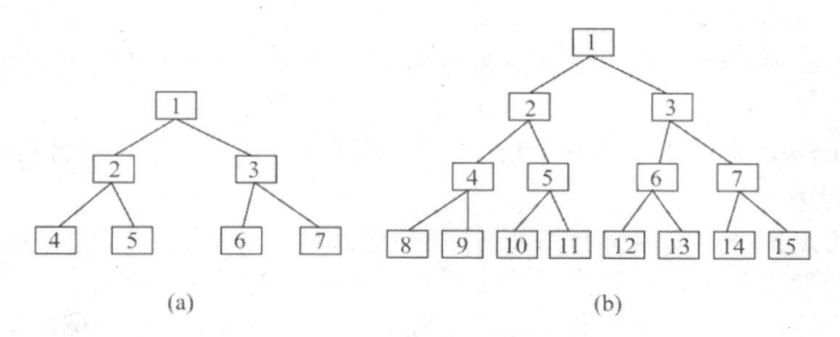

图 1-10　满二叉树

在满二叉树中，只有度为 2 和度为 0 的结点，没有度为 1 的结点。所有度为 0 的结点即叶子结点都在同一层，即最后一层。

（2）完全二叉树。

完全二叉树是指除最后一层外，每一层上的结点数均达到最大值；在最后一层上只缺少右边的若干结点。

完全二叉树也可以这样来描述：如果对满二叉树的结点进行连续编号，从根结点开始，对二叉树的结点自上而下，自左至右用自然数进行连续编号，则深度为 k 的，有 n 个结点的二叉树，当且仅当其每一个结点都与深度为 k 的满二叉树中编号从 1 到 n 的结点一一对应时，称之完全二叉树。

由完全二叉树可知，满二叉树一定是完全二叉树，完全二叉树不一定是满二叉树。

图 1-11（a）所示为深度为 3 的 3 棵完全二叉树，图 1-11（b）所示为深度为 4 的一棵完全二叉树。

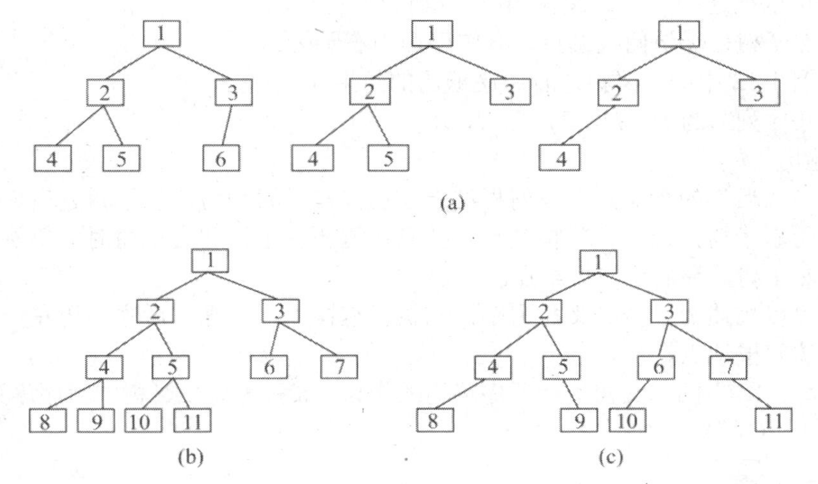

图 1-11　完全二叉树

完全二叉树还具有以下两个性质。

性质 1：具有 n 个结点的完全二叉树深度为［$\log_2 n$］+1。

性质 2：如果对一棵有 n 个结点的完全二叉树的结点按层序编号（从第 1 层到第［$\log_2 n$］+1 层，每层从左到右），则对任一结点 k（$1\leqslant k\leqslant n$），有：

① 如果 $k=1$，则结点 k 父结点，是二叉树的根；如果 $k>1$，则该结点的父结点编号为 INT（$k/2$）；

② 如果 $2k\leqslant n$，则结点 k 的左子结点编号为 $2k$；否则该结点没有左子结点（显然也没有右子结点）；

③ 如果 $2k+1\leqslant n$，则结点 k 的右子结点编号为 $2k+1$；否则该结点没有右子结点。

1.6.3 二叉树的遍历

二叉树的遍历是指不重复地访问二叉树中的所有结点。

在遍历二叉树的过程中，一般先遍历左子树，再遍历右子树。在先左后右的原则下，根据访问根结点的次序不同，二叉树的遍历可以分为 3 种：前序遍历、中序遍历、后序遍历。

1．前序遍历

前序遍历中“前”的含义是：访问根结点在访问左子树和访问右子树之前。即首先访问根结点，然后遍历左子树，最后遍历右子树；并且在遍历左子树和右子树时，仍然先访问根结点，然后遍历左子树，最后遍历右子树。

前序遍历可以描述为：若二叉树为空，则执行空操作；否则①访问根结点，②前序遍历左子树，③前序遍历右子树。

例如，对图 1-12 中的二叉树进行前序遍历的结果（或称为该二叉树的前序序列）为 *A*，*B*，*D*，*H*，*E*，*I*，*C*，*F*，*G*。

2．中序遍历

中序遍历中“中”的含义是：访问根结点在访问左子树和访问右子树两者之间。即首先遍历左子树，然后访问根结点，最后遍历右子树。并且在遍历左子树和右子树时，仍然首先遍历左子树，然后访问根结点，最后遍历右子树。

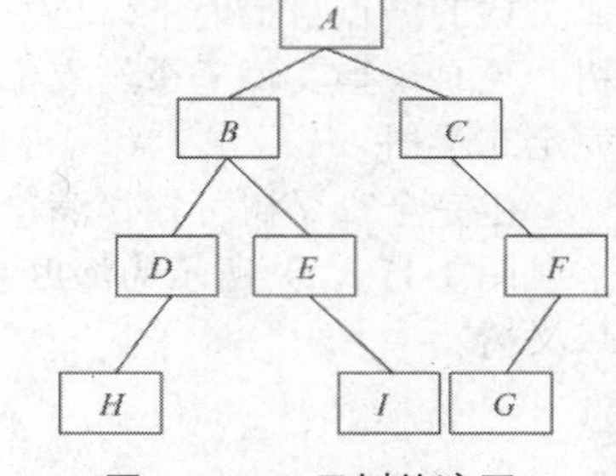

图 1-12 二叉树的遍历

中序遍历可以描述为：若二叉树为空，则执行空操作；否则①中序遍历左子树，②访问根结点，③中序遍历右子树。

例如，对图 1-12 中的二叉树进行中序遍历的结果（或称为该二叉树的中序序列）为 *H*，*D*，*B*，*E*，*I*，*A*，*C*，*G*，*F*。

3．后序遍历

后序遍历中“后”的含义是：访问根结点在访问左子树和访问右子树之后。即首先遍历左子树，然后遍历右子树，最后访问根结点；并且在遍历左子树和右子树时，仍然首先遍历左子树，然后遍历右子树，最后访问根结点。

后序遍历可以描述为：若二叉树为空，则执行空操作；否则①后序遍历左子树，②后序遍历右子树，③访问根结点。

例如，对图 1-12 中的二叉树进行后序遍历的结果（或称为该二叉树的后序序列）为：H，D，I，E，B，G，F，C，A。

1.7 查找与排序

1.7.1 查找

1．顺序查找

顺序查找（顺序搜索）是最简单的查找方法，它的基本思想是：从线性表的第一个元素开始，逐个将线性表中的元素与被查元素进行比较，如果相等，则查找成功，停止查找；若整个线性表扫描完毕，仍未找到与被查元素相等的元素，则表示线性表中没有要查找的元素，查找失败。

在进行顺序查找过程中，如果线性表中的第一个元素就是要查找的元素，则比较次数为1；如果最后一个元素才是要找的元素，或者在线性表中，没有要查找的元素，则需要与线性表中所有的元素比较，这是顺序查找的最坏情况。在平均情况下，利用顺序查找法在线性表中查找一个元素，大约要与线性表中一半的元素进行比较。

由此可以看出，对于大的线性表来说，顺序查找的效率很低。虽然顺序查找的效率不高，但在下列两种情况下也只能采用顺序查找。

（1）如果线性表是无序表（即表中的元素是无序的），则不管是顺序存储结构还是链式存储结构，都只能用顺序查找。

（2）即使是有序线性表，如果采用链式存储结构，也只能用顺序查找。

2．二分法查找

二分法查找也称拆半查找，是一种高效的查找方法。能使用二分法查找的线性表必须满足两个条件：

（1）用顺序存储结构；

（2）线性表是有序表。

在本书中，为了简化问题，而更方便讨论，“有序”是特指元素按非递减排列，即从小到大排列，但允许相邻元素相等。下一节排序中，有序的含义也是如此。

对于长度为n的有序线性表，利用二分法查找元素X的过程如下。

将X与线性表的中间项比较：

- 如果X的值与中间项的值相等，则查找成功，结束查找；
- 如果X小于中间项的值，则在线性表的前半部分以二分法继续查找；
- 如果X大于中间项的值，则在线性表的后半部分以二分法继续查找。

例如，长度为8的线性表关键码序列为：[5，12，26，29，37，45，46，69]，被查元素为37，首先将与线性表的中间项比较，即与第4个数据元素29相比较，37大于中间项29的值，则在线性表[37，45，46，69]继续查找；接着与中间项比较，即与第2个元素45相比较，37小于45，则在线性表[37]继续查找，最后一次比较相等，查找成功。

顺序查找法每一次比较，只将查找范围减少1，而二分法查找，每比较一次，可将查找范围减少为原来的一半，效率大大提高。

可以证明，对于长度为n的有序线性表，在最坏情况下，二分法查找只需比较$\log_2 n$次，而顺序查找需要比较n次。

1.7.2 排序

1．冒泡排序法

冒泡排序法是最简单的一种交换类排序方法。在数据元素的序列中，对于某个元素，如果其后存在一个元素小于它，则称之为存在一个逆序。

冒泡排序（Bubble Sort）的基本思想就是通过两两相邻数据元素之间的比较和交换，不断地消去逆序，直到所有数据元素有序为止。

冒泡排序法的基本过程如下。

第1遍，在线性表中，从前往后扫描，如果相邻的两个数据元素，前面的元素大于后面的元素，则将它们交换，并称为消去了一个逆序。在扫描过程中，线性表中最大的元素不断的往后移动，最后，被交换到了表的末端。此时，该元素就已经排好序了。

然后对当前还未排好序的范围内的全部结点，从后往前扫描，如果相邻两个数据元素，后面的元素小于前面的元素，则将它们交换，也称为消去了一个逆序。在扫描过程中，最小的元素不断地往前移动，最后，被换到了线性表的第一个位置，则认为该元素已经排好序了。

对还未排好序的范围内的全部结点，继续第 2 遍，第 3 遍的扫描，这样，未排好序的范围逐渐减小，最后为空，则线性表已经变为有序了。

图 1-13 所示为一个冒泡排序法的例子。

初始状态	45	30	61	82	74	12	26	49
	↑							↑
	low							high
high向左扫描	45	30	61	82	74	12	26	49
第一次交换后	26	30	61	82	74	12	45	49
	↑						↑	
	low						high	
low向右扫描	26	30	61	82	74	12	45	49
第二次交换后	26	30	45	82	74	12	61	49
high向左扫描并交换后	26	30	12	82	74	45	61	49
low向右扫描并交换后	26	30	12	45	74	82	61	49
				↑	↑			
				low	high			
high向左扫描	26	30	12	45	74	82	61	49

(a) 第一趟扫描过程

初始状态	45	30	61	82	74	12	26	49
第一趟排序后	[26	30	12]	45	[74	82	61	49]
第二趟排序后	[26]	26	[30]	45	[49	61]	74	[82]
第三趟排序后	12	26	30	45	49	[61]	74	82
排序结果	12	26	30	45	49	61	74	82

(b) 各趟排序之后的状态

图 1-13　冒泡排序示例

在最坏情况下，对长度为 n 的线性表排序，冒泡排序需要比较的次数为 $n(n-1)/2$。

2．快速排序法

在冒泡排序中，一次扫描只能确保最大的元素或最小的元素移到了正确位置，而未排序序列的长度可能只减少了 1。快速排序（Quick Sort）是对冒泡排序方法的一种本质的改进。

快速排序的基本思想是：在待排序的 n 个元素中取一个元素 K（通常取第一个元素），以元素 K 作为分割标准，把所有小于 K 元素的数据元素都移到 K 前面，把所有大于 K 元素的数据元素都移到 K 后面。这样，以 K 为分界线，把线性表分割为两个子表，这称为一趟排序。然后，对 K 前后的两个子表分别重复上述过程。继续下去，直到分割的子表的长度为 1 为止，这时，线性表已经是排好序的了。

第一趟快速排序的具体做法是：附设两个指针 low 和 high，它们的初值分别指向线性表的第一个元素（K 元素）和最后一个元素。首先从 high 所指的位置向前扫描，找到第一个小于 K 元素的元素并与 K 元素互相交换。然后从 low 所指位置起向后扫描，找到第一个大于 K 元素的数据元素并与 K 元素交换。重复这两步，直到 low=high 为止。

图 1-14 所示为一个快速排序法的例子。

快速排序的平均时间效率最佳，为 $O(n\log_2 n)$，最坏情况下，即每次划分，只得到一个子序列，时间效率为 $O(n^2)$。

原始序列	4⟷1		6⟷5⟷2⟷3			
第一遍(从前往后)	[1		4⟷5⟷2		3]	6
(从后往前)	1	2	4	5⟷3]		6
第二遍(从前往后)	1	[2	4⟷3]		5	6
(从后往前)	1	2	[3	4]	5	6
最终结果	1	2	3	4	5	6

图 1-14　快速排序示例

3．简单选择排序法

简单选择排序（Simple Selection Sort）的基本思想是：首先从所有 n 个待排序的数据元素中选择最小的元素，将该元素与第 1 个元素交换，再从剩下的 $n-1$ 个元素中选出最小的元素与第 2 个元素交换。重复这样的操作直到所有的元素有序为止。

例如，对初始状态为（73，26，41，5，12，34）的序列进行简单选择排序，方括号“[ ]”内为有序的子表，方括号“[ ]”外为无序的子表，每次从无序子表中取出最小的一个元素加入到有序子表的末尾。步骤如下：

从这 6 个元素中选择最小的元素 5，将 5 与第 1 个元素交换，得到有序序列 [5]；

从剩下的 5 个元素中挑出最小的元素 12，将 12 与第 2 个元素交换，得到有序列 [5，12]；

从剩下的 4 个元素中挑出最小的元素 26，将 26 与第 3 个元素交换，得到有序序列 [5，12，26]；

依此类推，直到所以的元素都有序地排列到有序的子表中。

简单选择排序法在最坏的情况下需要比较 $n(n-1)/2$ 次。

4．堆排序法

堆排序属于选择类的排序方法。

（1）堆的定义。

若有 n 个元素的序列（h_1，h_2，…，h_n），将元素按顺序组成一棵完全二叉树，当且仅当满足下列条件时称为堆。

$$(1)\begin{cases} h_i \leqslant h_{2i} \\ h_i \leqslant h_{2i+1} \end{cases} \text{或} (2)\begin{cases} h_i \geqslant h_{2i} \\ h_i \geqslant h_{2i+1} \end{cases}$$

其中，i=1，2，3，…，n/2。

情况（1）称为小根堆，所有结点的值小于或等于左右子结点的值。情况（2）称为大根堆，所有结点的值大于或等于左右子结点的值。本节只讨论大根堆的情况。

例如，序列（91，85，53，36，47，30，24，12）是一个堆，则它对应的完全二叉树如图 1-15 所示。

（2）调整建堆。

在调整建堆的过程中，总是将根结点值与左、右子树的根结点进行比较，若不满足堆的条件，则将左、右子树根结点值中的大者与根结点值进行交换，这个调整过程从根节点开始一直延伸到所有叶子结点，直到所有子树均为堆为止。

91
85　53
36　47　30　24
12

图 1-15　堆顶元素为最大的堆

（3）堆排序。

首先将一个无序序列建成堆，然后将堆顶元素与堆中的最后一个元素交换。不考虑已经换到最后的那个元素，将剩下的 n-1 个元素重新调整为堆，重复执行此操作，直到所有元素有序为止。

对于数据元素较少的线性表来说，堆排序的优越性并不明显，但对于大量的数据元素，堆排序是很有效的。

在最坏情况下，堆排序法需要比较的次数为 O（$n\log_2 n$）。

5．简单插入排序法

简单插入排序是把 n 个待排序的元素看成是一个有序表和一个无序表，开始时，有序表只包含一个元素，而无序表包含另外 n–1 个元素，每次取无序表中的第一个元素插入到有序表中的正确位置，使之成为增加一个元素的新的有序表。插入元素时，插入位置及其后的记录依次向后移动。最后有序表的长度为 n，而无序表为空，此时排序完成。

简单插入排序过程如图 1-16 所示。图中方括号“[ ]”内为有序的子表，方括号“[ ]”外为无序的子表，每次从无序子表中取出第一个元素插入到有序子表中。

在最好情况下，即初始排序序列就是有序的情况下，简单插入排序的比较次数为 n–1 次，移动次数为 0 次。

在最坏情况下，即初始排序序列是逆序的情况下，比较次数为 n（n–1）/2，移动次数为 n（n–1）/2。假设待排序的线性表中的各种排列出现的概率相同，可以证明，其平均比较次数和平均移动次数都约为 $n^2/4$，因此直接插入排序算法的时间复杂度为 O（n^2）。

在简单插入排序中，每一次比较后最多移掉一个逆序，因此，这种排序方法的效率与冒泡排序法相同。

[初始]	[48] 37 65 96 75 12 26 49
i=2	[37 48] 65 96 75 12 26 49
i=3	[37 48 65] 96 75 12 26 49
i=4	[37 48 65 96] 75 12 26 49
i=5	[37 48 65 75 96] 12 26 49
i=6	[12 37 48 65 75 96] 26 49
i=7	[12 26 37 48 65 75 96] 49
i=8	[12 26 37 48 49 65 75 96]

图 1-16 简单插入排序过程

第 2 章 程序设计基础

2.1 程序设计方法与风格

程序设计风格是指编写程序时所表现出来的特点、习惯和逻辑思路。

良好的程序设计风格可以使程序结构清晰合理，程序代码便于维护，因此，程序设计风格深深地影响着软件的质量和维护。

要形成良好的程序设计风格，主要应注意和考虑下述一些因素。

1．源程序的文档化

源程序文档化是指在源程序中可包含一些内部文档，以帮助阅读和理解源程序。

（1）符号名的命名规则：符号名的命名应具有一定的实际含义，以便理解程序功能。

（2）程序注释：在源程序中添加正确的注释可帮助人们理解程序。程序注释可分为序言性注释和功能性注释，以给出程序的整体说明和程序的主要功能。

（3）视觉组织：可以在程序中利用空格、空行、缩进等技巧使程序层次清晰。

2．数据说明的方法

为使程序中的数据说明易于理解和维护，可采用如表 2-1 所示的数据说明的风格。

表 2–1　数据说明风格

数据说明风格	详细说明
次序应规范化	使数据说明次序固定，使数据的属性容易查找，也有利于测试、排错和维护
变量安排有序化	当多个变量出现在同一个说明语句中时，变量名应按字母顺序排序，以便于查找
使用注释	在定义一个复杂的数据结构时，应通过注释来说明该数据结构的特点

3．语句的结构

为使程序更简单易懂，语句构造应该简单直接，应注意如下原则：

（1）在一行内只写一条语句；

（2）程序编写应优先考虑清晰性；

（3）程序编写要做到清晰第一，效率第二；

（4）在保证程序正确的基础上再要求提高效率；

（5）避免使用临时变量而使程序的可读性下降；

（6）避免不必要的转移；

（7）尽量使用库函数；

（8）避免采用复杂的条件语句；

（9）尽量减少使用“否定”条件语句；

（10）数据结构要有利于程序的简化；

（11）要模块化，使模块功能尽可能单一化；

（12）利用信息隐蔽，确保每一个模块的独立性；

（13）从数据出发去构造程序；

（14）不要修补不好的程序，要重新编写。

4．输入输出

输入输出方式和风格应尽可能方便用户的使用，应考虑如下原则：

（1）对所有输入的数据都要检验数据的合法性；

（2）检查输入项的各种重要组合的合理性；

（3）输入格式要简单，使得输入的步骤和操作尽可能简单；

（4）输入数据时，应允许使用自由格式；

（5）应允许默认值；

（6）输入一批数据时，最好使用输入结束标志；

（7）在以交互式输入/输出方式进行输入时，要在屏幕上使用提示符明确提示输入的请求，同时在数据输入过程中和输入结束时，应在屏幕上给出状态信息；

（8）当程序设计语言对输入格式有严格要求时，应保持输入格式与输入语句的一致性。

2.2　结构化程序设计

2.2.1　结构化程序设计的原则

结构化程序设计方法的重要原则是自顶向下、逐步求精、模块化及限制使用 goto 语句。

（1）自顶向下。

程序设计时，先考虑总体，后考虑细节；先考虑全局目标，后考虑局部目标。

（2）逐步求精。

对复杂问题，应设计一些子目标做过渡，逐步细化。

（3）模块化。

模块化是把程序要解决的总目标分解为分目标，再进一步分解为具体的小目标，把每个小目标称为一个模块。

（4）限制使用 goto 语句。

2.2.2 结构化程序的基本结构与特点

1966 年，Boehm 和 Jacopini 证明了程序设计语言仅仅使用顺序、选择和重复 3 种基本控制结构就足以表达出各种其他形式结构的程序设计方法。它们的共同特征是：严格地只有一个入口和一个出口。

1．顺序结构

顺序结构是指按照程序语句行的先后顺序，自始至终一条语句一条语句地顺序执行，它是最简单也是最常用的基本结构。如图 2-1 所示，虚线框内就是一个顺序结构，在执行 A 中的运算后，必然执行 B 中的运算，然后执行 C 中的运算，没有分支，也没有转移和重复。

2．选择结构

选择结构又称分支结构，简单选择结构和多分支选择结构都属于这类基本结构，这种结构可以根据设置的条件，判断应该选择哪一枝分支来执行相应的语句序列。图 2-2 所示的虚线框内是一个简单选择结构。根据条件 C 判断，若成立则执行 A 中的运算，若不成立则执行 B 中的运算。

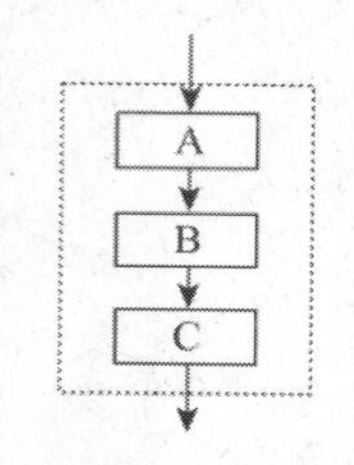

图 2-1　顺序结构

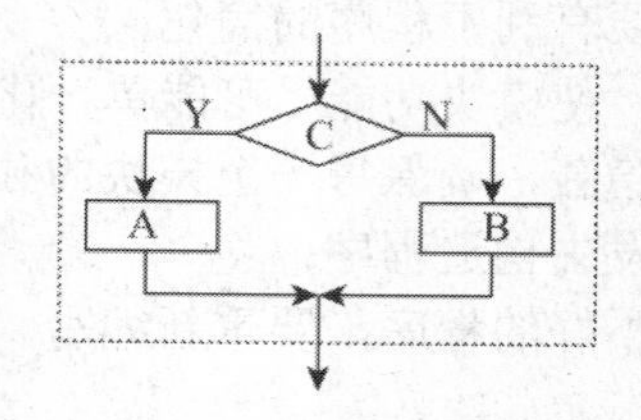

图 2-2　简单选择结构

3．重复结构

重复结构又称为循环结构，它根据给定的条件，判断是否需要重复执行某一相同的或类似的程序段。

在程序设计语言中，重复结构对应两类循环语句，对先判断后执行的循环体称为当型循环结构；对先执行循环体后判断的称为直到型循环结构，如图 2-3 所示。

总之，遵循结构化程序的设计原则，按结构化程序设计方法设计出的程序具有明显的优点：

- 程序易于理解、使用和维护；
- 提高了编程工作的效率，降低了软件开发成本。

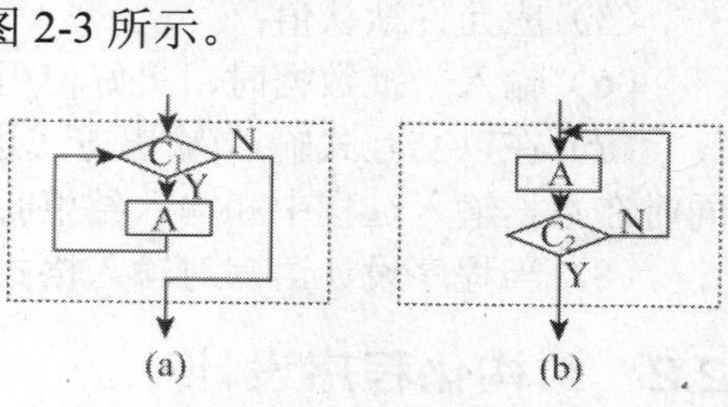

(a)　(b)

图 2-3　两种重复结构

2.3 面向对象的程序设计

2.3.1 关于面向对象方法

面向对象方法的本质，就是主张从客观世界固有的事物出发来构造系统，提倡用人类在现实生活中常用的思维方法来认识、理解和描述客观事物，强调最终建立的系统能够映射问题域，也就是说，系统中的对象以及对象之间的关系能够如实地反映问题域中固有事物及其关系。

面向对象方法有以下优点。

（1）与人类习惯的思维方法一致。

面向对象方法和技术以对象为核心。对象是由数据和容许的操作组成的封装体，与客观实体有直接的关系。对象之间通过传递消息互相联系，以模拟现实世界中不同事物彼此之间的联系。

面向对象的设计方法与传统的面向过程的方法有本质不同，这种方法的基本原理是：使用现实世界的概念抽象地思考问题从而自然地解决问题。它强调模拟现实世界中的概念而不强调算法，它鼓励开发者在软件开发的绝大部分过程中都用应用领域的要领去思考。

（2）稳定性好。

（3）可重用性好。

软件重用是指在不同的软件开发过程中重复作用相同或相似软件元素的过程。重用是提高软件生产率的最主要的方法。

（4）易于开发大型软件产品。

（5）可维护性好：

① 用面向对象的方法开发的软件稳定性比较好；

② 用面向对象的方法开发的软件比较容易修改；

③ 用面向对象的方法开发的软件比较容易理解；

④ 易于测试和调试。

2.3.2 面向对象方法的基本概念

关于面向对象方法，对其概念有许多不同的看法和定义，但是都涵盖对象及对象属性与方法、类、继承、多态性几个基本要素。

1．对象

对象是面向对象方法中最基本的概念。对象可以用来表示客观世界中的任何实体，也就是说，应用领域中有意义的、与所要解决的问题有关系的任何事物都可以作为对象。总之，对象是对问题域中某个实体的抽象。例如，书本、课桌、老师、计算机等都可以看做一个对象。

面向对象的程序设计方法中涉及的对象是系统中用来描述客观事物的一个实体，是构成系统的一个基本单位，它由一组表示其静态特征的属性和它可执行的一组操作组成。

客观世界中的实体通常既具有静态的属性，又具有动态的行为，因此，面向对象方法学中的对象是由描述该对象属性的数据以及可以对这些数据施加的操作封装在一起构成的统一体。对象可以执行的操作表示它的动态行为。

属性即对象所包含的信息，它在设计对象时确定，一般只能通过执行对象的操作来改变。

操作描述了对象执行的功能，若通过信息的传递，还可以为其他对象使用。

对象具有如下特点。

① 标识唯一性：指对象是可区分的，并且由对象的内在本质来区分，而不是通过描述来区分；

② 分类性：指可以将具有相同属性和操作的对象抽象成类；

③ 多态性：指同一个操作可以是不同对象的行为；

③ 封装性：从外面看只能看到对象的外部特征，而不知道也无须知道数据的具体结构以及实现操作的算法；

⑤ 模块独立性好：对象是面向对象的软件的基本模块，对象内部各种元素彼此结合得很紧密，内聚性强。

2．类和实例

类是具有共同属性、共同方法的对象的集合，是关于对象的抽象描述，反映属于该对象类型的所有对象的性质。一个具体对象则是其对应类的一个实例。

需要注意的是，"实例"这个术语，必然是指一个具体的对象。"对象"这个术语，则既可以指一个具体的对象，也可以泛指一般的对象。因此，在使用"实例"这个术语的地方，都可以用"对象"来代替，而使用"对象"这个术语的地方，则不一定能用"实例"来代替。

例如，"大学生"是一个大学生类，它描述了所有大学生的性质。因此，任何大学生都是类"大学生"的一个对象（这里的"对象"不可以用"实例"来代替），而一个具体的大学生"张三"是类"大学生"的一个实例。

类是关于对象性质的描述，它同对象一样，包括一组数据属性和在数据上的一组合法操作。

3．消息

消息传递是对象间通信的手段，一个对象通过向另一对象发送消息来请求其服务。

消息机制统一了数据流和控制流。消息的使用类似于函数调用。通常一个消息由下述 3 部分组成：

- 接收消息的对象名称；
- 消息选择符（也称为消息名）；
- 零个或多个参数。

消息只告诉接收对象需要完成什么操作，但并不指示怎样完成操作。消息完全由接收者解释，独立决定采用什么方法来完成所需的操作。

一个对象能够接收不同形式、不同内容的多个消息；相同形式的消息可以送往不同的对象，不同的对象对于形式相同的消息可以有不同的解释，能够作出不同的反应。一个对象可以同时往多个对象传递消息，两个对象也可以同时向某一个对象传递消息。消息传递如图 2-4 所示。

4．继承

继承是面向对象的一个主要特征。继承是使用已有的类定义作为基础建立新类的技术。已有的类可当做基类来应用，则新类相应地可当做派生类来引用。

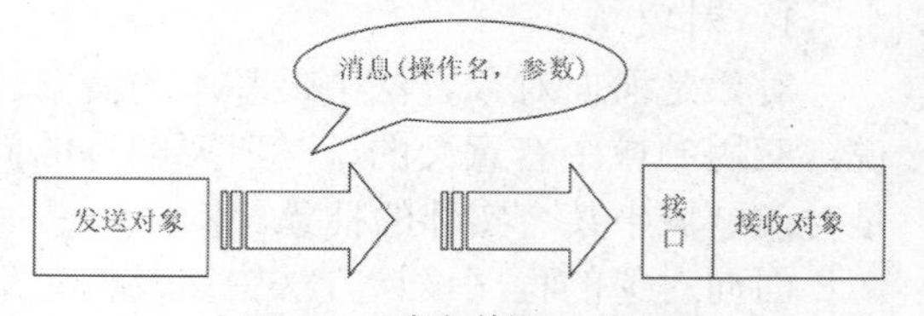

图 2-4　消息传递示意图

广义地说，继承是指能够直接获得已有的性质和特征，而不必重复定义它们。

例如，"四边形"类是"矩形"类的父类，"四边形"类可以有"顶点坐标"等属性，有"移动"、"旋转"、"求周长"等操作。而"矩形"类除了继承"四边形"类的属性和操作外，还可定义自己的属性和操作，"长"、"宽"等属性和"求面积"等操作。

继承具有传递性，如果类 Z 继承类 Y，类 Y 继承类 X，则类 Z 继承类 X。因此，一个类实际上继承了它上层的全部基类的特性，也就是说，属于某类的对象除了具有该类定义的特性外，还具有该类上层全部基类定义的特性。

继承分为单继承与多重继承。单继承是指一个类只允许有一个父类，即类等价为树型结构。多重继承是指一个类允许有多个父类。多重继承的类可以组合多个父类的性质构成所需要的性质。

继承的优点是：相似的对象可以共享程序代码和数据结构，从而大大减少了程序中的冗余信息，提高软件的可重用性，便于软件修改维护。另外，继承性使得用户在开发新的应用系统时不必完全从零开始，可以继承原有的相似系统的功能或者从类库中选取需要的类，再派生出新的类以实现所需的功能。

5．多态性

对象根据所接收的消息而做出动作，同样的消息被不同的对象接收时可导致完全不同的行为，该现象称为多态性。

在面向对象的软件技术中，多态性是指子类对象可以像父类对象那样使用，同样的消息既可以发送给父类对象也可以发送给子类对象。

例如，在一般类 polygon（多边形）中定义了一个方法"Show"显示自身，但并不确定执行时到底画一个什么图形。特殊类 square 和类 rectangle 都继承了 polygon 类的显示操作，但其实现的结果却不同，把名为 Show 的消息发送给一个 rectangle 类的对象是在屏幕上画矩形，而将同样消息名的消息发送给一个 square 类的对象则是在屏幕上画一个正方形。图 2-5 所示为多态性的表现。

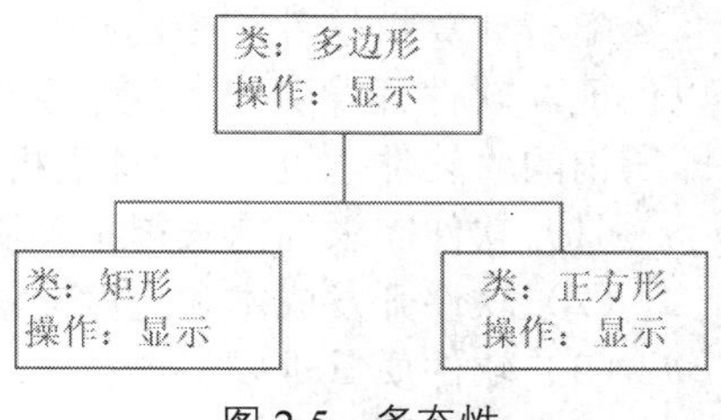

图 2-5　多态性

多态性机制不仅增强了面向对象软件系统的灵活性，进一步减少了信息冗余，而且显著提高了软件的可重用性和可扩充性。

第 3 章　软件工程基础

3.1　软件工程基本概念

1．软件的定义

计算机软件由以下两部分组成：

- 一是机器可执行的程序和数据；
- 二是机器不可执行的，与软件开发、运行、维护、使用等有关的文档。

软件的构成如表 3-1 所示。计算机软件是由程序、数据及相关文档构成的完整集合，它与计算机硬件一起组成计算机系统。

表 3–1　计算机软件各组成部分的含义

概　念	含　义
软件	程序、数据和文档
程序	软件开发人员依据用户需求开发的，用某种程序设计语言描述的，能够在计算机中执行的语句序列
数据	使程序能够正常操纵信息的数据结构
文档	与程序开发、维护和使用有关的资料

我国国家标准（简称国标，GB）中对计算机软件（Software）完整的定义是：与计算机系统操作有关的计算机程序、规程、规则，以及可能有的文件、文档及数据。

2．软件的分类

计算机软件按功能分为系统软件、应用软件、支撑软件（或工具软件）。

系统软件是管理计算机的资源，提高计算机的使用效率，为用户提供各种服务的软件。例如，操作系统（OS）、数据库管理系统（DBMS）、编译程序、汇编程序、网络软件等。系统软件是最靠近计算机硬件的软件。

应用软件是为了应用于特定的领域而开发的软件。例如，我们熟悉的 Word 2003、Winamp、

QQ、Flashget 等软件属于应用软件。

支撑软件是介于系统软件和应用软件之间，协助用户开发软件的工具型软件，其中包括帮助程序人员开发和维护软件产品的工具软件，也包括帮助管理人员控制开发进程和项目管理的工具软件。例如，Delphi、PowerBuilder 等。

3．软件危机

随着计算机软件规模的扩大，软件本身的复杂性不断增加，研制周期显著变长，正确性难以保证，软件开发费用上涨，生产效率急剧下降，从而出现了人们难以控制软件发展的局面，即所谓的"软件危机"。软件危机主要表现在：

（1）软件需求的增长得不到满足；

（2）软件开发成本和进度无法控制；

（3）软件质量难以保证；

（4）软件不可维护或维护程度非常低；

（5）软件成本不断提高；

（6）软件开发生产效率的提高赶不上硬件的发展和应用需求的增长。

总之，可以将软件危机归结为成本、质量和生产率等问题。

4．软件工程的产生

为了摆脱软件危机，北大西洋公约组织成员国软件工作者于 1968 年和 1969 年两次召开会议（NATO 会议），认识早期软件开发中所存在的问题和产生问题的原因，提出软件工程的概念。

国标（GB）中指出软件工程是应用于计算机软件的定义、开发和维护的一整套方法、工具、文档、实践标准和工序。

软件工程包括 3 个要素，即方法、工具和过程。方法是完成软件工程项目的技术手段；工具支持软件的开发、管理、文档生成；过程支持软件开发的各个环节的控制、管理。

自软件工程概念的提出，该研究领域吸引了众多的学者，并开展了大量的理论和技术的研究，形成了"软件工程学"这一计算机科学中的分支。它所包含的内容可概括为以下两点。

（1）软件开发技术：主要有软件开发方法学、软件工具、软件工程环境。

（2）软件工程管理：主要有软件管理、软件工程经济学。

5．软件生命周期

（1）软件生命周期的概念。

一个软件从定义、开发、使用和维护，直到最终被废弃而退役，要经历一个漫长的时期，这就如同一个人要经过胎儿、儿童、青年、中年和老年，直到最终死亡的漫长时期一样。

通常把软件产品从提出、实现、使用、维护到停止使用、退役的过程称为软件生命周期。软件生命周期分为 3 个时期共 8 个阶段。

① 软件定义期：包括问题定义、可行性研究和需求分析 3 个阶段。

② 软件开发期：包括概要设计、详细设计、实现和测试 4 个阶段。

③ 运行维护期：即运行维护阶段。

软件生命周期各个阶段的活动可以有重复，执行时也可以有迭代，如图 3-1 所示。

（2）软件生命周期各阶段的主要任务。

图 3-1 所示的软件生命周期各阶段的主要任务如下。

① 问题定义。确定要求解决的问题是什么。

② 可行性研究与计划制订。决定该问题是否存在一个可行的解决办法，制订完成开发任务的实施计划。

③ 需求分析。对待开发软件提出需求进行分析并给出详细定义。编写软件规格说明书及初步的用户手册，提交评审。

④ 软件设计。通常分为概要设计和详细设计两个阶段，给出软件的结构、模块的划分、功能的分配以及处理流程。该阶段提交评审的文档有概要设计说明书、详细设计说明书和测试计划初稿。

⑤ 软件实现。在软件设计的基础上编写程序。该阶段完成的文档有用户手册、操作手册等面向用户的文档，以及为下一步做准备而编写的单元测试计划。

⑥ 软件测试。在设计测试用例的基础上，检验软件的各个组成部分。编写测试分析报告。

⑦ 运行维护。将已交付的软件投入运行，同时不断地维护，进行必要而且可行的扩充和删改。

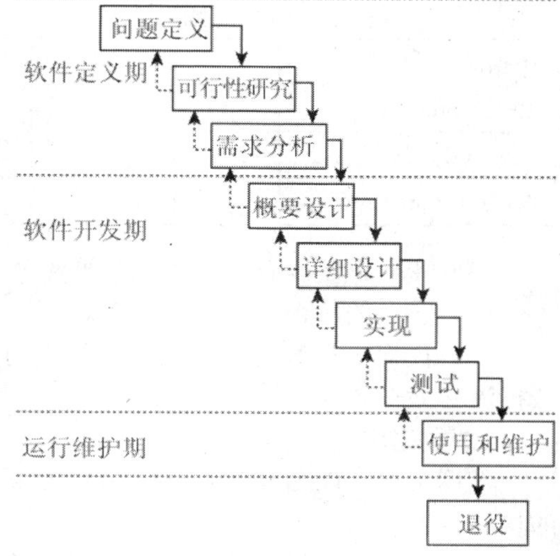

图 3-1　软件生命周期

6．软件工程的目标

软件工程的目标是：在给定成本、进度的前提下，开发出具有有效性、可靠性、可理解性、可维护性、可重用性、可适应性、可移植性、可追踪性和可互操作性且满足用户需求的产品。

软件工程研究的内容主要包括：软件开发技术和软件工程管理。

（1）软件开发技术。软件开发技术包括软件开发方法学、开发过程、开发工具和软件工程环境，其主体内容是软件开发方法学。

软件开发方法学是从不同的软件类型，按不同的观点和原则，对软件开发中应遵循的策略、原则、步骤和必须产生的文档资料做出规定，从而使软件的开发能够规范化和工程化，以克服早期的手工方式生产中的随意性和非规范性。

（2）软件工程管理。软件工程管理包括软件管理学、软件工程经济学、软件心理学等内容。软件工程管理是软件按工程化生产时的重要环节，它要求按照预先制定的计划、进度和预算执行，以实现预期的经济效益和社会效益。

工程管理包括人员组织、进度安排、质量保证、成本核算等；软件工程经济学是研究软件开发中对成本的估算、成本效益分析的方法和技术。它应用经济学的基本原理来研究软件工程开发中的经济效益问题；软件心理学从个体心理、人类行为、组织行为和企业文化等角度来研究软件管理和软件工程的。

3.2　结构化分析方法

1．数据流图

数据流图（Data Flow Diagram，DFD）以图形的方式描绘数据在系统中流动和处理的过程，它只反映系统必须完成的逻辑功能，所以是一种功能模型。

数据流图中的主要图形元素与说明如表 3-2 所示。

绘制数据流图的基本原则如下：

（1）数据流图上所有的基本图形符号一般应是上述的 4 种基本元素；

（2）数据流图的主图必须含有前面所述的 4 种基本元素，缺一不可；

（3）数据流图的主图上的数据流必须封闭在外部实体之间，实体可以是一个，也可以是多个；

表 3-2　　数据流图的元素说明

名　　称	图　　形	说　　明
数据流（data flow）		沿箭头方向传送数据的通道，一般在旁边标注数据流名
加工（process）		又称转换，输入数据经加工、变换产生输出存储
文件（file）		又称数据源，表示处理过程中存放各种数据的文件
源/潭（source/sink）		表示系统和环境的接口，属于系统之外的实体

（4）变换框至少有一个输入数据流和一个输出数据流；

（5）图上的每个元素都必须命名；

（6）任何一个数据流子图必须与它的父图上的一个变换框对应，两者的输入数据流和输出数据流必须一致。

2．数据字典

数据字典（Data Dictionary，DD）是对数据流图中所有元素的定义的集合，是结构化分析的核心。

数据流图和数据字典共同构成系统的逻辑模型，没有数据字典数据流图就不严格，若没有数据流图，数据字典也难于发挥作用。

数据字典中有 4 种类型的条目：数据流、数据项、数据存储和加工。

在数据字典各条目的定义中，常使用如表 3-3 所示的符号。

表 3-3　　数据字典定义式中出现的符号及含义

<table>
<tr><th>符　　号</th><th>含　　义</th></tr>
<tr><td>＝</td><td>表示“等价于”，“定义为”或“由什么构成”</td></tr>
<tr><td>＋</td><td>表示“和”，“与”</td></tr>
<tr><td>[…|…]</td><td>表示“或”，即从方括号内列出的若干项中选择一个，通常用“|”号隔开供选择的项</td></tr>
<tr><td>{}</td><td>表示“重复”，即重复花括号内的项，n{}m 表示最少重复 n 次，最多重复 m 次</td></tr>
<tr><td>()</td><td>表示“可选”，即圆括号里的项可有可无，也可理解为可以重复 0 次或 1 次</td></tr>
<tr><td>**</td><td>表示“注解”</td></tr>
<tr><td>..</td><td>表示连接符</td></tr>
</table>

3．软件需求规格说明书

软件需求规格说明书（Software Requirement Specification，SRS）是需求分析阶段的最后成果，是软件开发的重要文档之一。

（1）软件需求规格说明书的作用。

① 便于用户、开发人员进行理解和交流。

② 反映出用户问题的结构，可以作为软件开发工作的基础和依据。

③ 作为确认测试和验收的依据。

（2）软件需求规格说明书的内容。

软件需求规格说明书是作为需求分析的一部分而制定的可交付文档。该说明书把在软件计划中确定的软件范围加以展开，制定出完整的信息描述、详细的功能说明、恰当的检验标准以及其他要求有关的数据。

（3）软件需求规格说明书的特点。

软件需求规格说明书是确保软件质量的有力措施。衡量软件需求规格说明书质量好坏的标准、标准的优先级及标准的内涵如下。

① 正确性：SRS 首先要正确地反映待开发系统，体现系统的真实要求。

② 无歧义性：对每一个需求不能有两种解释。

③ 完整性：SRS 要涵盖用户对系统的所有需求，包括功能要求、性能要求、接口要求、设计约束等。

④ 可验证性：SRS 描述的每一个需求都可在有限代价的有效过程中验证确认。

⑤ 一致性：各个需求的描述之间不能有逻辑上的冲突。

⑥ 可理解性：为了使用户能看懂 SRS，应尽量少使用计算机的概念和术语。

⑦ 可修改性：SRS 的结构风格在有需要时不难改变。

⑧ 可追踪性：每个需求的来源和流向是清晰的。

作为设计的基础和验收的依据，软件需求规格说明书应该精确而无二义性，并且简单易懂，这样可以方便后面的设计，以及用户看懂说明书，并且发现和指出其中的错误以保证软件系统质量。

3.3 结构化设计方法

1．软件设计的基础

软件设计是软件工程的重要阶段，是一个把软件需求转换为软件表示的过程。软件设计的基本目标是用比较抽象概括的方式确定目标系统如何完成预定的任务，也就是说，软件设计是确定系统的物理模型。

软件设计的重要性和地位概括为以下几点。

（1）软件开发阶段（设计、编码、测试）占软件项目开发总成本的绝大部分，是在软件开发中形成质量的关键环节；

（2）软件设计是开发阶段最重要的步骤，是将需求准确地转化为完整的软件产品或系统的唯一途径。

（3）软件设计做出的决策，最终影响软件实现的成败。

（4）设计是软件工程和软件维护的基础。

从技术观点上看，软件设计包括软件结构设计、数据设计、接口设计、过程设计。

从工程管理角度来看，软件设计分两步完成：概要设计和详细设计。

软件设计的一般过程是：软件设计是一个迭代的过程，先进行高层次的结构设计，然后进行低层次的过程设计，穿插进行数据设计和接口设计。

2．软件设计的基本原理

软件设计遵循软件工程的基本目标和原则，建立了适用于软件设计中应该遵循的基本原理和与软件设计有关的概念。

（1）抽象。抽象是一种思维工具，就是把事物本质的共同特性提取出来而不考虑其他细节。

（2）模块化。模块是指把一个待开发的软件分解成若干小的简单的部分。模块化是指解决一个复杂问题时自顶向下逐层把软件系统划分成若干模块的过程。

（3）信息隐蔽。是指在一个模块内包含的信息（过程或数据），对于不需要这些信息的其他模块来说是不能访问的。

（4）模块独立性。是指每个模块只完成系统要求的独立的子功能，并且与其他模块的联系最少且接口简单。

模块的独立程度是评价设计好坏的重要度量标准。衡量软件的模块独立性使用耦合性和内聚性两个定性的度量标准。

内聚性是度量一个模块功能强度的一个相对指标，耦合性则用来度量模块之间的相互联系程度。

耦合可以分为下列几种，它们之间的耦合度由高到低排列：

- 内容耦合——若一个模块直接访问另一模块的内容，则这两个模块称为内容耦合。
- 公共耦合——若一组模块都访问同一全局数据结构，则称为公共耦合。
- 外部耦合——若一组模块都访问同一全局数据项，则称为外部耦合。
- 控制耦合——若一模块明显地把开关量、名字等信息送入另一模块，控制另一模块的功能，则称为控制耦合。
- 标记耦合——若两个以上的模块都需要其余某一数据结构的子结构时，不使用其余全局变量的方式而是使用记录传递的方式，这样的耦合称为标记耦合。
- 数据耦合——若一个模块访问另一个模块，被访问模块的输入和输出都是数据项参数，则这两个模块为数据耦合。
- 非直接耦合——若两个模块没有直接关系，它们之间的联系完全是通过程序的控制和调用来实现的，则称这两个模块为非直接耦合，这样的耦合独立性最强。

内聚是从功能角度来衡量模块的联系，它描述的是模块内的功能联系。内聚有如下种类，它们之间的内聚度由弱到强排列。

- 偶然内聚——模块中的代码无法定义其不同功能的调用。但它使该模块能执行不同的功能，这种模块称为巧合强度模块。
- 逻辑内聚——这种模块把几种相关的功能组合在一起，每次被调用时，由传送给模块的参数来确定该模块应完成哪一种功能。
- 时间内聚——这种模块顺序完成一类相关功能，比如初始化模块，它顺序地为变量置初值。
- 过程内聚——如果一个模块内的处理元素是相关的，而且必须以特定次序执行，则称为过程内聚。
- 通信内聚——这种模块除了具有过程内聚的特点外，还有另外一种关系，即它的所有功能都通过使用公用数据而发生关系。
- 顺序内聚——如果一个模块内各个处理元素和同一个功能密切相关，而且这些处理必须顺序执行，一个处理元素的输出数据作为下一个处理元素的输入数据，则称为顺序内聚。
- 功能内聚——如果一个模块包括为完成某一具体任务所必需的所有成分，或者说模块中所有成分结合起来是为了完成一个具体的任务，此模块则为功能内聚模块。

耦合性与内聚性是模块独立性的两个定性标准，耦合与内聚是相互关联的。在程序结构中，各模块的内聚性越强，则耦合性越弱。一般较优秀的软件设计，应尽量做到高内聚、低耦合，即减弱模块之间的耦合性和提高模块内的内聚性，有利于提高模块的独立性。

3．概要设计任务

概要设计又称总体设计，软件概要设计的基本任务如下所述。

（1）设计软件系统结构。

为了实现目标系统，先进行软件结构设计，如图 3-2 所示。

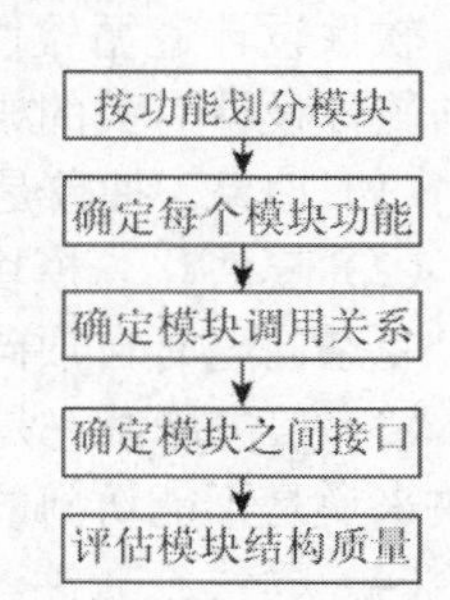

图 3-2　软件结构设计过程

（2）数据结构及数据库设计。

数据设计是实现需求定义和规格说明中提出的数据对象的逻辑表示。

（3）编写概要设计文档。

概要设计阶段的文档有概要设计说明书、数据库设计说明书、集成测试计划等。

（4）概要设计文档评审。

在文档编写完成后，要对设计部分是否完整地实现了需求中规定的功能、性能等要求，设计方案的可行性，关键的处理及内外部接口定义正确性、有效性，各部分之间的一致性等进行评审，以免在以后的设计中出现大的问题而返工。

结构图（Structure Chart，SC）也称程序结构图，是描述软件结构的图形工具，是常用的软件结构设计工具。

结构图的基本图符及含义如表 3-4 所示。

表 3–4　结构图的基本图符及含义

概　　念	含　　义	图　　符
模块	一个矩形代表一个模块，矩形内注明模块的名字或主要功能	一般模块
调用关系	矩形之间的箭头（或直线）表示模块的调用关系	调用关系
信息	用带注释的箭头表示模块调用过程中来回传递的信息。如果希望进一步标明传递的信息是数据信息还是控制信息，则可用带实心圆的箭头表示是控制信息，空心圆表示数据信息	数据信息 控制信息

软件结构图是软件系统的模块层次结构，反映了整个系统的功能实现。

结构图有 4 中常用的模块类型：传入模块、传出模块、变换模块和协调模块。

4．程序流程图

程序流程图又称为程序框图，在程序流程图中，构成程序流程图的最基本图符及含义如下所述。

- 方框表示一个加工步骤。
- 菱形表示一个逻辑条件。
- 箭头表示控制流。

按照结构化程序设计的要求，程序流程图构成的所有程序描述可分解为如图 3-3 所示的 5 种控制结构，它们的含义如下所述。

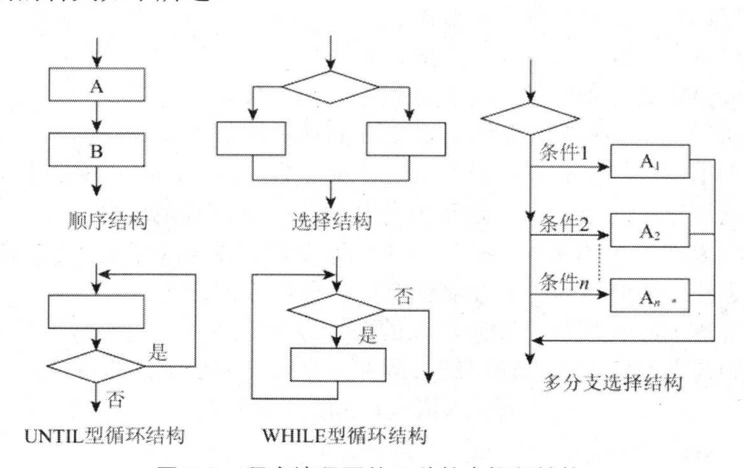

图 3-3　程序流程图的 5 种基本控制结构

① 顺序型：几个连续的加工步骤依次排列构成。

② 选择型：由某个逻辑判断式的取值决定选择两个加工中的一个。

③ 先判断重复型（WHILE 型）：先判断循环控制条件是否成立，成立则执行循环体语句。

④ 后判断重复型（UNTIL 型）：重复执行某些特定的加工，直到控制条件成立。

⑤ 多分支选择型：列举多种加工情况，根据控制变量的取值，选择执行其中之一。

通过把图 3-3 中的 5 种基本结构相互组合或嵌套，可以构成任何复杂的程序流程图。

程序流程图不易表示数据结构。

3.4 软件测试

3.4.1 软件测试的目的与准则

1．软件测试的目的

Grenford.J.Myers 给出了软件测试的目的。

（1）测试是为了发现程序中的错误而执行程序的过程。

（2）好的测试用例（test case）很可能发现迄今为止尚未发现的错误。

（3）一次成功的测试是指发现了至今为止尚未发现的错误。

测试的目的是发现软件中的错误，但是，暴露错误并不是软件测试的最终目的，测试的根本目的是尽可能多地发现并排除软件中隐藏的错误。

2．软件测试的准则

根据上述软件测试的目的，为了能设计出有效的测试方案，以及好的测试用例，软件测试人员必须深入理解，并正确运用以下软件测试的基本准则。

（1）所有测试都应追溯到用户需求。

（2）在测试之前制订测试计划，并严格执行。

（3）充分注意测试中的群集现象。

（4）避免由程序的编写者测试自己的程序。

（5）不可能进行穷举测试。

（6）妥善保存测试计划、测试用例、出错统计和最终分析报告，为系统维护提供方便。

3.4.2 软件测试技术与方法

软件测试具有多种方法，根据软件是否需要被执行，可以分为静态测试和动态测试。如果按照功能划分，可以分为白盒测试和黑盒测试。

1．静态测试与动态测试

静态测试一般是指人工评审软件文档或程序，借以发现其中的错误。由于被评审的文档或程序不必运行，所以称为静态的。静态测试包括代码检查、静态结构分析、代码质量度量等。静态测试可以由人工运行，充分发挥人的逻辑思维优势，也可以借助软件工具自主运行。

动态测试是指通常的上机测试，这种方法是使程序有控制地运行，并从多种角度观察程序运行时的行为，以发现其中的错误。测试是否能够发现错误取决于测试实例的设计。动态测试的设计测试实例方法一般有两类：黑盒测试方法和白盒测试方法。

设计高效、合理的测试用例是动态测试的关键。测试用例是为测试设计的数据。测试用例由测试输入数据和与之对应的预期输出结果两部分组成。测试用例的格式如下：

[(输入值集)，(输出值集)]

2．白盒测试方法与测试用例设计

白盒测试又称为结构测试或逻辑驱动测试。它允许测试人员利用程序内部的逻辑结构及有关信息来设计或选择测试用例，对程序所有的逻辑路径进行测试。白盒测试是在程序内部进行，主要用于完成软件内部操作的验证。

白盒测试的基本原则是：保证所测模块中每一个独立路径至少执行一次；保证所测试模块所有判断的每一个分支至少执行一次；保证所测模块的每一个循环都在边界条件和一般条件下至少执行一次；验证所有内部数据结构的有效性。

白盒测试法主要有逻辑覆盖和基本路径测试。

（1）逻辑覆盖测试。泛指一系列以程序内部的逻辑结构为基础的测试用例设计技术。通常所指的程序中的逻辑表示有判断、分支、条件 3 种表示方式。

① 语句覆盖。语句覆盖是一个比较弱的测试标准，它的含义是，选择足够的测试实例，使得程序中的每一个语句都能执行一次。

② 路径覆盖。执行足够的测试用例，使程序中所有的可能路径都至少经历一次。

③ 判定覆盖。设计足够的测试实例，使得程序中的每个判定至少都获得一次“真值”和“假值”的机会。判定覆盖要比语句覆盖严格，因为如果每个分支都执行过了，则每个语句也执行过了。

④ 条件覆盖。对于每个判定中所包含的若干个条件，应设计足够多的测试实例，使得判定中的每个条件都取到“真”和“假”两个不同的结果。条件覆盖通常比判定覆盖强，但也有的测试实例满足条件覆盖而不满足判定覆盖。

⑤ 判断一条件覆盖。设计足够多的测试实例，使得判定中的每个条件都能取得各种可能的“真”值和“假”值，并且使每个判定都能取到“真”和“假”两种结果。

（2）基本路径测试。它的思想和步骤是，根据软件过程性描述中的控制流程确定程序的环路复杂性度量，用此度量定义基本路径集合，并由此导出一组测试用例对每一条独立执行路径进行测试。

3．黑盒测试方法与测试用例设计

黑盒测试方法又称功能测试或数据驱动测试，着重测试软件功能。白盒测试在测试过程的早期阶段进行，而黑盒测试主要用于软件的确认测试。

黑盒测试完全不考虑程序内部的逻辑结构和处理过程，黑盒测试是在软件接口处进行，检查和验证程序的功能是否符合需求规格说明书的功能说明。

常用的黑盒测试方法和技术有：等价类划分法、边界值分析法、错误推测法等。

（1）等价类划分法。

等价类划分是一种常用的黑盒测试方法，这种技术的方法是先把程序的所有可能的输入划分成若干个等价类，然后根据等价类选取相应的测试用例。每个等价类中各个输入数据对发现程序中错误的概率几乎是相同的。因此，从每个等价类中只取一组数据作为测试数据，这样选取的测试数据最有代表性，最可能发现程序中的错误，并且大大减少了需要的测试数据的数量。

（2）边界值分析法。

边界值分析法是对各种输入、输出范围的边界情况设计测试用例的方法。

大量的实践表明，程序在处理边界值时容易出错，因此设计一些测试用例，使程序运行在边界情况附近，这样揭露程序中错误的可能性就更大。

选取的测试数据应该刚好等于、小于和大于边界值。也就是说，按照边界值分析法，应该选取刚好等于、稍小于和稍大于等价类边界值的数据作为测试数据，而不是选取每个等价类内的典型值或任意值作为测试数据。

通常设计测试方案时总是把等价划分和边界值分析法结合使用。

（3）错误推测法。

① 错误推测法概念。错误推测法是一种凭直觉和经验推测某些可能存在的错误，从而针对这些可能存在的错误设计测试用例的方法。这种方法没有机械的执行过程，主要依靠直觉和经验。

错误推测法针对性强，可以直接切入可能的错误，直接定位，是一种非常实用、有效的方法，但是需要非常丰富的经验。

② 错误推测法实施步骤。首先对被测试软件列出所有可能出现的错误和易错情况表，然后基于该表设计测试用例。

3.4.3 软件测试的实施

软件测试是保证软件质量的重要手段，软件测试是一个过程，其测试流程是该过程规定的程序，目的是使软件测试工作系统化。

软件测试的实施过程分 4 个步骤，即单元测试、集成测试、确认测试和系统测试。

1．单元测试

单元测试是对软件设计的最小单位--模块（程序单元）进行正确性检验测试。单元测试的目的是发现各模块内部可能存在的各种错误。

单元测试的依据是详细的设计说明书和源程序。

单元测试的技术可以采用静态分析和动态测试。对动态测试通常以白盒动态测试为主，辅之以黑盒测试。

单元测试是针对单个模块，这样的模块通常不是一个独立的程序，需要考虑模块和其他模块的调用关系。在单元测试中，用一些辅助模块去模拟与被测模块相联系的其他模块，即为测试模块设计驱动模块和桩模块，构成一个模拟的执行环境进行测试。

驱动（Driver）模块就相当于一个“主程序”，它接收测试数据，把这些数据传送给被测试的模块，输出有关的结果。

桩（Stub）模块代替被测试的模块所调用的模块，因此桩模块也可以称为“虚拟子程序”。它接受被测模块的调用，检验调用参数，模拟被调用的子模块的功能，把结果送回被测试的模块。

在软件的结构图中，顶层模块测试时不需要驱动模块，最底层的模块测试时不需要桩模块。

2．集成测试

集成测试是测试和组装软件的过程。

集成测试主要发现设计阶段产生的错误，集成测试的依据是概要设计说明书，通常采用黑盒测试。

集成测试的内容主要有以下 4 个方面：

- 软件单元的接口测试；
- 全局数据结构测试；
- 边界条件测试；
- 非法输入测试。

集成的方式可以分为非增量方式集成和增量方式集成两种。

非增量方式是先分别测试每个模块，再把所有模块按设计要求组装一起进行整体测试，因此，非增量方式又称一次性组装方式。

增量方式是把要测试的模块同已经测试好的那些模块连接起来进行测试，测试完以后再把下一个应测试的模块连接进来测试。

增量方式包括自顶向下、自底向上以及自顶向下和自底向上相结合的混合增量方法。

3．确认测试

确认测试的任务是检查软件的功能、性能及其他特征是否与用户的需求一致，它是以需求规格说明书作为依据的测试。确认测试通常采用黑盒测试。

确认测试首先测试程序是否满足规格说明书所列的各项要求，然后要进行软件配置复审。复审的目的在于保证软件配置齐全、分类有序，以及软件配置所有成分的完备性、一致性、准确性和可操作性，并且包括软件维护所必需的细节。

4．系统测试

在确认测试完成后，把软件系统整体作为一个元素，与计算机硬件、支持软件、数据、人员和其他计算机系统的元素组合在一起，在实际运行环境下对计算机系统进行一系列的集成测试和确认测试，这样的测试称为系统测试。

系统测试的目的是在真实的系统工作环境下检验软件是否能与系统正确连接，发现软件与系统需求不一致的地方。

系统测试的内容包括功能测试、操作测试、配置测试、性能测试、安全性测试、外部接口测试等。

3.5 程序调试

3.5.1 程序调试的基本概念

调试（也称为 Debug，排错）是作为成功测试的后果出现的步骤，也就是说，调试是在测试发现错误之后排除错误的过程。软件测试贯穿整个软件生命期，而调试主要在开发阶段。

程序调试活动由两部分组成：

- 根据错误的迹象确定程序中错误的确切性质、原因和位置；
- 对程序进行修改，排除这个错误。

1．程序调试的基本步骤

（1）错误定位。从错误的外部表现形式入手，研究有关部分的程序，确定程序中出错的位置，找出错误的内在原因。

（2）修改设计和代码，以排除错误。排错是软件开发过程中一项艰苦工作，这也决定了调试工作是一个具有很强技术性和技巧性的工作。

（3）进行回归测试，防止引进新的错误。因为修改程序可能带来新的错误，重复进行暴露这个错误的原始测试或某些有关测试，以确认该错误是否被排除、是否引进了新的错误。

2．程序调试原则

调试活动由对程序中错误的定性、定位和排错两部分组成，因此调试原则也从这两个方面来考虑。

（1）错误定性和定位的原则

① 集中思考分析和错误现象有关的信息。

② 不要钻死胡同。如果在调试中陷入困境，可以暂时放在一边，或者通过讨论寻找新的思路。

③ 不要过分信赖调试工具。调试工具只能提供一种无规律的调试方法，不能代替人思考。

④ 避免用试探法。试探法其实是碰运气的盲目动作，成功率很小，是没有办法时的办法。

（2）修改错误的原则

① 在错误出现的地方，可能还有其他错误。因为经验表明，错误有群集现象。

② 修改错误的一个常见失误是只修改了这个错误的现象，而没有修改错误本身。如果提出的修改不能解释与这个错误有关的全部线索，这就表明只修改了错误的一部分。

③ 必须明确，修改一个错误的同时可能引入了新的错误。解决的办法是在修改了错误之后，必须进行回归测试。

④ 修改错误的过程将迫使人们暂时回到程序设计阶段。修改错误也是程序设计的一种形式，在程序设计阶段所使用的任何方法都可以应用到错误修正的过程中来。

⑤ 修改源代码程序，不要改变目标代码。

第4章　数据库设计基础

4.1　数据库的基本概念

1．数据库

数据：实际上就是描述事物的符号记录。

数据的特点：有一定的结构，有型与值之分，如整型、实型、字符型等。而数据的值给出了符合定型的值，如整型值15。

数据库：是数据的集合，具有统一的结构形式并存放于统一的存储介质内，是多种应用数据的集成，并可被各个应用程序共享。

数据库存放数据是按数据所提供的数据模式存放的，具有集成与共享的特点。

2．数据库管理系统

数据库管理系统（DataBase Management System，DBMS）是数据库的机构，它是一种系统软件，负责数据库中的数据组织、数据操纵、数据维护、控制及保护和数据服务等。目前流行的DBMS均为关系数据库系统，如Oracle、PowerBuilder、DB2、SQL Sever等。

数据库管理系统是数据库系统的核心，它位于用户与操作系统之间，从软件分类的角度来说，属于系统软件。

数据库管理系统有如下功能。

（1）数据模式定义。数据库管理系统负责为数据库构建模式。

（2）数据存取的物理构建。数据库管理系统负责为数据模式的物理存取及构建提供有效的存取方法与手段。

（3）数据操纵。数据库管理系统一般提供查询、插入、修改以及删除数据的功能。它还具有做简单算术运算及统计的能力和强大的过程性操作能力。

（4）数据的完整性、安全性定义与检查。数据库中的数据具有内在语义上的关联性与一致性，它们构成了数据的完整性。

（5）数据库的并发控制与故障恢复。数据库管理系统必须对多个应用程序的并发操作做必要的控制以保证数据不受破坏，这就是数据库的并发控制；数据库中的数据一旦遭受破坏，数据库管理系统必须有能力及时进行恢复，这就是数据库的故障恢复。

（6）数据的服务。数据库管理系统提供对数据库中数据的多种服务功能，如数据拷贝、转储、重组、性能监测、分析等。

为完成以上6个功能，数据库管理系统提供了相应的数据语言（Data Language）。

- 数据定义语言（Data Definition Language，DDL）。该语言负责数据的模式定义与数据的物理存取构建。
- 数据操纵语言（Data Manipulation Language，DML）。该语言负责数据的操纵，包括查询及增加、删除、修改等操作。

- 数据控制语言（Data Control Language，DCL）。该语言负责数据完整性、安全性的定义与检查以及并发控制、故障恢复等功能。

上述数据语言按其使用方式具有以下两种结构形式。

- 交互式命令语言：它的语言简单，能在终端上即时操作，它又称为自含型或自主型语言。
- 宿主型语言：它一般可嵌入某些宿主语言中，如嵌入 C、C++、COBOL 等高级过程性语言中。

3．数据库系统

数据库系统（DataBase System，DBS）是指在计算机系统中引入数据库后的系统构成。

数据库系统由数据库（数据）、数据库管理系统、应用系统、数据库管理员、系统平台之一——硬件平台（硬件）、系统平台之二——软件平台（软件）几部分构成。

硬件平台包括以下两项。

- 计算机：它是系统中硬件的基础平台。
- 网络：数据库系统今后将以建立在网络上为主，而其结构形成又以客户/服务器（C/S）方式与浏览器/服务器（B/S）方式为主。

软件平台包括以下 3 项。

- 操作系统：它是系统的基础软件平台。
- 数据库系统开发工具：它包括过程性程序设计语言（如 C，C++等），也包括可视化开发工具 VB、PB、Delphi 等，它还包括近期与 Internet 有关的 HTML、XML 等。
- 接口软件：在网络环境下数据库系统中数据库与应用程序，数据库与网络间存在着多种接口，它们需要接口软件进行连接，这些接口软件包括 ODBC、JDBC、OLEDB、CORBA、COM、DCOM 等。

4．数据库应用系统

在数据库系统的基础上，如果使用数据库管理系统（DBMS）软件和数据库开发工具书写出应用程序，用相关的可视化工具开发出应用界面，则构成了数据库应用系统（Database Application System，DBAS）。DBAS 由数据库系统、应用软件及应用界面三者组成。

因此，DBAS 包括数据库、数据库管理系统、人员（数据库管理员和用户）、硬件平台、软件平台、应用软件和应用界面 7 个部分。

5．数据库系统的基本特点

数据库系统的基本特点有数据集成性、数据的高共享性和低冗余性、数据独立性高、数据统一管理与控制。

4.2　数据模型

1．数据模型的概念

在数据库中用数据模型这个工具来抽象、表示和处理现实世界中的数据和信息。通俗地讲，数据模型就是现实世界的反映，它分为两个阶段：把现实世界中的客观对象抽象为概念模型；把概念模型转换为某一 DBMS 支持的数据模型。

从事物的客观特性到计算机中的具体表示包括了现实世界、信息世界和机器世界 3 个数据领域。

① 现实世界：现实世界就是客观存在的各种事物，是用户需求处理的数据来源。

② 信息世界：通过抽象对现实世界进行数据库级上的刻画所构成的逻辑模型。

③ 计算机世界：在信息世界基础上致力于其在计算机物理结构上的描述，从而形成的物理

模型。

数据模型从抽象层次上描述了数据库系统的静态特征、动态行为和约束条件，因此数据模型通常由数据结构、数据操作及数据约束 3 部分组成。

（1）数据结构。

数据结构是所研究的对象类型的集合，是对系统静态特性的描述。数据结构是数据模型的核心，不同的数据结构有不同的操作和约束，人们通常按照数据结构的类型来命名数据模型。例如，层次结构、网状结构和关系结构的数据模型分别命名为层次模型、网状模型和关系模型。

（2）数据操作。

数据操作是相应数据结构上允许执行的操作及操作规则的集合。数据操作是对数据库系统动态特性的描述。

（3）数据约束。

数据的约束条件是一组完整性规则的集合。也就是说，具体的应用数据必须遵循特定的语义约束条件，以保证数据的正确、有效和相容。

数据模型按不同的应用层次分成 3 种类型，它们是概念数据模型、逻辑数据模型及物理数据模型。

2．E-R 模型

（1）实体（Entity）。

现实世界中的事物可以抽象成为实体，实体是概念世界中的基本单位，它们是客观存在的且又能相互区别的事物。凡是有共同属性的实体组成的一个集合称为实体集。

（2）属性（Attribute）。

现实世界中事物均有一些特性，这些特性可以用属性来表示。属性刻画了实体的特征。一个实体往往可以有若干个属性，每个属性可以有值，一个属性的取值范围称为该属性的值域或值集。

（3）联系（Relationship）。

实体之间的对应关系称作联系，它反映现实世界事物之间的相互关联。实体间联系的种类是指一个实体型中可能出现的每一个实体和另一个实体型中多少个具体实体存在联系，可归纳为 3 种类型。

一对一联系（1:1）。如果对于实体集 A 中的每一个实体，实体集 B 中至多有一个（也可以没有）实体与之联系，反之亦然，则称实体集 A 与实体集 B 具有一对一联系，记为 1:1。例如，一个学校只有一名校长，并且校长不可以在别的学校兼职，校长与学校的关系就是一对一联系

一对多联系（1:*n*）或多对一联系（*n*:1）。如果实体集 A 中的每一个实体，在实体集 B 中都有多个实体与之对应；实体集 B 中的每一个实体，在实体集 A 中只有一个实体与之对应，则称实体集 A 与实体集 B 是一对多联系，反之即为多对一联系。例如，公司的一个部门有多名职员，每一个职员只能在一个部门任职，则部门与职员之间的联系就是一对多的联系

多对多联系（*m*:*n*）。如果实体集 A 中的每一个实体，在实体集 B 中都有多个实体与之对应，反之亦然，则称这种关系是多对多联系。例如，一个学生可以选多门课程，一门课程可以被多名学生选修，学生和课程的联系就是多对多联系。

3．实体、联系、属性之间的联接关系

E-R 模型的 3 个基本概念是实体、联系和属性，但现实世界是有机联系的整体，为了能表示现实世界，必须把这三者结合起来。

（1）实体集（联系）与属性的结合。

实体是概念世界中的基本单位，属性附属于实体，它本身并不构成独立单位。一个实体可

以有若干个属性，实体以及它的所有属性构成了实体的一个完整描述。

属性有属性域，每个属性可取属性域内的值。

实体有型与值之别，一个实体的所有属性构成了这个实体的型，相同的实体构成了实体集。

（2）实体（集）与联系的结合。

实体（集）间可通过联系建立联接关系。一般而言，实体（集）间无法建立直接关系，它只能通过联系才能建立起连接关系。

4．E-R 模型的图示法

E-R 模型可以用图形来表示，称为 E-R 图。E-R 图可以直观地表达出 E-R 模型。在 E-R 图中我们分别用不同的几何图形表示 E-R 模型中的 3 个概念与两个连接关系。

（1）实体集表示法。

在 E-R 图中用矩形表示实体集，在矩形内写上该实体集的名字。例如，实体集学生（student）、课程（course）可用如图 4-1（a）来表示。

（2）属性表示法。

在 E-R 图中用椭圆形表示属性，在椭圆形内写上该属性的名称。例如，学生有属性：学号（S#）、姓名（Sn）及年龄（Sa），它们可以用如图 4-1（b）所示来表示。

（3）联系表示法。

在 E-R 图中用菱形表示联系，菱形内写上联系名。例如，学生与课程间的联系 SC，可用如图 4-1（c）来表示。

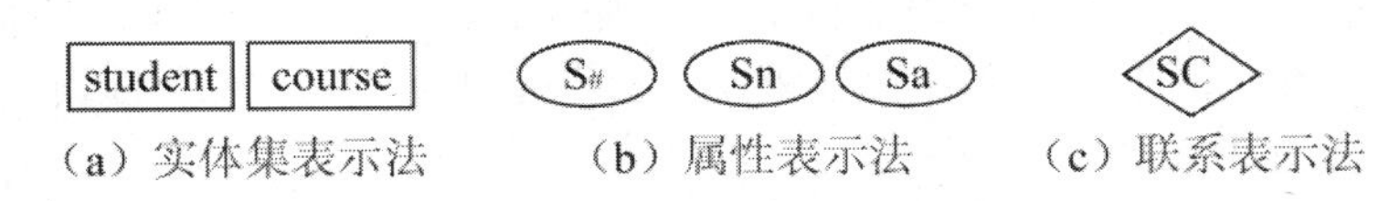

图 4-1　E-R 模型 3 个概念的示意图

（4）实体集（联系）与属性间的连接关系。

属性依附于实体集，因此，它们之间有连接关系。在 E-R 图中这种关系可用连接这两个图形间的无向线段表示（一般用直线）。例如，实体集 student 有属性 S#（学号）、Sn（学生姓名）及 Sa（学生年龄）；实体集 course 有属性 C#（课程号）、Cn（课程名）及 P#（预修课号），此时它们可用图 4-2（a）联接。

属性也依附于联系，它们之间也有连接关系，因此也可用无向线段表示。例如，联系 SC 可与学生的课程成绩属性 G 建立联接并可用如图 4-2（b）所示来表示。

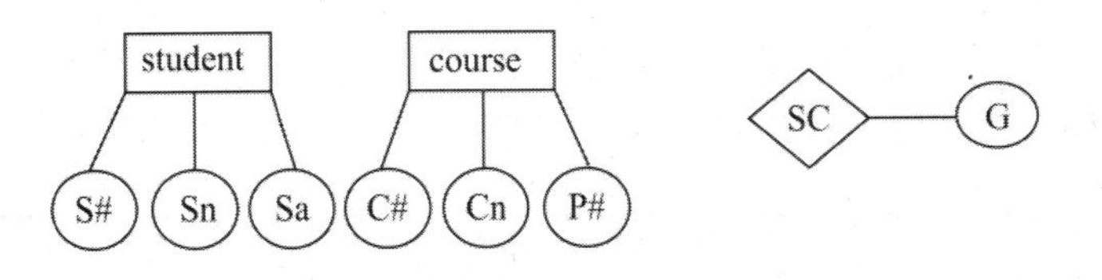

图 4-2　实体集（联系）与属性间的连接关系图

（5）实体集与联系间的连接关系。

在 E-R 图中，实体集与联系间的连接关系可用联接这两个图形间的无向线段表示。例如，实体集 student 与联系 SC 间有连接关系，实体集 course 与联系 SC 间也有连接关系，因此它们之间可用无向线段相联，在线段边上注明其对应函数关系，如1∶1，1∶*n*，*n*∶*m* 等，构成一个如图 4-3 所示的图。

student —*n*— SC —*m*— course

图 4-3　实体集间的联系表示图

5. 关系模型的数据结构

关系模型（Relation Model）是目前最常用的数据模型之一。关系模型的数据结构非常单一，在关系模型中，现实世界的实体以及实体间的各种联系均用关系来表示。

关系模型中常用的术语如下所示。

- 关系：关系模型采用二维表来表示关系，简称表，由表框架及表的元组组成。一个二维表就是一个关系。例如，表 4-2 所示的二维表就是一个关系。
- 属性：二维表中的一列称为属性。例如，表 4-2 的属性有学号、姓名、系号等，二维表中属性的个数称为属性元数（Arity）。表 4-2 中的关系属性元数为“5”。
- 值域：每个属性的取值范围称为域值。例如，表 4-2 中年龄属性的值域不能为负数。
- 元组：二维表中的一行称为元组。例如，表 4-2 的（06001，方铭，01，22，男）就是一个元组。

一个元组由若干个元组分量组成，每个元组分量是属性的投影值。元组分量的个数等于属性元数，表中元组的个数称为表的基数（Cardinality）。

- 候选码：二维表中能唯一标识元组的最小属性集。例如，在表 4-2 中，如果姓名不允许重名时，学号和姓名都是候选码。
- 主键或主码：若一个二维表有多个候选码，则选定其中一个作为主键供用户使用。例如，在表 4-2 中，存在两个候选码：学号和姓名，若选中学号作为唯一标识，那么，学号就是学生登记表关系的主码。

二维表中一定要有键，因为如果表中所有属性的子集均不是键，则表中属性的全集必为键（称为全键），因此也一定有主键。

- 外键或外码：表 M 中的某属性集是表 N 的候选键或者主键，则称该属性集为表 M 的外键或外码。例如，如果表 4-3 所示系信息表关系的主码是“系号”，那么，在学生登记表（见表 4-2）中的“系号”就是外码。

表 4–2　学生登记表

学　号	姓　名	系　号	年　龄	性　别
06001	方铭	01	22	男
06003	张静	02	22	女
06234	白穆云	03	21	男

表 4–3　系信息表

学　号	系　名	系　号
06001	计算机	01
06003	物理	02
06234	数学	03

关系具有以下 7 条性质。

① 元组个数有限性：二维表中元组的个数是有限的。

② 元组的唯一性：二维表中任意两个元组不能完全相同。
③ 元组的次序无关性：二维表中元组的次序，即行的次序可以任意交换。
④ 元组分量的原子性：二维表中元组的分量是不可分割的基本数据项。
⑤ 属性名唯一性：二维表中不同的属性要有不同的属性名。
⑥ 属性的次序无关性：二维表中属性的次序可以任意交换。
⑦ 分量值域的同一性：二维表属性的分量具有与该属性相同的值域，或者说列是同质的。
满足以上 7 个性质的二维表称为关系，以二维表为基本结构所建立的模型称为关系模型。

6．关系模型的完整性约束

关系模型中可以有 3 类完整性约束：实体完整性约束、参照完整性约束和用户定义的完整性约束。其中前两种完整性约束是关系模型由关系数据库系统自动支持；用户定义的完整性约束是用户使用由关系数据库提供的完整性约束语言来设定写出约束条件，运行时由系统自动检查。

在这 3 种完整性约束中，前两种约束是任何一个关系数据库都必须满足的，由关系数据库管理系统自动支持。

（1）实体完整性约束（Entity Integrity Constraint）。

该约束要求关系的主键中属性值不能为空值，这是数据库完整性的最基本要求。

（2）参照完整性约束（Reference Integrity Constraint）。

该约束是关系之间相关联的基本约束，它不允许关系引用不存在的元组，即在关系中的外键要么是所关联关系中实际存在的元组，要么就为空值。

（3）用户定义的完整性约束（User defined Integrity Constraint）。

用户定义的完整性就是针对某一具体关系数据库的约束条件。它反映某一具体应用所涉及的数据必须满足的语义要求。例如，某个属性的取值范围为 1~200，某个属性必须取唯一值等。

4.3 关系代数的基本运算

由于操作是对关系的运算，而关系是有序组的集合，因此可以将操作看成是集合的运算。

1．插入

设有关系 R 需要插入若干元组，要插入的元组组成关系 R′，则插入可用集合并运算表示为：$R \cup R'$。

2．删除

设有关系 R 需要删除一些元组，要删除的元组组成关系 R′，则删除可用集合差运算表示为：$R-R'$。

3．修改

修改关系 R 内的元组内容可用下面的方法实现。

（1）设需修改的元组构成关系 R′，则先做删除得 $R-R'$。

（2）设修改后的元组构成关系 R"，此时将其插入即得到结果：$(R-R') \cup R''$。

4．查询

用于查询的 3 个操作无法用传统的集合运算表示，需要引入一些新的运算。

（1）投影运算。

从关系模式中指定若干个属性组成新的关系称为投影。对 R 关系进行投影运算的结果记为 $\pi_A(R)$，其形式定义如下：

$$\pi_A(R)=\{ t[A] \mid t \in R\}$$

其中，A 为 R 中的属性列。

例如，对关系 R 中的“系”属性进行投影运算，记为 $\pi_{系}(R)$，得到无重复元组的新关系 S，如图 4-4 所示。

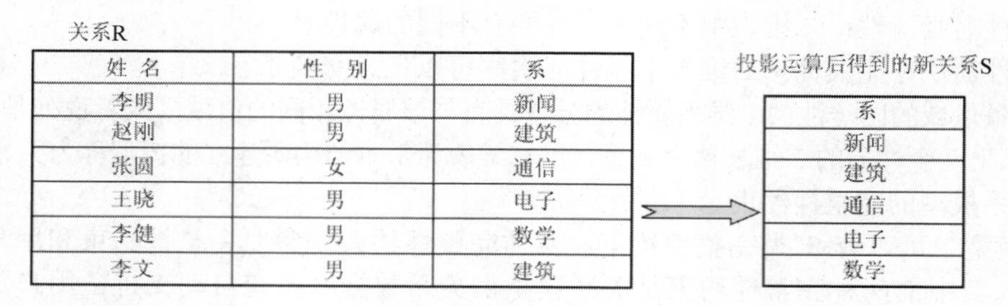

关系R

姓 名	性 别	系
李明	男	新闻
赵刚	男	建筑
张圆	女	通信
王晓	男	电子
李健	男	数学
李文	男	建筑

投影运算后得到的新关系S

系
新闻
建筑
通信
电子
数学

图 4-4　投影运算示意图

（2）选择运算。

从关系中找出满足给定条件的元组的操作称为选择。选择的条件以逻辑表达式给出，使得逻辑表达式为真的元组将被选取。选择是在二维表中选出符合条件的行，形成新的关系的过程。

选择运算用公式表示为：

$$\sigma_F(R) = \{ t \mid t \in R \text{ 且 } F(t)\text{为真} \}$$

其中，F 表示选择条件，它是一个逻辑表达式，取逻辑值“真”或“假”。

逻辑表达式 F 由逻辑运算符¬、∧、∨连接各算术表达式组成。算术表达式的基本形式为

$$X\theta Y$$

其中，θ 表示比较运算符>、<、≤、≥、=或≠。X、Y 等是属性名，或为常量，或为简单函数；属性名也可以用它的序号来代替。

例如，在关系 R 中选择出“系”为“建筑”的学生，表示为 $\sigma_{系=建筑}(R)$，得到新的关系 S，如图 4-5 所示。

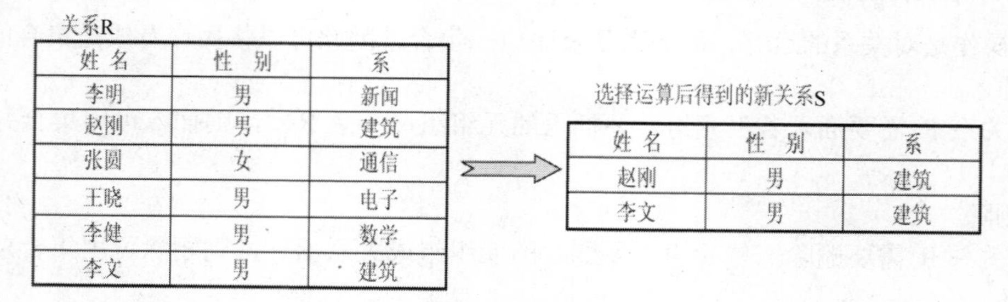

关系R

姓 名	性 别	系
李明	男	新闻
赵刚	男	建筑
张圆	女	通信
王晓	男	电子
李健	男	数学
李文	男	建筑

选择运算后得到的新关系S

姓 名	性 别	系
赵刚	男	建筑
李文	男	建筑

图 4-5　选择运算示意图

（3）笛卡儿积运算。

设有 n 元关系 R 和 m 元关系 S，它们分别有 p 和 q 个元组，则 R 与 S 的笛卡儿积记为 R×S。它是一个 $m+n$ 元关系，元组个数是 $p \times q$。

关系 R 和关系 S 笛卡儿积运算的结果 T 如图 4-6 所示。

4.4　数据库设计方法和步骤

4.4.1　数据库设计概述

1．数据库设计的概念

数据库设计是指对于一个给定的应用环境，构造最优的数据库模式，建立数据库及其应用

系统，使之能够有效地存储数据，满足各种用户的应用需求（信息要求和处理要求）。

从数据库设计的定义可以看出，数据库设计的基本任务是根据用户对象的信息需求（对数据库的静态要求）、处理需求（对数据库的动态要求）和数据库的支持环境（包括硬件、操作系统与 DBMS）设计出数据模式。

数据库设计的根本目标是要解决数据共享问题。

2．数据库设计方法

数据库设计中有两种方法，一种是以信息需求为主，兼顾处理需求，称为面向数据的方法（data-oriented approach）；另一种方法是以处理需求为主，兼顾信息需求，称为面向过程的方法（process-oriented approach）。其中，面向数据的方法是主流的设计方法。

3．数据库设计的步骤

数据库设计目前一般采用生命周期法，即将整个数据库应用系统的开发分解成目标独立的若干阶段。它们是需求分析阶段、概念设计阶段、逻辑设计阶段、物理设计阶段、编码阶段、测试阶段、运行阶段、进一步修改阶段。在数据库设计中采用上面几个阶段中的前 4 个阶段，并且主要以数据结构与模型的设计为主线，如图 4-7 所示。

关系R

A	B	C
a	b	21
b	a	19
c	d	18
d	f	22

关系S

A	B	C
b	a	19
d	f	22
f	h	19

关系T=R×S

R.A	R.B	R.C	S.A	S.B	S.C
a	b	21	b	a	19
a	b	21	b	f	22
a	b	21	f	h	19
b	a	19	b	a	19
b	a	19	b	f	22
b	a	19	f	h	19
c	d	18	b	a	19
c	d	18	d	f	22
c	d	18	f	h	19
d	f	22	b	a	19
d	f	22	d	f	22
d	f	22	f	h	19

图 4-6　笛卡尔积运算示意图图

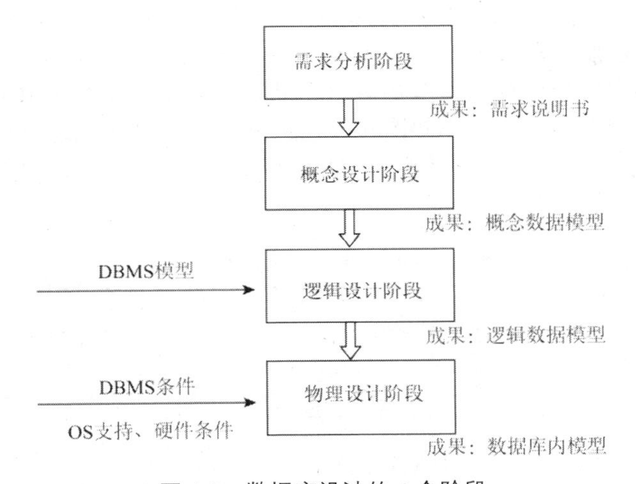

图 4-7　数据库设计的 4 个阶段

4.4.2　数据库概念设计过程

概念设计最常用的方法是 P.P.S.Chen 于 1976 年提出的实体—联系方法，简称 E-R 方法。它采用 E-R 模型，将现实世界的信息结构统一由实体、属性以及实体之间的联系来描述。它按照“视图集成设计法”分为选择局部应用、视图设计和视图集成 3 个步骤。

1．选择局部应用

根据系统的具体情况，在多层的数据流图中选择一个适当层次的数据流图，让这组图中每一部分对应一个局部应用，以这一层次的数据流图为出发点，设计分 E-R 图。

2．视图设计

视图设计的策略通常有以下 3 种。

① 自顶向下。即先从抽象级别高且普遍性强的对象开始逐步细化、具体化与特殊化。

② 由底向上。即先从具体的对象开始，逐步抽象，普遍化与一般化，最后形成一个完整的视图设计。

③ 由内向外。即先从最基本与最明显的对象着手，逐步扩充至非基本、不明显的其他对象。

3．视图集成

视图集成的实质是将所有的局部视图统一合并成一个完整的数据模式。在进行视图集成时，最重要的工作便是解决局部设计中的冲突。常见的冲突有下列几种。

① 命名冲突。命名冲突有同名异义和同义异名两种。

② 概念冲突。同一概念在一处为实体而在另一处为属性或联系。

③ 域冲突。相同的属性在不同视图中有不同的域，有些属性采用不同度量单位也为属域冲突。

④ 约束冲突。不同的视图可能有不同的约束。

视图经过合并生成的是初步 E-R 图，其中可能存在冗余的数据和冗余的实体间联系。冗余数据和冗余联系容易破坏数据库的完整性，给数据库维护增加困难。因此，对于视图集成后所形成的整体的数据库概念结构还必须进一步验证，确保它能满足下列条件：

① 整体概念结构内部必须具有一致性，即不能存在互相矛盾的表达；

② 整体概念结构能准确地反映原来的每个视图结构，包括属性、实体及实体间的联系；

③ 整体概念结构能满足需求分析阶段所确定的所有需求；

④ 整体概念结构最终还应该提交给用户，征求用户和有关人员的意见，进行评审、修改和优化，然后把它确定下来作为数据库的概念结构，作为进一步设计数据库的依据。

4.4.3 从 E-R 图向关系模式转换

采用 E-R 方法得到的全局概念模型是对信息世界的描述，并不适用于计算机处理，为了适合关系数据库系统的处理，必须将 E-R 图转换成关系模式。这就是逻辑设计的主内容。E-R 图是由实体、属性和联系组成的，而关系模式中只有一种元素——关系。通常转换的方法如表 4-5 所示。

表 4-5　　E-R 模型与关系间的转换

E-R 模型	关系模型	E-R 模型	关系模型
实体	元组	属性	属性
实体集	关系	联系	关系

关系模式中的命名可以用 E-R 图原有名称，也可另行命名，但是应尽量避免重名。关系数据库管理系统一般只支持有限种数据类型，而 E-R 中的属性域则不受此限制，如出现关系数据库管理系统不支持的数据类型时就需要进行类型转换。

E-R 图中允许出现非原子属性，但在关系模式中一般不允许出现非原子属性，非原子属性主要有集合型和元组型。如出现此种情况可以进行转换，其转换方法是集合属性纵向展开而元组属性横向展开。